수도권 여행지
베스트 85

수도권 여행지 베스트 85

최정규 · 박정현 지음

21세기북스

저희가 매긴
수도권 여행지 순위를 믿어보세요

대한민국 사람의 절반이 모여 사는 서울과 경기 지역에는 사람들만큼이나 많은 이야기를 담고 있는 여행지가 있습니다. 그 안에는 역사가 들려주는 옛날이야기도 있고 자연이 선물하는 건강한 이야기도 있습니다. 하지만 막상 찾아가려면 어디로 가야할지 모르시겠다고요? 저희가 그 해답을 드리겠습니다.

수도권 여행은 대개 긴 일정을 잡지 않습니다. 주말 한나절 나들이 가서 한두 곳을 탐방하고 오던가 길어도 1박을 넘기지 않는 것이 보통입니다. 그런데 막상 짧게 여행을 가려면 그만큼 임팩트가 강한 여행지를 찾아야 하는데 그게 쉽지 않습니다. 항상 지나다니는 길이고 거리상으로도 가깝기 때문에 낯설지는 않지만, 정작 여행 장소로 이름을 들어본 곳은 적고, 그러다보니 수도권 여행지에 대해 대충은 알고 있지만 어디에 가서 무엇을 보고 무엇을 먹어야 하는지 구체적으로는 잘 모르는 경우가 많지요.

이 책에서는 수도권 여행지를 지역별로 1, 2, 3위 순위 매김을 해놓았습니다. 짧은 시간 동안 그 지역에 있는 여행지를 다 돌아보긴 어렵기 때문에 독자들의 시간에 맞게 여행 일정을 짤 수 있도록 구성한 것입니다. 좋은 참고가 되리라 생각합니다. 저희의 순위 매김을 믿고 수도권 여행을 하실 때 순위 안에 있는 장소들을 먼저 고려해보시기 바랍니다.

이름만 들어도 가본 듯한 기분이 드는 유명한 여행지도 있고, '여기에 이런 곳도 있었네' 싶은 알쏭달쏭한 여행지도 있을 것입니다. 베스트 여행지 1, 2, 3위뿐만 아니라 함께 탐방해 볼 만한 여행지도 소개함으로써 오가는 길을 더욱 풍성하고 알차게 만들어줄 것입니다.

여행은 나 자신, 그리고 함께 여행하는 사람들에게 주는 더 나은 일상을 위한 최고의 선물입니다. 하지만 때로는 마음과 달리 여행이 시간적, 경제적으로 부담스럽게 다가올 때가 있습니다. 수도권 여행은 오랜 시간을 들이지 않고도, 큰 비용을 지출하지 않고도 떠날 수 있다는 장점이 있습니다. 늘 이곳에 살고 있어 익숙하지만 그동안 몰랐던 새로움을 발견할 수 있는 여행이 바로 '수도권여행' 입니다.

사랑하는 가족, 애인, 친구와 함께 떠나는 여행에, 때로는 혼자만의 생각 여행길에 이 책이 도움이 되기를 소망합니다.

2010년 6월

최정규, 박정현

Contents

서울에서 30분 수도권 여행지 베스트 85

12 여주·이천 여행 : 여행 감성 높이기 프로젝트

13 용인·안성 여행 : 그곳에 가면 항상 다르다

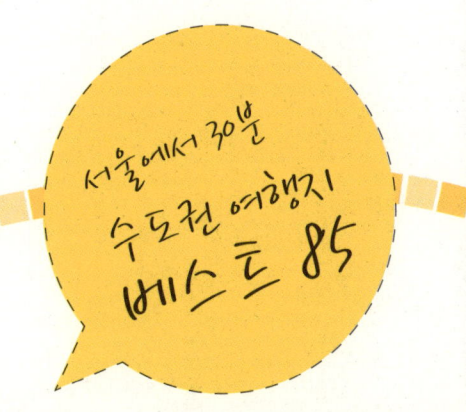

서울에서 30분 수도권 여행지 베스트 85

서울 사람도 모르는 서울의 숨은 비경

조선 왕조 500년 도읍지에 빛나는 문화유산과 세계적인 대도시의 황홀한 풍경이 어우러져 있는 궁궐의 도시 서울의 진

가를 찾아 나서는 서울탐구생활 1탄을 시작한다. 서울 사람도 모르는 서울의 숨은 여행지에서 서울의 진면목과 조우한다.

01 서울 여행

| 문의 |
- 서울시 다산콜센터 120
- 광화문 관광안내소 02-735-8688
- 동대문 관광안내소 02-2236-9135
- 남대문 관광안내소 02-752-1913
- 잠실 관광안내소 02-2143-7007

| 홈페이지 | www.visitseoul.net

| 찾아 가는 길 |
1번 경부고속도로 한남 IC 또는 100번 서울외곽순환고속도로 토평 IC →
강변북로, 강일 IC → 올림픽대로 또는 자유로 IC → 자유로 이용 또는
120번 경인고속도로 신월 IC 또는 15번 서해안고속도로 금천 IC →
서부간선도로→ 서울

| 지역 축제 |
- **하이서울페스티벌**
  시기 | 매년 5월 초   장소 | 서울 시내 곳곳
  홈페이지 | www.hiseoulfest.org
- **서울프린지페스티벌**
  시기 | 매년 8월 경   장소 | 홍대 일대, 서울 시내 곳곳
  홈페이지 | www.seoulfringefestival.net
- **서울세계불꽃축제**
  시기 | 매년 9~10월 중   장소 | 여의도, 한강 일대
  홈페이지 | www.bulnori.com
- **서울드럼페스티벌**
  시기 | 매년 9~10월 중   장소 | 뚝섬 일대
  홈페이지 | www.seouldrum.go.kr

서울 여행 1위

북악산 서울 성곽 | 서울의 역사와 자연을 걷다

닫혀 있던 길이 열렸다. 서울의 최고 경치를 볼 수 있는 길!

서울의 역사와 자연을 제대로 배우고 느낄 수 있고, 운송수단이나 남의 힘을 빌지 않고 온전히 나만의 의지와 노력으로 한 발 한 발 밟아가며 땀 흘리게 하는 여행지가 바로 북악산 서울 성곽이다. 서울 여행이 처음이라면 가장 먼저 소개해주고 싶은 곳이기도 하다.

조선이 한양을 수도로 정하고 동서남북 네 개의 산을 둘러가며 성곽을 쌓았다는 것은 이미 잘 알려진 이야기다. 동쪽의 낙산, 남쪽의 목멱산(남산), 서쪽의 인왕산과 함께 수도 한양의 북쪽을 든든하게 지키는 산이 바로 북악산으로 네 개의 산 중에서 가장 높고 험하다. 오랜 세월 닫혀 있었던 북악산 서울 성곽 길이 다시 열리게 된 건 지난 2007년이다. 원래 북악산은 대통령이 거주하는 청와대 뒷산이라 경비가 삼엄하긴 했지만 아예 이곳의 길이 닫히게 된 것은 1968년 1·21 사건, 소위 김신조 사건 때문이다.

40년이 지나서야 비로소 시민들이 다시 왕래할 수 있게 됐지만 일몰 이후에는 출입 제한이 있기 때문에 시간에 맞춰 탐방해야 한다. 600년 전에 만들어진 성곽을 따라 걷다가 잠시 발걸음을 멈추고 고개를 돌려보자. 그 동안 보지 못했던 새로운 방향에서 보는 서울이라는 도시의 모습이 파노라마처럼 펼쳐질 것이다.

창의문과 숙정문, 어느 쪽으로 올라가야 할까?

북악산 서울 성곽을 오르는 길은 크게 두 가지다. 창의문에서부터 시작하는 방법과 말바위 안내소(와룡공원) 또는 숙정문에서부터 오르는 것이다. 대중교통을 이용한다면 버스정류장에서 바로 이어지는 창의문 길이 더 접근하기 좋지만 창의문에서부터 북악산 정상 백악마루까지 계단으로 만들어진 길을 따라 험한 고개를 올라야 한다는 것이 단점이다. 반면 말바위 안내소 또는 숙정문에서 시작하는 길은 버스에서 내려 그곳까지 거리가 제법 멀다는 단점이 있지만 정상까지는 완만하게 이어지는 숲길이라 햇볕을 피하면서 가볍게 산책하듯 걸을 수 있다는 장점이 있다. 북악산 서울 성곽을 처음 찾는다면 부담 없이 오를 수 있는 말바위 안내소부터 시작하는 길

을 추천한다.

또 이곳을 처음 찾는 사람들이라면 꼭 알아두어야 할 것이 한겨울을 제외하고 하루에 두 번, 오전 10시와 오후 2시에 말바위 안내소와 창의문에서 문화유산 탐방해설 프로그램이 진행된다는 것이다. 문화재해설사가 탐방로를 따라 동행하면서 서울과 성곽의 옛이야기들을 들려주니 시간에 맞추면 더욱 알찬 탐방이 된다. 탐방은 보통 두 시간, 여유 있게 잡으면 세 시간 정도 소요된다.

남대문, 동대문

남대문(국보 제1호 숭례문)과 동대문(보물 제1호 흥인지문)이 어디에 있는지 서울 시민이라면 대부분 잘 알고 있다. 지금은 없어졌지만 예전의 서대문(옛 이름으로 돈의문)은 현재 지명인 서대문로터리에 있었다. 그렇다면 서울 성곽의 북대문은 어디에 있을까? 바로 북악산 서울 성곽을 따라 걷다보

2011 21세기북스 도서목록

국민 언니 김미경이
독한 애정으로 서른을 코치한다!

30대 워킹우먼을 위한 극약 처방

언니의 독설 1, 2
각 권 12,000원
★어플리케이션 8월 중 출시

아트 스피치
값 15,000원
★LG CEO 추천도서

스토리 건배사
값 12,000원
★어플리케이션 출시

말 잘하는 아이가 성공한다!

대한민국 초등학생 말하기 교과서

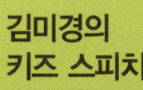

**김미경의
키즈 스피치**
값 15,000원

21세기북스 트위터 @21cbook   블로그 b.book21.com   전화 031-955-2153   홈페이지 www.book21.com    21세기북스

마리아비틀

이사카 고타로 소설 / 값 14,300원

『골든슬럼버』 이후 3년만의 대형 신작 장편

생사를 헤매는 아들을 위해 놓았던 총을 다시 잡은 남자, 아이의 천진난만함과 한없는 악이 공존하는 소년, 사사건건 충돌하는 기묘한 킬러 콤비, 그리고 지독하게 불운한 남자. 이 독특하고 위험한 이들의 운명이 신칸센이라는 고립된 공간 안에서 뒤엉키며 누구도 예측할 수 없는 질주가 시작된다.

수수께끼 풀이는 저녁식사 후에

히가시가와 도쿠야 지음 / 값 12,500원

2011 서점대상 1위 베스트셀러, 출간 직후 150만 부 돌파!

재벌 2세 여형사 & 까칠한 독설 집사, 본격 미스터리에 도전하다!
"이렇게 짜증나는 집사는 처음본다. 그런데 재미있다!"

유머러스한 본격 미스터리로 정평이 나 있는 저자의 진가가 발휘된 작품으로, 특히 개성 있는 등장인물이 매력적이다. 추리도 유머도 수준이 높다. _아사히 신문

늪세상

캐런 러셀 지음 / 값 13,500원

"지독한 유머와 불길한 개성, 잊을 수 없다." _스티븐 킹

2010 '뉴요커' 선정 '40세 이하 소설가 20인(20 Under 40)'에 선정되는 등 미국 문학계의 주목을 한몸에 받고 있는 젊은 작가 캐런 러셀이 선사하는 지독하고 잔인한 판타지

재워야 한다, 젠장 재워야 한다

애덤 맨스바크 지음 / 값 10,000원

아이에겐 읽어줄 수 없는 엄마·아빠를 위한 그림책

부모라면 한번쯤은 아이를 재우다가 분노를 느낀 경험이 있을 것이다. 이 책의 화자는 평소 부모들이 아무리 화가 나도 하지 못하는 '그 말'을 대신 해준다. 칭얼대는 아이를 이러지도 저러지도 못하고 달래고만 있을 부모들을 위한 통쾌한 그림책!

버리고 사는 연습
코이케 류노스케 지음 / 값 12,000원

버릴수록 넉넉해지는 행복한 무소유

당신은 이미 필요한 것들을 충분히 갖고 있는데도 끊임없이 소유하고 싶어 머릿속이 어지럽지는 않은가? 코이케 스님은 〈버리고 사는 연습〉에서 많이 '가진 것'이 얼마나 불편한 일인지 자신의 경험을 토대로 진솔하게 이야기한다. 돈에 쩔쩔매며 살기보다 우아하게 돈을 지배하며 행복하게 살 수 있는 방법에 대해서…

화내지 않는 연습
코이케 류노스케 지음 / 값 12,000원

이젠 더 이상 화내지 않는다!

"사람들은 누구나 행복해지고 싶어 합니다. 하지만 실제로는 행복을 방해하는 분노를 마음에 품고 있습니다. 자꾸만 화를 내게 되는 이유는 간단합니다. 모든 것을 자기 중심적으로 편집하는 마음의 버릇 때문이지요." _코이케 류노스케

생각 버리기 연습
코이케 류노스케 지음 / 값 12,000원

매일 3000명의 인생을 바꾼 베스트셀러!

쓸데없는 생각으로부터 벗어나는 법! 생각하지 않고 오감으로 느끼면 어지러운 마음이 서서히 사라진다. 우리를 괴롭히는 잡념의 정체를 짚어내며, 일상에서 바로 실천할 수 있는 생각 버리기 연습을 제시한다.
★47만부 돌파! ★YES24 2010 올해의 책 ★조선일보 2010 올해의 책
★한국경제 2010 올해의 책 ★알라딘 2010 올해의 책

MBC 스페셜 방영 화제

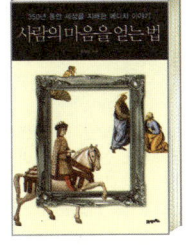

사람의 마음을 얻는 법
김상근(연세대 교수) 지음 / 값 16,000원

한국 기업은 글로벌 경쟁의 승자가 될 수 있을까?

메디치 가문이 새로운 시대를 태동시킬 수 있었던 원동력이 무엇인지 알아보고, 그들이 이룩한 성공과 실패의 부침을 살펴봄으로써 세상을 바라보는 다른 시선을 선사한다. 단순히 메디치 가문의 역사와 업적을 이야기하는 데 그치지 않고, 낡은 중세 시스템을 마감시키고 르네상스 시대를 열 수 있었던 기반과 그들의 성공 원칙과 그 탁월한 통치의 비밀을 분석한다. ★2011 삼성경제연구소(SERI) 선정 휴가철 추천도서

21세기북스 트위터 @21cbook 블로그 b.book21.com 전화 031-955-2153 홈페이지 www.book21.com

이명옥의 크로싱
이명옥 지음 / 값 16,500원

명화에서 배우는 생각의 연금술

'예술계의 콘텐츠 킬러'라 불리는 이명옥 사비나 미술관 관장은 서로 다른 학문이나 기술을 섞어 가치를 창조하는 융합의 시대를 살아가기 위해서는 융합적 사고가 필요하다고 강조한다. 남과 다른 생각으로 틀을 깨는 작품을 탄생시킨 예술계의 거장들에게서 그 답을 찾아낸 결과를 이 책에 담았다.

멋진 인생을 원하면 불타는 구두를 신어라
김원길 지음 / 값 14,000원

불타는 열정, 열망, 열심이 담긴 걸음들이 모여 꿈을 이룬다!

중졸 학력으로 사회에 뛰어든 지 16년 만에 연 400억 원의 매출을 올리는 콤포트 슈즈 업계 매출 1위의 기업을 이끌고 있는 김원길 대표의 열정 사용법! 명문 대학, 대기업 직장이라는 간판에 끌려 다니며 '내가 선택한 삶'에 대한 열망을 숨긴 채 청춘을 마감하는 젊은이들의 가슴속에 다시 꿈을 지핀다.

끝도 없는 일 깔끔하게 해치우기
데이비드 알렌 지음 / 값 14,000원

어떤 일도 완벽하게 처리하는 법

직장인들 대부분은 "할 일은 많고 시간은 없다"는 말을 입에 달고 산다. 이 책은 바로 끝도 없이 쌓여가는 일을 물흐르듯이 해결하기 위한 원리와 그 방법론에 관해서 얘기한다. 원리 원칙을 먼저 제시하고 각 단계별로 책상정리부터 파일링, 스케줄관리와 같은 구체적인 사안까지 알려준다. 이 책의 역자인 공병호 박사가 핵심을 짚어 놓은 핵심 포인트도 도움이 된다.

마음을 여는 기술
대니얼 J. 시겔 지음 / 값 15,000원

심리학이 알려주는 소통의 지도

나-너- 우리를 연결하는 내면의 지도, 마인드사이트. 혹시 내 마음도 알지 못하면서 타인을 이해하려 했던 것은 아닐까? 재능 있고 세심한 임상의이며, 신경과학과 아동 발달 분야의 권위자인 대니얼 J. 시겔 교수(현 UCLA 정신과 임상교수)가 광포하고 산란해지는 인간 감정의 소용돌이를 잠재우고 다스리는 신경과학의 새로운 이론을 소개한다.

위험한 생각 습관 20

레이 허버트 지음 / 값 15,000원

인간 행동을 지배하는 생각의 함정, 휴리스틱!

인간은 하루에도 약 150번의 선택을 하고 산다고 한다. 25년 이상 과학 분야 저널리스트로 일해온 이 책의 저자 레이 허버트는 삶을 편리하게 만들지만 때로 '죽음'을 부를 만큼 위험한 무의식적 선택 습관들을 20가지로 정리해 이 책에서 소개한다.

전략의 제왕

월터 키켈 3세 지음 / 값 20,000원

위기를 기회로 바꾼 경영의 해결사들

이 책은 비즈니스 세계에 가장 큰 영향을 미친 기업전략의 탄생과 진화에 대해 이야기한다. 그리고 그 '전략'을 기업 경영의 핵심으로 만든 컨설팅 기업들과 그 기업을 설립하고, 성공으로 이끈 주요인물 4명의 스토리와 그들의 철학을 들려준다.

음양의 경제학

하라다 다케오 지음 / 값 13,000원

팍스 아메리카나의 시대는 끝났다!

지금 일본 뿐만아니라 동아시아를 괴롭히고 있는 것은 바로 지금까지 급격하게 확산되었던 미국식 금융자본주의의 흐름이다. 저자는 이러한 상황에서 새로운 무언가를 도출해내기 위해서는 그릇된 역사를 바로잡고 동아시아에 공통된 논의의 토대를 구축해야 한다고 말한다. 그리고 그 논의의 중심에 미국식 금융 자본주의를 초월할 동아시아의 근본 원리인 음양 사상을 끌어당긴다.

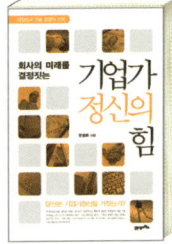

대한민국 대표 경영학 강의 시리즈

기업가 정신의 힘 한정화 지음 / 값 18,000원
영업은 기획이다 진병운 지음 / 값 14,000원
미래형 리더의 조건 백기복 지음 / 값 15,000원
재무관리 전략 박종원 지음 / 값 16,500원
글로벌 경영전략 박영렬 지음 / 값 15,000원
B2B마케팅 한상린 지음 / 값 16,000원

21세기북스 트위터 @21cbook 블로그 b.book21.com 전화 031-955-2153 홈페이지 www.book21.com

책, 그 살아있는 역사

마틴 라이언스 지음 / 값 35,000원

종이의 탄생부터 전자책까지

한 권으로 읽는 거의 모든 책의 역사. 인류가 창조한 최고의 발명품, 책! 그 살아 있는 2500여 년의 역사에서 책의 미래를 발견한다. 화려한 삽화가 곁들여진 이 책은 첨단 전자 기술에 열광하는 이들에게는 영감을, 전통적인 애서가들에게는 멋진 책의 향연을 선사할 것이다.

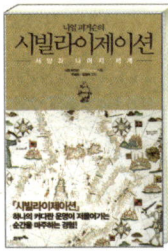

니얼 퍼거슨의 시빌라이제이션

니얼 퍼거슨 지음 / 값 22,500원

왜 세계는 서양 문명에 지배받았는가?

600년간의 세계사를 정치, 경제, 문화 등 다양한 방면에서 되짚어가며, 서양 문명의 비밀을 밝혀내는 거대한 프로젝트, 『시빌라이제이션』은 출간과 함께 영국방송 Channel 4 특별 시리즈로 방영되어 큰 파장을 불러왔다. 서양 문명이 지난 500년 간 세계를 지배할 수 있었던 원인은 물론, 서양 문명의 황혼까지 예견하며 세계사뿐 아니라, 현대의 정치경제까지 풀어낸다.

키스의 과학

셰릴 커센바움 지음 / 값 13,000원

입술을 가장 멋지게 사용하는 방법

생물학자이자 과학기자인 저자는 너무나 사적이라 차마 다른 사람에게 물을 수 없었던 키스와 관련된 다양한 궁금증들에 답한다. 진화 생물학, 고대사, 심리학, 대중문화 그리고 신경과학을 총망라했다. 기원에서부터 테크닉까지 키스의 모든 것을 해부한다.

상상에 빠진 인문학 시리즈

얼굴, 감출 수 없는 내면의 지도 벵자맹 주아노 지음 / 값 14,000원
얼굴을 통해 들어가는 내면의 세계를 안내한다

상상 한계를 거부하는 발칙한 도전 임정택 지음 / 값 13,000원
몸 멈출 수 없는 상상의 유혹 허정아 지음 / 값 13,000원
지도 세상을 읽는 세상의 프레임 송규봉 지음 / 값 13,000원

유아·아동

 마법천자문 (❶~⓬ 출시 중)

 Pad $7.99 Tab 8,800원

디지털 마법천자문으로 한자 마법 마스터

1300만부 베스트셀러 마법천자문의 독보적인 한자 학습효과를
이제 아이패드와 갤럭시탭에서도 만나보세요.

 Battle Phonics

 Phone/Pad 테마별 $0.99

영어로 배틀하자! Battle Phonics

보고 듣고 말하며 읽으면 500개의 아동 수 영단어가 쑥쑥
네이티브 스피커의 표준 발음과 비교할 수 있어 더욱 알찬 App

 느낌표 철학동화 시리즈 (❶~⓰)

 Phone $2.99/Pad $3.99

철학 동화! 이제 오감으로 읽는다

책의 재미와 교훈을 그대로! 세계 어린이와 함께 읽는 인터렉티브
철학 그림책. 돈키호테, 양반전 같은 명작을 App으로 만나 보세요.

 Read Aloud! 시리즈 (❶~❺ 출시 중)

 Pad $4.99

Play, Sing & Speak! 세계명작 영어동화 시리즈

큰소리로 따라 읽어가며 자연스럽게 춤추고 노래하며 즐겁게
읽고 보고 챈트로 듣는 3단계 영어 학습프로그램

 키즈랜드

 Phone/Pad $4.99

놀이와 학습을 한번에 끝내는 KidsLand

단어와 숫자, 음악과 미술, 게임의 다섯 가지 분류
4세부터 8세 어린이를 위한 두뇌개발 App

 SingingBirds

 Phone $1.99/Pad $2.99

전선 위 새들의 유쾌발랄 연주회 SingingBirds

전깃줄 위에 줄지어 앉아 있는 새들이 널리 알려진 노래 20곡을
6가지 악기 버전으로 연주해 드립니다.

 MotherGoose 시리즈 (❶~⓬)

 Phone $2.99/Pad $3.99

동화로 이해하고, 노래로 부르는 MotherGoose

영미권 아이들이 자라면서 수없이 반복하여 듣는 마더구스 노래와
동화를 만날 수 있는 App. 즐거운 영어공부가 시작됩니다.

성인

 알콩 달콩 경제학 1, 2

 Phone/Pad 각 권 $4.99

만화로 읽는 알콩달콩 경제학!

주식, 펀드, 채권, 부동산에 투자하기 전에 꼭 읽어야 할
『정갑영 교수의 만화로 읽는 알콩달콩 경제학』을 App으로 만난다!

 신데렐라의 유리구두는 전략이었다
: 갖고 싶은 남자를 갖는 법

 Phone $4.99

대한민국 NO.1 연애 전문 기자의 실전 연애 어드바이스

2030 남녀 1,000명 이상을 인터뷰한 연애 전문 기자 곽정은이
전하는 성공 연애 전략. 도시 출간 즉시 연애 분야 1위 기록!

 에세이—나를 위로하는 클래식 이야기 (BGM제공)

 Phone $4.99

클래식 전문가 진회숙이 들려주는 클래식 이야기와 음악

모차르트, 베토벤 등 음악가들의 삶의 이야기를 읽으면서
그 향기가 담겨 있는 음악을 듣는다. 스마트시대 교양 필수 App!

홈페이지 www.book21.com

 마법천자문   마법천자문

Dr. 손유나의 종이컵 다이어트

손유나 지음 / 값 12,000원

1년 동안 100명 도전, 100명 모두 성공!

입소문으로 인정받은 기적의 다이어트 법 대 공개! 밥 1컵, 채소 1컵, 단백질 0.5컵으로 끝내는 종이컵 다이어트! 칼로리 계산도, 운동도 필요없는 종이컵 다이어트 2주 프로그램으로, 요요현상 없는 기적의 살빼기를 시작하라.

안현주 다이어트

안현주, 김한상 지음 / 값 15,000원

40대 몸짱의 기적!

개그맨 배동성의 아내 안현주는 한 TV프로그램을 통해 다이어트에 도전했다. 석달 뒤 안현주씨는 40대라고는 믿기지 않는 동안 외모에 늘씬한 팔다리, 탄탄한 복근을 가지게 되었다. 이 경험을 통해 배운 평생 살찌지 않는 핵심 운동법 44가지를 공개한다.

나는 초콜릿과 이별 중이다

윤대현, 유은정 지음 / 값 12,000원

먹고 싶은 충동을 끊지 못하는 여자들의 심리학

왜 여자들은 남자보다 당분과 탄수화물, 그리고 맛집에 열광하는 것일까? 여자들은 배를 불리려고 음식을 먹지 않는다. 다만 맛과 분위기에 취할 뿐이다. 그만큼 여자들의 음식이란 다른 무엇보다도 심리적 요인이 강하게 작용한다. 음식 때문에 힘들어하고, 그러면서도 음식으로 위로 받으려는 당신에게 지금 당장 필요한 것은 무엇일까.

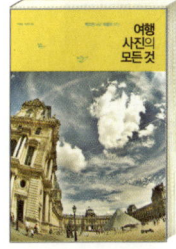

여행 사진의 모든 것

박태양, 정상구 지음 / 값 18,000원

찍으면 바로 작품이 된다!

인기 여행작가와 사진작가가 만나, 여행과 사진에 관한 모든 것을 담았다. 어떻게 여행 정보를 얻어야 하는지, 어디로 떠나야 내가 원하던 사진을 찍을 수 있는지, 어떻게 카메라를 다뤄야 하는지 등 여행 사진을 멋지게 남기기 위해 꼭 필요한 정보들을 자세히 소개한다.

21세기북스 트위터 @21cbook 블로그 b.book21.com 전화 031-955-2153 홈페이지 www.book21.com

리세기북스 고객님들께 드리는 **특별한 지식선물~**

🍃 프로직장인을 위한 대한민국 최고의 스마트 연수원

SERIPro는 삼성경제연구소가
지난 10년간 대한민국 CEO와 오피니언 리더
1만 9천여명을 열광시킨 SERICEO 콘텐츠의
제작, 서비스 노하우를 바탕으로
대한민국을 이끌어갈 프로직장인을 위한
최적의 콘텐츠와 서비스를 제공하는
'인터넷 기반의 동영상 지식서비스'입니다.
(SERIPro 연회비 : 40만원/VAT 별도)

🍃 2주간의 짜릿한 무료체험(웹사이트+모바일), 지금 바로 신청하세요!

- 매일 제공되는 아이디어 씨앗(日3편 E-Mailing 서비스)
- 바쁜 직장인들에게 최적화된 콘텐츠 서비스(평균 6분)
  (온라인+모바일 : 출근시간, 점심시간, 자투리시간 활용)
- 경제, 경영부터 인문학까지 어우르는 다양한 분야의 콘텐츠

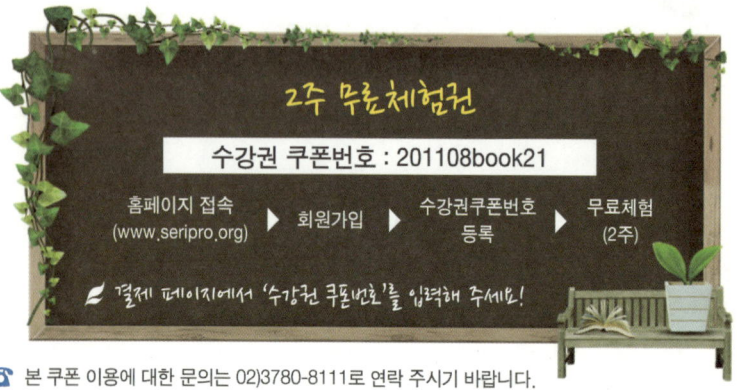

2주 무료체험권

수강권 쿠폰번호 : 201108book21

홈페이지 접속 ▶ 회원가입 ▶ 수강권쿠폰번호 ▶ 무료체험
(www.seripro.org)   등록   (2주)

🍃 결제 페이지에서 '수강권 쿠폰번호'를 입력해 주세요!

☎ 본 쿠폰 이용에 대한 문의는 02)3780-8111로 연락 주시기 바랍니다.
(고객센터 운영시간 : 주중 09:00~17:00, 토.일.공휴일 휴무)

2011년 8월 20일 발행

면 만날 수 있는 숙정문이다.

숙정문은 '엄숙하게 다스린다.' 는 뜻과는 달리 풍수지리상 음기가 강한 곳이라 문을 열어놓으면 한양 여자들이 음란해지므로 조선시대 내내 문을 닫아 놓았다는 이야기가 전해진다. 이 때문인지 관람객들은 숙정문을 관심 있게 살피지만 정작 관심 있게 살펴봐야 할 것은 따로 있다.

숙정문 바깥으로 나가서 문 양옆으로 성곽에 사용된 돌의 모양을 자세히 보자. 서울 성곽은 태조 때 처음으로 지어진 이후 세종 때와 숙종 때 한 번씩 크게 보수를 했는데 성벽 축조의 변화 과정이 숙정문에 그대로 드러난다. 자연석 → 작은 돌 → 큰 돌의 순서로 보수 과정이 진행된 시간의 흐름을 한눈에 알아볼 수 있다.

일석삼조 여행

숙정문을 지나 걸어가다 보면 성벽을 방어하는 시설인 곡장에 이른다. 곡장을 지나 청운대에서 정상인 백악마루로 올라가는 길에 흥미로운 것을 발견할 수 있다. 성벽에 글자들이 새겨져 있는데 지금의 공사실명제 표지판이라고 보면 된다. 서울 성곽은 둘레 18.2km로 백악산 정상에서부터 시계 방향으로 전체를 97구역으로 나누고 천자문 순으로 이름을 붙여 공사를 진행했는데 그 구간을 어느 지역에서 올라온 백성들이 담당했는지, 또 그곳을 책임진 감독관은 누구인지를 새겨놓은 것이 바로 표지석이다. 또 다른 볼거리는 백악마루로 오르기 전 '1·21 나무' 라는 이름이 붙은 소나무다. 김신조 사건 당시 무장공비들과 경찰들이 총격전을 벌였던 장소로 그때의 총탄 자국이 소나무에 그대로 남아 있다.

청운대와 백악마루는 서울 도심을 시원하게 내려다볼 수 있는 전망대 역할을 한다. 남산에서 보는 것과는 또 다른 서울의 모습을 살펴볼 수 있으니 기

대해도 좋다. 길의 끝에서 만나는 창의문은 동북쪽의 혜화문, 동남쪽의 광
희문, 서남쪽의 소의문과 함께 서북쪽에 만들어진 서울 성곽의 사소문 중
하나로 자하문이라는 이름으로 더 잘 알려져 있다.

북악산 서울 성곽 탐방은 숙정문에서 창의문까지 도보로 여행하는 짧은 두
세 시간이지만 서울 한가운데서 맑은 공기를 마시며 멋진 도시 풍경을 감상
하고 서울의 역사까지 배울 수 있는 일석삼조 여행이다.

• **연락처** : 말바위안내소 02-765-0297~8, 숙정문안내소 02-747-2152,
  창의문안내소 02-730-9924~5
• **홈페이지** : www.bukak.or.kr • **입장료** : 무료, 신분증 지참 필수
• **관람시간** : 10:00~15:00까지 입장, 17:00까지 퇴장, 월요일 폐쇄

국립중앙박물관 & 서울역사박물관

대 한 민 국 대 표 박 물 관 vs. 서 울 대 표 박 물 관

'서울'의 문화수준

도시의 문화 수준은 박물관, 미술관, 전시관을 보면 알 수 있다고 한다. 서울에는 간송미술관, 호림박물관, 삼성미술관 리움 등 3대 사립 박물관이 있다. 서대문자연사박물관, 농업박물관, 짚풀생활사박물관, 허준박물관, 한

국은행화폐금융박물관 등도 둘러보면 좋은 곳이다. 이처럼 다양한 주제의 박물관들이 서울 곳곳에서 별처럼 빛나고 있지만 그 중에서 서울 여행 두 번째 추천 여행지로 대한민국을 대표하는 국립중앙박물관과 서울을 대표하는 서울역사박물관을 꼽을 수 있겠다.

국립중앙박물관, 대한민국 최고의 문화유산이 한자리에

국립중앙박물관은 서울 여행에서 빠트릴 수 없는 방문지다. 해방 후 이곳 저곳으로 옮겨 다니다 2005년 용산에 새로 지어졌는데 규모가 유럽의 유명 박물관 못지않다. 전시품들도 한국의 역사와 문화를 대표하는 유물들로써 3층 불교조각실의 금동미륵반가사유상과 1층 복도에 자리하고 있는 경천사지 10층석탑은 이곳의 대표 유물이다. 최근 고조선실과 고려실을 신설해 시대별 전시가 더욱 충실해졌다. 시간을 내 여유 있게 관람하면 좋겠지만 그렇지 못하다면 박물관에서 제시하는 '명품관람코스, 테마관람코스,

어린이·청소년 관람코스' 등을 따라 돌아보는 것도 좋은 방법이다. 다른 박물관보다 비교적 큰 규모인 기념품점도 빠트리지 말자. 한국의 역사와 전통문화를 소재로 한 다양한 제품이 마련돼 있어 구경하는 재미가 쏠쏠하다.

서울역사박물관, 첨단 전시기법과 체험이 강조되는 도시역사박물관

서울역사박물관은 조선시대 정치·경제·사회·문화의 중심지였던 수도 서울 사람들의 생활과 문화를 대표하는 유물들을 전시하는 도시역사박물관이다. 첨단 기법을 이용한 전시와 체험이 흥미로운 관람 포인트이며 전시실 중간에 설치돼 있는 디스플레이는 유물에 대한 입체적인 이해를 높여준다. 애니메이션으로 한양 사람들의 하루 삶을 보여주는 코너는 아이들에게 인기 있다. 터치 뮤지엄에서는 다듬이, 자물쇠 등 옛 물건을 만지면 실제로 그것이 어떻게 사용됐는지 동영상으로 볼 수 있어 관람자들의 이해를 돕는다. 전시관 위층을 가로지르는 '정보의 다리' 는 컴퓨터 학습과 게임을 할 수 있는 곳으로 올라가는 입구를 찾지 못해 지나치는 경우가 많으니 잘 찾아보자. 최근에 흥미를 더해주는 건 서울을 1500분의 1 비율로 축소한 가로 21m×세로 14m의 대형 서울 모형으로 위로 난 통로를 가로지르며 서울 전체 모습을 조망하기도 하고, 서울 곳곳을 입체적으로 살펴볼 수도 있다.

- **연락처** : 국립중앙박물관 02-2077-9000
- **홈페이지** : www.museum.go.kr
- **입장료** : 무료
- **관람시간** : 화·목·금 09:00~18:00,
  수·토 ~21:00, 일·공휴일 ~19:00,
  월요일 휴관

- **연락처** : 서울역사박물관 02-120
- **홈페이지** : www.museum.seoul.kr
- **입장료** : 성인 700원/청소년·어린이 무료
- **관람시간** : 평일 09:00~21:00,
  토·일·공휴일 ~19:00,
  월요일 휴관

박물관은 재미없는 곳이다? 즐겁고 편안한 박물관 관람 팁 세 가지

좋은 박물관, 좋은 전시를 찾아가더라도 관람이 지루하고 재미없다면 말짱 도루묵이다. 박물관 관람을 즐겁고 편안하게 할 수 있는 간단하지만 효과적인 세 가지 방법.

도서관처럼 박물관을 이용하라

도서관에서 자신이 관심 있는 혹은 필요한 책을 찾아 골라 읽듯 박물관에서도 골라서 유물을 감상해보자. 관람객들 대부분은 박물관에 전시돼 있는 유물을 한 번에 모두 보기 위해 욕심을 낸다. 그것보다 박물관 방문 전에 홈페이지에 들러 미리 정보를 숙지하고, 박물관에 가서는 팸플릿이나 전시 안내를 참조해 관심이 가는 전시물 한두 개를 정하자. 그리고 그것들에게 말을 건네자. "너는 어디에서 왔고 누가 만들었으며 어떻게 쓰이니?" 하는 방식으로 대화를 나눠보자. 관람을 마치고 나오면 "나는 오늘 박물관에 다녀왔다." 고 말하는 것보다 "박물관에서 OO 유물을 친구로 사귀고 왔다." 고 말할 수 있다면 대성공이다.

사물함을 활용하라

박물관 관람객을 살펴보면 의외로 가방과 옷 등 소지품을 불편하게 걸치거나 들고 다니면서 관람하는 사람들이 많다. 특히 실외 활동이 어려운 겨울철에 박물관을 찾는 사람들은 두꺼운 옷을 팔에 걸치고 불편해하는데 그러지 말고 박물관에 있는 사물함을 활용하자. 박물관 실내는 유물 보호와 관람객의 편의를 위해 사계절 쾌적한 온도와 습도로 유지된다. 관람에 불필요한 것들은 모두 사물함에 보관하고 최대한 가벼운 차림으로 박물관 관람에 나서자. 대부분의 박물관에 무료 혹은 유료로 이용할 수 있는 사물함이 한쪽에 마련돼 있다.

잘 쉬는 것이 잘 보는 것이다

박물관 관람은 의외로 힘이 많이 든다. 실내조명이 어둡기 때문에 유물이나 전시를 집중해서 보다가 쉽게 피로해진다. 잘 쉬는 것이 잘 보는 방법이다. 한 번에 모든 것을 보려 하지 말고 피곤할 때는 박물관 곳곳의 휴게 공간을 이용하거나 박물관 밖으로 나가(대부분의 경우 티켓을 가지고 있으면 당일 재입장이 가능하다) 쉬었다가 다시 돌아와 관람하자. 국립중앙박물관의 경우 2층 한쪽에 용산가족공원이 내려다보이는 전망 좋은 휴게실이 있으며, 서울역사박물관은 바로 옆 경희궁이 좋은 휴게실이다.

종묘와 창덕궁 | 이 곳 에 는 특 별 한 매 력 이 있 다

조선의 뿌리를 찾아서

도심의 높은 빌딩들 사이에 자리 잡고 있는 궁궐과 종묘는 조선 500년 도
읍지의 흔적을 살펴볼 수 있는 서울의 대표적인 역사 유적이다. 서울에는
경복궁, 창덕궁, 창경궁, 덕수궁, 경희궁 등 다섯 개의 궁궐이 있다. 세 번

째 서울 여행지로 소개하는 종묘와 창덕궁의 공통점은 유네스코에서 지정한 세계유산(World Heritage)이라는 것이다. 하지만 세계유산이라는 이유뿐 아니라 종묘와 창덕궁은 서울의 다른 궁궐이나 유적에서 찾을 수 없는 특별함을 가지고 있다. 그 특별한 매력을 찾아 종묘와 창덕궁으로 여행을 떠나보자.

조선 최고의 건축물을 종묘에서 만나다

종묘 정전은 조선 최고의 건축물이라 해도 과언이 아니다. 검은색 기와가 얹어진 맞배지붕과 그 아래 줄을 지어 서 있는 붉은색 기둥의 어우러짐은 엄숙하면서도 절제된 아름다움을 보여준다. 서울의 여러 궁궐들에 가려 많은 사람들이 찾지 않지만 종묘는 조선의 유교 이념과 문화가 상징적으로 표현돼 있는 조선의 뿌리와도 같은 곳이다. 조선을 건국하고 한양으로 도읍을 옮기면서 왕의 거처인 경복궁보다 먼저 지은 곳이 종묘일 만큼 조선시대 내내 소중하게 관리됐다. 창덕궁과 마찬가지로 1995년에 세계유산으로 지정됐으며 이곳에서 열리는 종묘제례와 종묘제례악도 유네스코 '인류의 무형유산' 으로 지정돼 보존되고 있다.

세종 임금은 세 번째 방, 정조 임금은 열세 번째 방

'종묘에는 무덤이 있다? 없다?' 의외로 쉬운 질문에 갸우뚱하는 사람들이 많다. 유교적 이념에 따르면 사람은 죽어서 혼(魂, 정신)은 하늘로, 백(魄, 육신)은 땅으로 돌아간다고 믿었다. 백을 땅에 모시는 것이 묘(墓, 무덤)라면 혼을 모시고 조상을 기리는 곳은 묘(廟, 사당)다. 왕실 입장에서 보면 왕의 무덤은 왕릉, 왕의 사당은 종묘인 셈이다. 종묘는 왕과 왕비의 신주를 모시는 사당으로 가장 중심이 되는 건물은 정전과 영녕전이며 그 외 종묘를 관리하고 종묘제례를 준비하는 부속건물들로 구성돼 있다.

정문인 창엽문을 지나 종묘에 들어서면 가운데로 세 갈래 길이 나 있다. 가운데 동쪽 길이 살아 있는 왕이 이용하는 '어도'라면 가운데 길은 이곳에 모셔진 역대 왕들이 이용하는 '신도'이며, 가운데 서쪽 길은 세자가 이용하는 길이다. 길을 따라 들어가면 제례가 시작되기 전 임금이 머물면서 제사를 준비하는 재궁인 어숙실이 있으며 왕이 드나들던 동쪽 문 옆으로 제사 음식을 준비하던 전사청 건물이 있다. 역대 왕과 왕비의 신주가 모셔져 있는 정전은 종묘의 핵심 구역이다. 조선의 역사가 길어질수록 많은 공간이 필요했는데 종묘 또한 여러 번의 증축 과정을 거쳐 현재의 모양과 크기로 만들어졌다. 정전 앞 월대를 살펴보면 증축의 흔적을 볼 수 있다. 정면을 보고 섰을 때 왼쪽인 서쪽 첫 번째 방에 태조 신위가 모셔져 있으며 오른쪽으로 갈수록 후대 왕의 신위가 모셔져 있다. 세종은 세 번째 방, 정조는 열세 번째 방에 모셔져 있으니 손가락으로 헤아려 가면서 찾아보자.

1년에 한 번 열리는 문, 그 안을 들여다보고 싶다면

정전의 신실과 정문인 남문의 가운데 문은 잠겨 있다. 1년에 단 한 번 열리는데 바로 5월 첫째 주 일요일에 종묘대제가 열린다. 조선시대에는 계절마다 네 번, 또 12월에 드리는 제사까지 다섯 번의 정기적인 대제 말고도 수시로 제사를 지냈지만 현재는 1년에 한 번 거행된다. 정전 내부를 직접 들여다볼 수 없어 아쉽다. 대신 향대청을 찾으면 신실 내부를 실제 크기의 모형으로 전시하고 있을 뿐 아니라 종묘제례에 사용되는 제기 등도 함께 관람할 수 있으니 꼭 한 번 둘러보도록 하자. 또 정전 바로 앞에 있는 악공청에서는 종묘제례에 관한 영상이 수시로 상영되는데 하드웨어인 종묘에서 소프트웨어인 종묘제례가 어떻게 실행되는지 살펴볼 수 있어 도움이 된다. 가

정의 달 5월에 가족과 함께 종묘제례에 참석해 조선의 문화를 배우고 느껴 보는 것도 좋지만 많은 사람들이 몰려서 관람하기가 여의치 않은 게 사실이다. 그럴 때는 오전에 이뤄지는 영녕전에서 열리는 대제를 참관하는 것도 괜찮은 방법이다.

- **연락처 :** 종묘 02-765-0195
- **홈페이지 :** www.jm.cha.go.kr
- **입장료 :** 성인 1,000원, 청소년·어린이 500원
- **관람시간 :** 평일 09:00~18:00, 토·일·공휴일 ~19:00, 화요일 휴관/동절기 단축 운영

조선의 궁궐 중 가장 오랫동안 왕이 머문 궁궐은?

광화문 복원 공사가 한창인 경복궁이 조선 개국과 함께 으뜸 궁궐 역할을 했지만 실제로 조선시대의 궁궐 중 가장 오랜 기간 동안 왕이 머문 궁궐은 창덕궁이다. 창덕궁은 임진왜란으로 불에 타 무너진 경복궁이 조선후기 고

종 때 흥선대원군에 의해 다시 중건되기까지 300여 년 가까이 조선 왕실의 정궁 역할을 했다. 원래 경복궁의 이궁으로 지어졌지만 조선후기에는 실질적인 나라 경영이 이뤄진 중심지였다. 경복궁의 동쪽에 지어졌다고 해서 담장을 이웃하는 창경궁과 함께 '동궐'이라 불렸으며, 계절마다 옷을 갈아입으며 아름다움을 뽐내는 후원이 창덕궁의 자랑이다.

숲과 그늘이 아름다운 궁궐

궁궐을 안내하는 문화재해설사들은 경복궁보다 창덕궁이 관람객들이 둘러보기에 더 쾌적한 궁궐이라고 한다. 바로 창덕궁에는 그늘이 있기 때문이란다. 이는 세계유산에 지정된 이유이기도 한데 창덕궁은 자연을 해치지 않고 산자락을 그대로 이용해 건물을 배치했기 때문에 궁궐 안에 그늘도 있고 흐르는 물도 있다. 다른 궁궐들도 마찬가지지만 금천(錦川)을 지나면서 창덕궁 관람이 시작된다. 창덕궁의 가장 중심이 되는 건물인 인정전은 즉위식이나

사신 접견 등 국가 중요 행사가 거행된 정전이다. 모두에게 익히 알려진 연산군, 영조, 고종 임금 등이 이곳에서 즉위했다.

평소 임금이 집무를 맡아 보던 건물을 편전이라 하는데 창덕궁의 편전은 선정전이다. 선정전 지붕에는 청기와가 사용돼 다른 건물들과 또 다른 멋을 풍긴다. 희정당과 대조전은 왕과 왕비의 침전이다. 내부가 서양식으로 꾸며져 있어 눈길을 끄는데 원래 이 두 건물은 경복궁에 있던 건물이었으나 1917년에 창덕궁에 화재가 나 원래 건물이 소실돼 경복궁의 강녕전과 교태전을 옮겨왔다. 지금 경복궁에 있는 강녕전과 교태전은 창덕궁 건물을 본떠 새로 지은 것이다.

창덕궁 관람의 가장 큰 즐거움, 후원 산책하기

창덕궁 관람의 최고 즐거움은 뭐니 뭐니 해도 후원을 산책하며 계절의 아름다움과 여유를 즐기는 데 있다. 휴식 시간이 10여 분 정도로 그리 길지 않지만 궁궐 안에 이렇게 아름다운 곳이 있음에 감탄하게 된다. 가운데 동그란 섬은 하늘을, 네모난 연못은 땅을 상징한다. 연못 이름은 '부용지' 이며 연못가 십자 모양의 정자는 '부용정' 이다. 반대편 언덕의 2층 건물은 주합루와 규장각으로 정조가 젊은 학자들을 등용해 함께 공부하며 토론을 즐겼던 곳이다. 여기서 재미있는 질문 하나. 부용지에서 낚시를 할 수 있을까? 물론 지금은 못하지만 예전에 낚시를 했던 이가 있다. '상화조어, 꽃을 감상하고 고기를 낚는 일' 이라 해서 정조가 규장각의 신하들과 낚시를 즐겼다는 기록이 남아 있다.

- **연락처** : 창덕궁 02-762-8261 • **홈페이지** : www.cdg.go.kr
- **입장료** : 성인 3,000원, 청소년·어린이 1,500원 *특별 관람은 인터넷으로 예약
- **관람시간** : 09:15~17:15, 우리말 해설 매시 15분, 45분 입장

*일몰 시간에 따라 마지막 입장 시간 조정, 목요일 자유 관람(일반 관람 불가능), 월요일 휴관

여행탐구생활_ ## 종묘 & 창덕궁 관람 팁

단체관람? 자유관람? 종묘와 창덕궁 관람방법 배우기

얼마 전까지만 해도 종묘는 자유 관람, 창덕궁은 해설에 의한 단체 관람이 이뤄졌으나 최근에 관람 방식이 바뀌었다. 창덕궁은 그 동안 제한 관람이 되면서 관리가 잘 되고 있었으나, 종묘의 경우 관람 객들의 무분별한 출입으로 엄숙하고 차분해야 할 공간이 전혀 그렇지 못해 종묘 관람객들이 불편해한 게 사실이다. 종묘의 경우 토요일을 제외한 요일은 우리말 해설 하루 9차례, 1회 최대 관람 인원 200명으로 제한 관람이 실시된다. 한 회차 관람객 200명에는 인터넷 예약 정원이 140명, 현장 판매 60명으로 정해진 시간에 관람해야 하므로 미리 인터넷으로 예약해야 대기 시간을 줄일 수 있다. 단, 토요일은 자유 관람이 이뤄지니 그날만큼은 계획 없이 방문해도 되겠다. 종묘가 시간제 관람으로 바뀐 반면 창덕궁은 자유 관람으로 바뀌었다. 하지만 창덕궁 관람의 별미라 할 수 있는 후원은 여전히 해설자 인솔 하에 시간제 관람으로 운영되니 참고하도록 하자. 그리고 1만 원 티켓 한 장으로 서울의 다섯 개 궁궐과 종묘를 모두 돌아볼 수 있는 제도가 도입됐다. 티켓 유효 기간은 한 달, 봄·가을 한 달, 날씨 좋은 달을 택해 서울이 담고 있는 역사의 깊이를 체험할 수 있는 궁궐과 종묘 나들이를 계획해 보는 건 어떨까?

최순우 옛집 | 시 민 들 이 지 키 는 아 름 다 운 옛 집

● 　서울에서 "제대로 된 한옥을 구경하고 싶다. 어디를 찾아가면 좋을까?" 남산한옥마을이 가장 먼저 떠오르지만 왠지 이곳이 정형화되고 박제된 느낌이라면 북촌한옥마을은 마을의 살아 있는 분위기는 느낄 수 있어도 집 안으로 들어가기가 어렵다. 이럴 때 두 마리 토끼를 잡을 수 있는 곳이 '최순우 옛집' 이다. 한옥의 분위기도 느끼고, 한옥의 아름다움을 즐기고픈 사람이라면 후회하지 않을 곳이다. 이 집의 원래 주인인 최순우 선생은 한국의 유물과 유적의 아름다움을 소개하는 역작인 〈무량수전 배흘림기둥에 기대서서〉를 쓴 미술 사가다.

선생이 직접 살며 가꾼 손때 묻은 옛집의 단아한 아름다움을 느껴보자. 신을

벗고 안채로 올라가면 선생의 유품을 볼 수 있는데
딸에 대한 애정이 듬뿍 담긴 그림엽서가 눈길을 끈
다. 뒷마당 툇마루에 앉아 차를 마실 수 있으며 최
순우 선생이 손수 가꾼 정원도 볼 수 있다. 이곳은
시민들의 모금으로 자발적인 문화재 보존이 이뤄지
는 의미 있는 곳으로, 문화재 가꾸는 운동인 내셔
널트러스트의 제1호다. 모금함이 있으니 관람료 대
신 작은 금액이라도 기부해 보자.

- 연락처 : 02-3675-3401~2
- 입장료 : 무료
- 홈페이지 : www.nt-heritage.org/choisunu
- 관람시간 : 4~11월 10:00~15:00, 12~2월 동절기 휴관

여행탐구생활

한국 최고의 전시회가 열리는 곳 간송미술관

간송미술관은 한국 최고의 사립 박물관이라 해
도 과언이 아니다. 소장하고 있는 국보만 12점에
이르며, 소장품의 숫자보다 놀라운 것이 유물의
내용이다. 교과서나 책에서 고려청자의 대표로
소개되는 〈청자상감운학문매병〉, 우리말과 글을
연구하는 가장 기초적인 자료가 되는 〈훈민정음〉
과 〈동국정운〉, 신윤복의 그림을 모은 〈혜원풍속
도〉 등이 이곳의 소장품들이다. 최고의 소장품을
가지고 있지만 상설 전시가 이뤄지지 않아 아쉽
다. 대신 매년 5월과 10월 중 보름 동안 정기 전
시회를 개최해 아쉬움을 달래준다. 매번 주제는
다르지만 전시 수준만큼은 대한민국 최고의 전
시라 할 만하다.

전시회 기간 중에는 긴 줄에 서서 관람해야 할
만큼 많은 사람들이 찾아온다. 전시관 1층이 복
잡하다면 2층을 먼저 돌아보고, 개장 직후나 폐

장하기 바로 직전에 방문하는 것도 조금 더 여
유롭게 관람할 수 있는 방법이다. 간송미술관 정
기 전시회에 맞춰 최순우 옛집까지 함께 둘러보
는 시기는 봄·가을이 적당하다. 계절의 정취를
즐기며 문화적인 소양을 닦을 수 있는 곳이다.

- 연락처 : 02-762-0442
- 입장료 : 무료
- 관람시간 : 5월~10월 사이 보름 동안 전시회 개최

올림픽공원과 몽촌토성 | 공 원 을 산 책 하 며 , 백 제 를 상 상 하 며

● 　　　간단한 간식과 돗자리 하나만 있으면 여유로운 피크닉을 즐길 수 있
는 곳이 올림픽공원이다. 배드민턴 라켓이나 줄넘기 등 간단한 운동기구를 준
비해도 좋고, 곳곳에 설치돼 있는 간이 운동시설을 이용해 가볍게 몸을 풀어도
좋다. 올림픽공원은 1986년 아시안게임과 1988년 서울올림픽 때 만들어졌다.
공원 절반에는 수영, 체조, 펜싱 등 다양한 종목의 경기장이 자리 잡고 있으며
나머지 절반은 몽촌토성을 중심으로 산책로가 잘 가꿔져 있다.
올림픽이 치러진 지 20여 년이 지난 지금, 경기장은 본래 목적인 경기 개최 외에
도 콘서트 등 다양한 문화행사가 펼쳐지며 공원의 나머지 절반도 세월의 흔적
이 고스란히 담겨 시민들의 휴식공간으로 이용된다. 8호선 몽촌토성 역 1번 출

구에서 나와 5호선 올림픽공원 역으로 나가는 방향을 따라 시계 방향으로 돌아가면 공원의 모든 것을 즐길 수 있다. 올림픽과 관련한 시설로는 제24회 서울올림픽을 기념하는 조형물로 만들어진 '세계평화의 문' 과 그 아래 20년 넘는 동안 불을 밝히고 있는 평화의 성화, 그리고 평화의 공원과 서울올림픽에 관한 다양한 기록물을 새겨놓은 기록조형물 등이 있다.

백제의 수도는?

● 　　　올림픽공원의 절반을 차지하고 있는 것은 몽촌토성이다. 백제 초기의 수도에 관해서는 여러 이견이 있지만 한강 바로 남쪽인 풍납동을 중심으로 석촌동 그리고 몽촌토성 일대라는 설이 가장 유력하다. 해자로 쓰인  성내천의 물길을 따라 산책로가 조성돼 있으며 토성 위로도 길이 나 있어 많은 사람들이 이곳을 오가며 운동과 산책을 즐긴다. 토성 가운데는 수혈주거지가 있으며 몽촌역사관에는 이곳에서 발굴된 유물 전시물들이 당시의 시대상을 알려준다. 토성에 오르면 한강 너머 아차산이 보이는데 삼국시대 한강 유역을 둘러싼 쟁탈전이 벌어지던 당시에 고구려 군사들이 머물렀던 곳이다. 백제의 기지였던 이곳에서 아차산을 바라보면서 1500년 전에 일어났던 일들을 상상해 보자.

- **연락처** : 02-410-1114
- **입장료** : 없음
- **홈페이지** : www.kspo.or.kr/olpark
- **관람시간** : 종일

남산 N서울타워 | 황홀한 국제도시 서울의 야경

● 　　낮보다 저녁이 더 아름다운 서울의 랜드마크, 남산 N서울타워는 해질녘에 올라 해넘이를 감상하고 하나씩 밝혀지는 불빛들로 황홀한 야경을 선사한다. 굳이 전망대에 올라가지 않아도 아래쪽 테라스에서 서울 풍경을 충분히 감상할 수 있다. 전망대에 식음료 시설이 있지만 조금 비싼 편이라 선뜻 이용하기 어려울 경우 아래쪽에 있는 캐주얼 레스토랑에서도 멋진 서울 야경을 바라보며 식사할 수 있다. 단, 창가 쪽 자리는 미리 예약해야 한다. 서울타워의 또하나의 명물은 '사랑의 자물쇠' 다. 누가 언제부터 시작했는지는 알려지지 않았지만 TV 프로그램인 〈우리 결혼했어요〉에서 알렉스와 신애가 이곳에 올라 자물쇠를 채우면서부터 유명해졌다. 지금은 펜스의 시야를 가릴 만큼 빈자리 없이 자물쇠가 빼곡하게 채워져 있다. 서울타워로 올라가는 방법은 노란색 남산순환버스를 이용하거나 케이블카 혹은 도보로 올라가는 세 가지 방법이 있다. 어떤 방법으로 올라갔든 내려올 때는 도보로 봉수대 옆 산성 길을 이용해보자. 포토 아일랜드에서 감탄이 절로 나오는 서울의 멋진 도심 풍경과 만날 수 있다.

- **연락처** : 02-3455-9277　　　　● **홈페이지** : www.nseoultower.com
- **입장료** : N서울타워 성인 7,000원, 청소년 5,000원, 어린이 3,000원
- **관람시간** : N서울타워 10:00~23:00

한강공원 전망쉼터 | 한 강 과 가 까 운 카 페 에 서 의 티 타 임

● 　　한강대교, 잠실대교, 한남대교 등 한강을 가로지르는 다리 위에 카페가 문을 열었다. 그 중에서 대중교통을 이용해 접근이 편리한 양화대교의 양쪽 카페와 우리나라에서 유일한 교각하부 전망대인 광진교 '리버뷰 8번가'를 소개한다. 양화대교 상행에는 '아리따움 양화', 하행에는 '아리따움 선유'라는 이름으로 작지만 분위기가 편안한 찻집이 있다. 아리따움 양화는 당산철교를 오고가는 전철과 여의도를 풍경으로 두고 있으며, 아리따움 선유는 선유도와 낮 시간에 한 번씩 높은 물줄기를 뿜어내는 월드컵 분수 조망이 가능하다.

다리의 경사 엘리베이터를 통해 서로 오갈 수 있으니 원하는 조망, 원하는 분위기에 맞춰 선택할 수 있다. 광진교 리버뷰 8번가는 세계에서도 셋밖에 없는 교각하부 전망대로 최근 드라마 〈아이리스〉촬영지로 사용되면서 많이 알려진 곳이다. 360° 돌아가며 전망을 감상할 수 있는 외부 데크가 있으며 한강의 흐름을 직접 느껴볼 수 있는 투명한 유리 바닥은 이곳에서 가장 흥미로운 시설이다. 광진교는 한강교량 중 최초로 만들어진 보행자용 다리라 걸어서 한강 위를 오고가는 것도 리버뷰 8번가를 찾는 재미 중 하나다.

- **연락처 :** 광진 리버뷰 02-476-0722, 아리따움 양화 02-2631-7345, 아리따움 선유 02-3667-7345
- **홈페이지 :** www.hangang.seoul.go.kr　　　**• 입장료 :** 커피·차 3,000~5,000원
- **관람시간 :** 광진 리버뷰 11:00~21:00, 아리따움 양화·선유 11:00~23:00

한나절 일정 | 서울의 세계문화유산을 찾아서

창덕궁   광장시장
(점심식사)   종묘

창덕궁과 종묘는 도보로 10여 분 정도 떨어져 있다. 점심 식사 전에 창덕궁을 관람하고 광장시장으로 옮겨와 식사한 후 종묘를 방문하는 일정이다. 유네스코 세계문화유산은 약 700여 점이 있는데 그 중에서도 종묘와 창덕궁처럼 가까운 거리에 연이어 지정된 경우는 드물다. 한나절 시간으로 세계에 자랑할 만한 우리의 소중한 문화유산을 만날 수 있다.

🍴 강력 추천 음식점 ❶ **광장시장의 먹을거리**

시장에서 즐기는 정겨운 맛

광장시장은 1904년 세워진 우리나라 최초의 근대 상설시장으로 오랜 역사만큼 먹을거리도 다양하고 푸짐하다. 종로 6가 광장시장 입구에 들어가면 입구에 부침개 가게가 있다. 고소한 냄새로 코끝을 유혹하는 부침개 한 장 시켜 간장, 양파, 고추가 버무려진 양념장에 찍어 막걸리 한 잔 곁들이면 속이 든든하다(**박가네 빈대떡** 02-2267-0614). 다른 재료 없이 당근과 깨소금으로 만 손가락 굵기의 김밥을 겨자소스에 찍어 먹는 일명 '**마약김밥**'(02-2264-7668, 한 번 맛을 들이면 끝없이 먹게 된다고 해서 붙여진 이름)은 광장시장의 명물이다. 찾기 어려우니 물어서 찾아야 한다. 푹 고아낸 육수에 닭을 삶아 내는 닭 한 마리(**진할매 닭한마리**, 02-2275-9666)도 광장시장의 유명한 먹을거리다.

우리나라 제일의 도시인 만큼 서울은 맛으로 소문난 곳들이 한둘이 아니지만 오랜 세월 수많은 사람들을 겪으며 만들어진 시장 음식도 맛으로는 손색없는 먹을거리다. 이왕 여행길에 오른 만큼 시장 구경도 하고 서울 인심도 함께 체험해 보자.

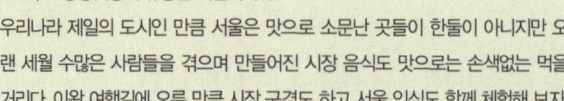

• 연락처_본문 참조   • 가격_박가네 빈대떡 부침개 1장 4,000원, 마약김밥 2,500원, 진할매 닭한마리 1만 6,000원   • 영업시간_점심~저녁

종일 일정 | 아름다운 옛집과 고즈넉한 옛길을 찾아서

최순우 옛집   점심식사   북악산 서울 성곽

봄부터 가을까지 추천할 수 있는 일정이다. 북악산 서울성곽은 말바위 안내소에서 시작하는 길이 편하다. 성곽으로 오르기 전에 최순우 옛집에 들렀다 성북동에 있는 맛집에서 식사하고 올라가자. 금강산도 식후경이다.

🍴 강력 추천 음식점 ② 성북동 맛집들

거리를 걸으며 찾아보는 서울의 손맛

최순우 옛집과 간송미술관을 지나 안쪽으로 들어가면 길 양쪽으로 맛집들이 줄을 서서 기다리고 있다. 처음 만나는 집은 돼지갈비로 유명한 **성북동 돼지갈비집**(02-764-2420)이다. 상추와 무채, 밥과 조갯국, 밥뚜껑만한 작은 접시에 올려주는 연탄불로 구워주는 돼지갈비가 한 끼 식사로 차려진다. 먹을 때는 돼지갈비가 전부지만 식사하고 나오면 개운한 조갯국이 더 기억에 남는다. 적당한 가격이라 한 끼 식사로 부담 없다. 조금 더 올라가면 오른쪽으로 비빔밥과 백반을 전문으로 하는 **유정**(02-743-6201)이 나온다. 비빔밥도 괜찮지만 제대로 차려진 식사를 원한다면 밥상 정식을 주문하는 게 좋다. 밥과 찌개, 잡채, 조기 등 15가지 반찬이 푸짐하게 차려지는데 반찬 하나하나가 맛깔나다. 고급 한정식집인 '이향'과 같은 주방이라 대중식당으로서의 맛은 보장된다. 그 밖에도 돈가스로 유명한 **금왕돈까스**(02-764-2691)가 같은 골목에 있으며 진한 사골 국물에 국수와 만두가 어우러지는 칼국수로 유명한 **성북동집**(02-747-6234)도 있다.

• **연락처**_본문 참조   • **가격**_돼지갈비집 돼지갈비 백반 6,500원, 유정 비빔밥 5,000원, 밥상 정식 8,000원, 금왕돈가스 돈가스 6,500~8,000원, 성북동집 칼국수 7,000원   • **영업시간**_점심~저녁

1박 2일 일정 ❶ | 휴 식 이 있 는 서 울 낭 만 여 행

1일차

창덕궁
또는 종묘

광장시장
(점심식사)

올림픽공원과
몽촌토성

올림픽파크텔
(숙소)

2일차

리버뷰
8번가

성북동 맛집
(점심식사)

최순우 옛집

남산 N서울타워

휴식과 여유가 넘치는 1박 2일 낭만 여행 코스다. 창덕궁이나 종묘 모두 숲으로 둘러싸여 있어 서울 도심 속에서 산림욕을 즐길 수 있다. 올림픽공원에서는 넓게 펼쳐진 잔디밭과 그 사이사이로 난 산책길을 따라 걸어보자. 둘째 날은 한강을 가장 실감나게 볼 수 있는 리버뷰 8번가를 찾고, 서울에서 가장 아름다운 한옥, 최순우 옛집에 들른다. 마지막으로 남산 N서울타워에 올라 일몰과 함께 서울 야경을 감상하는 것으로 일정을 마무리한다.

🏠 강력 추천 숙소 ❶ 서울올림픽파크텔

아침저녁으로 산책해요

한쪽으로는 한강과 남산을, 다른 쪽으로는 올림픽공원을 한눈에 바라볼 수 있는 멋진 풍경을 가진 숙소다. 올림픽공원 한쪽에 자리하고 있어 서울 도심의 혼잡함에서 벗어나 공원의 여유로움을 즐길 수 있다는 것이 가장 큰 장점이다. 아침저녁으로 공원에서 가볍게 산책 또는 달리기를 하면서 휴식 시간을 가질 수도 있다. 더블 침대 한 개와 싱

글 침대 한 개가 갖춰진 가족 룸이 있어 가족 단위 여행자들이 선호한다. 인터넷 예약 시 할인 혜택이 주어지며 그 밖에도 온라인 호텔 예약 업체 등을 이용하면 더욱더 저렴하게 이용할 수 있다.

- 연락처_02-410-2114 • 홈페이지_www.parktel.co.kr
- 숙박료_트윈 룸·가족 룸 20만 원 내외 *인터넷 예약 시 할인

1박 2일 일정 ② | 걸 으 면 서 배 우 는 서 울 역 사 여 행

1일차

국립중앙 박물관 · 광장시장 (점심식사) · 종묘 · 창덕궁 · 서울 유스호스텔 (숙소) · 남산 서울N타워

2일차

최순우 옛집 · 성북동 맛집 (점심식사) · 북악산 서울 성곽 · 서울역사박물관 또는 아리따움 양화·선유

조선 500년 도읍지 서울의 역사와 문화, 분위기를 느끼며 배우는 1박 2일 여행 일정이다. 전 일정 모두 대중교통을 이용하면 된다. 모두 지하철역과 가깝거나 버스를 이용해 충분히 오고갈 수 있는 곳이다. 첫째 날 저녁, 숙소에 짐을 풀고 남산 서울N타워에 올라 서울 야경을 감상하며 저녁 식사를 하거나 둘째 날 마지막 일정으로 박물관 대신 아리따움 양화와 선유를 찾아 여유를 즐기는 것도 좋은 일정이다.

🏠 강력 추천 숙소 ② 서울유스호스텔

남산 자락에서 보내는 하룻밤

서울유스호스텔은 도심에서 가까우면서도 시내 모텔이나 호텔의 번잡함을 피하고픈 여행자들에게 추천할 만한 숙소다. 명동에서 가까운 남산 자락에 있으며 뒤로 난 산책로를 따라 남산 전망대까지 걷기에 편리하다. 트윈 베드룸과 온돌 룸이 있어 젊은 여행객뿐 아니라 가족 단위 여행객들의

이용도 편리하며 유스호스텔인 만큼 회원은 도미토리를 할인된 가격에 이용할 수 있다. 가격대비 가장 이용하기에 좋은 숙소는 트윈 베드가 갖춰져 있는 비즈니스 룸이다. 인원이 5~6인 이상일 경우는 2층 침대가 있는 유스 룸을 이용해도 좋다. 이곳에서 가장 좋은 방은 패밀리 룸이다. 거실 하나와 방 두 개에 주방 시설까지 갖춰져 있다. 단, 객실이 많지 않아 예약을 서둘러야 한다. 깔끔한 공동 취사실이 있으며 옥상에는 작은 정원이 있어 서울을 시원하게 내려다볼 수 있다. 대중교통이나 도보로 찾기 어렵다는 것이 단점이며, 처음 찾아갈 때는 명동에서 택시를 이용하는 것이 편하다.

- 연락처_02-319-1318 · 홈페이지_www.seoulyh.go.kr
- 숙박료_비즈니스 룸 6만 원, 한실 10만 원, 패밀리 룸 12만 원

탐구생활 지도 ☀ 여행지 표시하기

◉ 둘러볼 곳　🍴 먹을 곳　🏠 잠잘 곳
☎ 연락처　🚶 위치　🚌 찾아 가는 길
🚏 대중교통　P 주차장

성북동 맛집들 🍴
☎ 본문 참조
🚶 성북구 성북동 일대
🚌 4호선 한성대입구역 6번 출구 1111, 2112
마을버스 탑승 쌍다리 앞 또는 성북동사
무소 하차
P 무료

최순우 옛집 ◉
☎ 02-3675-3401~2
🚶 성북구 성북2동 126-20
🚌 4호선 한성대입구역 6번 출구 1111, 2112 마
을버스 이용 홍익중고 하차 후 맞은편 골목
P 주변

북악산

경복궁

경복궁역　안국역

대문구

종로구

아리따움 양화·선유 ◉🍴
☎ 양화 02-2631-7345,
선유 02-3667-7345
🚶 영등포구 당산동 71-2
🚌 2, 6호선 합정역 중앙버스차
로 양화대교 방향 또는 2, 9
호선 당산역 13번 출구 603,
760, 5714 버스 탑승 → 선유
도공원 하차
P 한강지구 주차장 이용

서울역사박물관 ◉
☎ 02-120
🚶 종로구 신문로2가 2-1
🚌 5호선 광화문역 7번 출구
P 유료

광화문역

창경궁

한성

종로5가역

종로3가역
서울시청

명동역

충무로역

동대입구

양화대교

합정역

국립중앙극장

남산

남산 N서울타워 ◉
☎ 02-3455-9277
🚶 용산구 용산동 2가 산 1-3
🚌 3, 4호선 충무로역 2번 출구 또는 3호
선 동대입구역 6번 출구 02, 05번 남산
순환버스 탑승. 6호선 이태원역 4번 출
구 03번 남산순환버스 탑승
P 없음

당산역

영등포구

용산구

이태원역

국립중앙
박물관

이촌역

국립중앙박물관 ◉
☎ 02-2077-9000
🚶 용산구 용산동 6가 168-6
🚌 4호선 이촌역 2번 출구
P 유료

동작구

구로구

국립현충원

보라매공원

북악산 서울 성곽
- 말바위 안내소 02-765-0297~8, 숙정문 안내소 02-747-2152, 창의문 안내소 02-730-9924~5
- 서울시 성북구~종로구 일대
- (말바위 안내소) 3호선 안국역 2번 출구 종로 02번 마을버스 또는 4호선 혜화역 1번 출구 종로 08번 마을버스 탑승 → 종점 하차 → 와룡공원 → 말바위 안내소
  (숙정문 안내소) 4호선 한성대입구역 6번 출구 1111, 2112번 지선버스 탑승 → 명수학교 하차 후 도보 10분 → 숙정문 안내소
  (창의문 안내소) 3호선 경복궁역 3번 출구 0213, 1020, 7022번 지선버스 탑승 → 자하문 고개 하차 → 창의문
- 없음

창덕궁
- 02-762-8261
- 종로구 율곡로 99
- 1·3·5호선 종로 3가역 7번 출구
- 유료

종묘
- 02-765-0195
- 종로구 종로 155
- 1·3·5호선 종로 3가역 11번 출구
- 유료

광장시장 먹을거리
- 본문 참조
- 종로구 예지동
- 1호선 종로 5가역 8번 출구
- 종묘 주차장 이용

서울유스호스텔
- 02-319-1318
- 중구 예장동 산 4-5
- 3, 4호선 충무로 역 4번 출구 또는 4호선 명동역 10번 출구

리버뷰 8번가
- 02-476-0722
- 강동구 천호 2동 527-2
- 5호선 광나루역 2번 출구 또는 5, 8호선 천호역 2번 출구 → 광진교 방향
- 한강지구 주차장 이용

올림픽파크텔
- 02-410-2114
- 송파구 방이동 88-8
- 8호선 몽촌토성역 1번 출구

올림픽공원
- 02-410-1114
- 송파구 올림픽로 45
- 8호선 몽촌토성역 1번 출구, 5호선 올림픽공원역 3번 출구
- 유료

구리시청

아차산

어린이대공원

광진교

광나루역

천호대교

천호역

강동구

올림픽공원

몽촌토성역

강남구

잠실 종합운동장

코엑스

롯데월드

송파구

강남 세브란스병원

바다와 역사가 어우러지다

단지 제2의 도시라는 표현으로 부족하다. 인천은 바다를 끼고 있는 수려한 대자연과 오랜 역사가 함께 숨쉬는 글로벌 도시로 거듭나고 있다. 그 속에 숨겨진 작은 화면과 시들지 않은 의지와 장신을 읽어 내리기 위해 역사 여행 속으로 떠난다.

02 인천 여행

| 문의 |
- 인천광역시청 관광진흥과 032-440-4056
- 인천역 관광안내소 032-777-1330
- 월미도 관광안내소 032-765-4169
- 인천공항 관광안내소 032-743-0011

| 홈페이지 | www.tour.visitincheon.org

| 찾아 가는 길 |
120 경인고속도로 인천 IC 또는 110 제2경인고속도로 종점 또는
42번 국도 수인산업도로 → 인천

| 지역 축제 |
- 만국공원축제
  시기 | 매년 4월 초   장소 | 자유공원 일대

- 인천·중국의 날 문화축제
  시기 | 매년 9~10월경   장소 | 자유공원과 차이나타운 일대
  홈페이지 | www.inchinaday.com

- 인천소래포구축제
  시기 | 매년 10월 중   장소 | 소래포구와 소래습지생태공원 일대
  홈페이지 | www.soraefestival.net

차이나타운 | 붉 은 중 국 으 로 떠 나 는 여 행

차이나타운 탐방은 여기서부터,
인천개항장 근대건축전시관과 한중문화관

차이나타운을 상징하는 색은 붉은색이다. 어찌 보면 촌스러운 느낌을 주지
만 이곳에서는 자연스럽게 모든 것을 꾸미고 있어 색깔도 하나의 문화임을

느낄 수 있다. 전철을 타고 재미있는 볼거리와 다양한 먹을거리 그리고 자유공원 산책에 이르기까지 하루 종일 다녀도 새롭고 신나는 곳이 차이나타운이다. 인천역에 내리면 맞은편에 중국 마을 입구임을 알리는 대문인 패루가 우뚝 서 있다. 차이나타운에 있는 세 개의 패루 중 첫 번째다. 고속도로에서 이곳으로 온다면 제2패루가 가장 가까운 문이다. 제2패루 쪽으로 이동해 한중문화관(www.hanjung.go.kr, 032-760-7860~6)과 근대건축전시관 관람으로 차이나타운 탐방을 시작하자. 한중문화관은 중국 역사와 문화, 생활에 관한 전시물들을 갖추고 있다. 치파오 등 중국 전통의상(사실은 이민족으로 불리는 만주족 의상)을 입고 사진을 찍을 수 있는 체험 코너와 중국 차를 무료로 마실 수 있는 곳도 마련돼 있다. 토·일요일 오후에는 200석 규모의 공연장에서 상설 공연이 펼쳐진다. 매번 주제가 바뀌는데 경극과 변검 등의 중국 전통 공연 등도 펼쳐지니 사이트에서 미리 살펴보는게 좋다. 제2패루를 지나 오른편으로 100년 전 건물을 리모델링한 근대건축전시관이 있다. 1876년 일본과 맺은 강화도조약으로 문이 열린 세 곳 중한 곳인 인천의 개항 이후 일본과 열강들이 인천(당시 이름은 제물포)에 어떻게 자리를 잡았는지 옛 건물들을 모형으로 재현하고 있다.

옛 청나라 영사관 건물과 담장에 그려진 그림 이야기, 화교중산학교와 삼국지 벽화 거리

화교가 우리나라에 들어오게 된 계기는 1882년 임오군란으로 청나라에서 군대가 파병되면서 상인들이 함께 따라온 것이 시초라고 한다. 1884년 청·일전쟁 이후 일본이 승리하면서 잠시 피난 갔던 화교들은 다시 돌아와 이곳에 터전을 잡았다. 청국 영사관 자리에는 화교중산학교가 들어섰다. 10년 전만해도 학생 수가 줄어들어 폐교 위기에 처했으나 중국과의 교류가 늘어나면

서 한국 학생들이 많이 입학해 요즘은 오히려 학생 수가 늘어나고 있다. 학교 위쪽 담장은 새롭게 등장한 차이나타운 명물 중 하나인 삼국지 벽화 거리다. 중국을 대표하는 고전 〈삼국지〉내용이 80여 점의 벽화로 그려져 있는데 내용도 충실한데다 극적으로 그려져 있어 하나씩 보다보면 어느새 〈삼국지〉의 줄거리를 익히게 된다. 잘 알려진 내용의 그림 앞에서 절로 발걸음이 멈춰지며 〈삼국지〉를 처음 읽었던 때의 재미와 감동이 새록새록 떠오른다.

차이나타운의 옛 건물들, 100년 역사를 담은 거리 걷기

타임머신을 타고 100년 전으로 돌아간 듯한 차이나타운 거리를 걷다 보면 옛 건물들을 많이 만나게 된다. 제1패루에서 올라와 오른쪽 골목으로 들어가면 자장면을 처음으로 만들었다고 전해지는 공화춘이 있다. 지금은 거의 무너져가는 건물에 걸린 초라한 간판만이 자리를 알려 주고 있지만 이곳 사람들은 어릴 때 집안 잔치가 있을 때 공화춘에 모여 푸짐한 잔치 음식을 즐

겼다고 한다. 골목을 따라 걸으면 지금은 천주교 해안성당 교육관으로 쓰고 있는 오래된 중국인 주택을 찾을 수 있다. 또, 제1패루 위로 올라가 왼쪽 방향으로 가면 노란색으로 칠해진 벽이 인상적인 의선당이 있다. 중국식 사당인데 한때 무술 도장으로 쓰였다. 중앙의 관음상을 중심으로 흙으로 만든 다섯 개의 상이 각 방마다 있는데 그 중에서 청룡언월도를 들고 있는 상은 한눈에 봐도 관운장의 모습이다.

자유공원과 인천의 근대 건축물 탐방

차이나타운 꼭대기에는 서울의 파고다공원보다 먼저 만들어진 근대 공원의 효시, 자유공원이 있다. 봄이면 꽃비 내리는 벚꽃 길로도 유명하다. 원래 이름은 만국공원이었으나 한국전쟁 후 인천상륙작전을 이끈 맥아더 장군을 기념하면서 자유공원으로 이름을 바꿨다. 공원 가운데 맥아더 장군 동상이 있다. 전망대에 오르면 인천항 풍경을 내려다볼 수 있고 광장에서 휴

식을 즐길 수 있다. 자유공원에서 홍예문 쪽으로 방향을 잡으면 아직 남아 있는 인천의 근대 건축물들을 볼 수 있다. '무지개 문' 이라는 뜻의 홍예문은 일본 조계 지역에 세워진 문으로 인천항과 시내의 물자 교류와 교통을 목적으로 일본 공병대가 만들었다. 홍예문을 지나면 인천 내동 성공회 성당의 처마와 기와지붕이 독특한 건축양식과 만난 모습을 볼 수 있다. 일정상 여유가 있다면 답동성당까지 찾아보자. 돔탑이 인상적인 로마네스크 양식의 건물로 전주의 전동성당과 함께 우리나라에서 아름답기로 손꼽히는 근대 건축물이다. 답동성당 맞은편에는 닭 강정으로 유명한 신포시장이 있다.

- **연락처** : 중구 문화관광과 032-760-7550
- **홈페이지** : www.ichinatown.or.kr
- **입장료** : 없음
- **관람시간** : 종일

월미도 | 지금 월미도는 변신 중

조금은 낡고 촌스러운, 그러나 여전히 흥겨운 곳

월미도를 생각하면 조금은 낡고 촌스럽다는 느낌이 든다. 그래도 구관이 명관이라 주말이면 여전히 많은 사람들이 나들이 장소로 찾는 곳이 월미도다. 최근 월미도는 월미산이 개방되면서 산책로가 생기고 전망대 등 새로운 시설이 만들어져 변신 중이
다. 월미도의 마스코트는
뭐니 뭐니 해도 입구에 있
는 놀이동산의 놀이기구들
이다. 그 중에서도 음악에
맞춰 돌다가 팡팡 순식간에
튀어 오르는 '타가다' 는 구
경하는 것만으로도 즐겁다.
무한 반복 '바이킹' 도 이곳
의 명물이다. 바닷가를 따
라 음식점들이 늘어서 있으
며 영종도를 오가는 배와
갈매기들을 구경하는 것만
으로도 느긋한 여유를 느낄 수 있다. 한편 월미도는 인천상륙작전의 세 지
점 중 제일 먼저 상륙이 이뤄진 '그린 비치' 의 현장이다. 바닷가 한쪽에 기
념비가 세워져 있다.

월미도의 새로운 명소, 월미공원 전망대, 한국이민사박물관, 모노레일

월미산은 50년 동안 군사기지가 들어서 있어 일반인 출입이 제한됐지만 최
근 시민들에게 개방돼 공원으로 꾸며졌다. 그 동안 닫혀 있었던 덕에 생태
환경이 잘 보존돼 있으며 길을 따라 난 산책로에는 봄이면 자유공원만큼이
나 화려하고 멋진 벚꽃이 만개한다. 정상에서 한쪽으로 비켜난 곳에 월미
전망대가 있으며 유리 원형 계단을 따라 올라가면 인천항 갑문과 부두, 최
근에 만들어진 인천대교까지 한눈에 볼 수 있다. 전망대에서 길을 따라 내

려오면 한국이민사박물관과 만난다. 우리나라 최초의 공식 이민은 1902년 100여 명이 일본 나가사키를 거쳐 하와이로 이주한 것으로 그때 타고 간 S.S.갤릭호를 재현해 그 안에 이민 모집 광고, 이민자명단, 먼저 이주해 있던 노총각들과 사진만 보고 결혼했던 사진 속 신부 등 이민과 관련한 다양한 문서들을 전시해 놓았다.

- **연락처** : 인천서부공원사업소 032-765-4131~3
- **홈페이지** : www.wolmi.incheon.go.kr
- **입장료** : 없음
- **관람시간** : 월미공원 05:00~23:00, 동절기 05:00~22:00

수도국산달동네박물관 | 달동네의달동네박물관

어려웠지만 정겹게 어울려 살았던 달동네

인천 송현동 수도국산 꼭대기에 달동네박물관이 있다. 인천의 달동네 중 한
곳이었던 이곳은 아파트 단지가 세워지고 공원이 만들어지면서 옛 모습은
사라졌지만 1960~1970년대의 달동네 모습을 재현해놓은 수도국산 달동네

박물관이 있어 고달팠지만 함께하기에 희망을 가질 수 있었던 우리의 모둠살이를 추억케 한다. 개항과 일제시대, 한국전쟁, 근대화를 거치면서 가난한 사람들이 살 곳을 찾아 산으로 올라와 마을을 만들게 된 것이 달동네다. 여기 인천 송현동에 사람들이 많았을 때는 3천여 가구가 모여 살았다고 한다.

달이 잘 보여서 달동네일까? 월세방이 많아 달동네일까?

달을 잘 볼 수 있다는 뜻에서 달동네라는 이름이 붙었다는 설이 있는가하

면 월세 방이 많아서 달동네라고 불렀다고도 한다. 달동네라는 말이 널리 쓰이게 된 것은 지금은 없어진 방송국 TBC에서 1980년을 전후로 방송한 일일연속극 〈달동네〉 때문이다. 노주현, 장미희, 이미숙 등 지금도 브라운관에서 열연하고 있는 배우들과 함께 똑순이 김민희를 기억하는 분들이 많을 것이다. 박물관은 동네입구의 이발소, 연탄가게 등의 상점들, 아침마다 긴 줄을 서야 했던 공동수도와 변소, 다닥다닥 붙어 있는 집들, 전신주에 붙어 있는 반공 포스터 등 그때의 모습을 놀랄 만큼 사실적으로 재현해 놓고 있다. 실제 이야기와 인물에 대한 고증을 통하여 전시물을 구성하고 모형을 만들었는데 연탄가게, 은율솜틀집, 대지이발관에서 모형으로 보는 주인들은 실제 인물로 아직 생존해 있다고 한다. 또 하나 실제를 바탕으로 한 전시물이 입구에 마련돼 있다. 터치스크린을 이용하는데 실제 이곳에 살았던 주민들의 생생한 옛 이야기들을 들을 수 있다. 전시물 외에도 곳곳에 옛

교복 입어보기, 연탄불 갈아보기, 물지게지기 등의 체험거리가 마련되어 있어 더욱 생생하게 옛날을 기억하고 체험하게 한다. 나가는 길에 동네 문방구를 그냥 지나칠 수 없다. 뽑기, 불량식품, 종이인형, 뽕뽕이 말 등 어릴 때 그렇게 갖고 싶었고 하고 싶었던 것들을 어른이 된 지금 다시 해 볼 수 있다.

- **연락처** : 032-770-6131~2
- **홈페이지** : www.icdonggu.go.kr/museum
- **입장료** : 성인 500원, 청소년 300원, 어린이 200원
- **관람시간** : 09:00~18:00 월요일 휴관

소래포구 | 한 손 엔 회 한 접 시 , 다 른 손 엔 젓 갈 한 봉 지

● 　　소래포구는 수도권 최대의 어시장 중 한 곳으로 싱싱한 해산물을 구
하려는 사람들로 사시사철 붐비는 곳이다. 새우, 꽃게, 젓갈이 특히 유명하며
기타 서해안에서 나는 대부분의 제철 해산물들을 저렴하게 구입할 수 있고, 노
천에서 바닷바람 맞으며 싱싱한 회 한 접시를 즐기는 것도 가능하다. 70년대에
인천내항이 만들어지면서 새우잡이를 하던 작은 배들이 소래포구로 모여들면
서 많은 사람들이 찾는 어시장이 됐다. 원래 소래포구 인근은 염전으로 유명한
곳이다. 한때 우리나라 최대의 염전으로 전국 천일염 생산의 30%를 차지했다고
한다. 그때 생산된 소금과 경기 내륙에서 생산된 쌀을 인천항으로 나르기 위해
만든 것이 수인선 협궤열차다. 폭이 일반 철길의 절반으로 80cm 정도이며 지

금은 폐선된 협궤열차 길을 걸어 바다를 건널 수 있다. 소래포구에서 맞은편 시흥 월곶까지 다리로 이어져 있다. 그 사이를 오고가면서 물살을 가로지르는 소래포구의 작은 어선들이 연출하는 그림 같은 풍경도 볼 수 있다. 소래철교 아래쪽은 조선시대 이 지역을 방어하던 장도포대지로 소래포구 전망대와 함께 작은 공원이 꾸며져 있어 바다를 마주하고 쉴 수 있다. 인근에 있는 소래습지생태

공원도 함께 둘러볼 만하다. 관찰 데크를 따라 가며 복원한 소래염전의 모습과 갯벌 생태를 살펴볼 수 있다. 하절기에는 시간만 맞으면 염전에서 직접 소금을 생산하는 모습도 볼 수 있다.

- **연락처** : 남동구청 관광진흥과 032-453-2140
- **입장료** : 없음
- **홈페이지** : www.soraefestival.net
- **관람시간** : 오전~저녁

함께 둘러볼 곳 2

영종도 | 수 도 권 에 서 가 장 가 까 운 바 다 여 행

● 　　　수도권에서 드라이브를 겸한 당일 바다 여행으로 가장 인기 있는 곳
이 영종도다. 우리나라에서 가장 긴 다리인 인천대교가 완공되면서 영종도로
오가는 길이 더욱 편리해졌다. 경기도 북쪽에서는 영종대교, 남쪽에서는 인천
대교를 이용하면 된다. 영종도를 찾아가는 또 하나의 방법, 월미도선착장에서
영종도 구읍뱃터를 왕복하는 배도 여전히 운행되니 오고가는 길 중 한 번은 배
편을 이용하는 것도 괜찮겠다. 영종도의 을왕리 해수욕장은 한가로운 해변 산
책과 수평선을 붉게 물들이며 넘어가는 해넘이가 여행의 포인트다. 영종도의
또 다른 볼거리로 용궁사(032-746-1361)가 있다. 신라 때 원효대사가 지었다
고 전해지는 사찰로 조선후기 흥선대원군이 어수선한 시절을 피해 이곳에서 10

년 동안 머문 절로 알려져 있다. 1천 년 된 당산나무와 흥선대원군이 직접 썼다는 '용궁사' 현판이 눈길을 끈다. 영종도 남측 공항로 끄트머리의 잠진도 선착장(031-751-3355)을 통하면 드라마 〈천국의 계단〉 촬영지로 유명한 하나개 해수욕장이 있는 무의도와 영화 〈실미도〉촬영지인 실미도로 들어갈 수 있다. 북측 공항로의 삼목 선착장(세종해운 032-884-4155)에서는 신도로 들어가는 배편이 운항된다. 신도와 시도, 모도는 다리로 연결돼 있어 모두 함께 둘러볼 수 있다.

- **연락처** : 인천공항관광안내소 032-743-0011
- **입장료** : 없음
- **홈페이지** : www.itour.visitincheon.org
- **관람시간** : 종일

여행탐구생활

인천에서 섬 여행하기, 덕적도

인천에서도 본격적인 섬 여행이 가능하다. 옹진군에는 서해안 최북단 섬 백령도와 바닷물이 빠지면 속살을 드러내는 풀치로 유명한 이작도 등이 있지만 그 중에서 섬 여행의 진수를 즐길 수 있는 덕적도가 유명하다. 덕적도로 들어가려면 인천연안여객터미널(고려고속훼리 www.kefship.com/fare 1577-2891, 대부해운 www.daebuhw.com 032-887-6669)을 이용하거나 대부도 방아머리 선착장(032-886-7813)을 이용하면 된다. 대중교통 이용이 불편해 차를 가지고 가는 게 편리하지만 자전거나 도보로 여행하는 사람들도 많다. 서포리 해수욕장은 고운 모래와 완만한 경사를 가지고 있으며 여름이면 수상구조대가 활동해 안전하게 해수욕을 즐길 수 있다. 선착장에 내려 길을 따라 산을 하나 넘으면 능동자갈마당에 닿는다. 크고 작은 돌들이 파도 칠 때마다 서로 부딪혀 '자갈자갈' 자연의 소리를 들려준다. 섬 곳곳이 낚시 포인트라 낚시를 즐기는 이들에게도 좋고, 정상인 비로봉까지 반나절 정도 트레킹을 다녀와도 좋다. 곳곳에서 정상으로 올라갈 수 있지만 가장 무난한 길은 서포리 해수욕장 뒤쪽의 삼림욕장을 통하는 길이다. 덕적도에는 서포리 해수욕장 외에도 '밭을 가로질러야 도착할 수 있다'는 뜻의 밭지름 해수욕장이 있는데 이곳에서도 야영과 해수욕이 가능하다. 진리마을 해변도 솔 숲에서 바닷바람 맞으며 잠시 쉬었다 가기에 좋다.

- **연락처** : 덕적면사무소 032-899-3505

한나절 일정 | 달 동 네 찾 아 가 는 여 행

수도국산 달동네박물관　　　　　태림봉 식사(점심식사)와 차이나타운 구경

오전 또는 오후 시간을 이용해 수도국산 달동네박물관을 탐방하고 차이나타운으로 이동해 구경도 하고 식사도 하는 일정이다. 차이나타운 곳곳을 돌아보기에 한나절은 짧은 시간이라 분위기를 느껴보고 식사하는 것으로 대신한다. 달동네박물관은 수도권에서는 꼭 한 번 가봐야 할 전시관이다.

🍴 강력 추천 음식점 ❶ 태림봉

삼선짬뽕의 푸짐한 맛

차이나타운에 있는 태림봉은 대부분의 음식이 평균 이상의 맛이지만 브로콜리, 청경채, 당근, 호박, 새송이, 양송이 등 각종 야채에 해삼, 갑오징어, 가리비, 중새우, 알새우 등 각종 해산물이 푸짐하게 들어간 삼선짬뽕을 추천한다. 빨간 국물 속에 담긴 풍성한 해산물이 어우러져 얼큰하고 시원한 국물 맛이 일품이다. 맛을 내기 위해 재료를 아끼지 않았다는 것이 눈으로 보이지만 한 입 맛보면 풍부한 맛을 확실하게 느낄 수 있다. 주문할 때 짬뽕이 아닌 삼선짬뽕을 주문해야 하니 헷갈리지 말자.

• 연락처_032-763-1688　　• 가격_삼선짬뽕 6,500원　　• 영업시간_10:00~22:00 연중무휴

종일 일정 │ 차 이 나 타 운 속 속 들 여 다 보 기

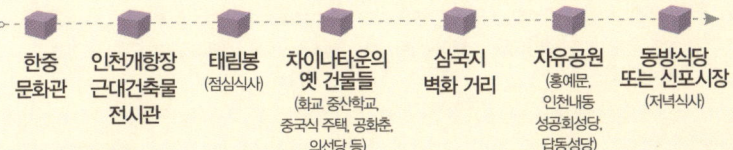

한중 문화관 → 인천개항장 근대건축물 전시관 → 태림봉 (점심식사) → 차이나타운의 옛 건물들 (화교 중산학교, 중국식 주택, 공화춘, 의선당 등) → 삼국지 벽화 거리 → 자유공원 (홍예문, 인천내동 성공회성당, 답동성당) → 동방식당 또는 신포시장 (저녁식사)

차이나타운과 인천의 근대 건축물들을 탐방하며 100년 전 개화기 때로 시간 여행하는 일정이다. 시간에 따라 제시된 코스 모두를 도보로 이동하면서 봐도 좋고 자유공원에서 다시 차이나타운으로 내려와 일정을 마무리해도 된다. 답동성당까지 이동했다면 신포시장에서 식사하고 차이나타운으로 내려올 경우 동방식당을 이용하면 된다.

🍴 강력 추천 음식점 ❷ 동방식당

저렴한 가정식 백반

새벽 식사부터 늦은 저녁까지 언제 찾아가도 밥 한 끼 제대로 먹었다는 생각이 드는 식당이다. 한국전쟁 직후인 60년 전 인천 중구청 앞에서 시작해 지금까지 이어져온 곳으로 주인은 몇 번 바뀌었지만 음식 인심은 여전하다. 단골손님들과 택시 기사들이 주로 찾아오는데 특별한 메뉴 없이 밥, 반찬, 생선구이, 국을 집에서 먹는 밥상 그대로 차려준다. 밥이 부족하면 홀 한쪽에 있는 밥솥에서 직접 떠먹으면 되고, 오전 10시 전에는 쇠고기무국이, 점심과 저녁 때는 우거지국, 미역국, 동태찌개 등이 날마다 다르게 나온다. 차이나타운을 여행하다 두 끼 모두 중국 음식을 먹기 부담스럽다면 동방식당에서 어머니가 차려주는 밥상을 받아보자.

• 연락처_032-762-2269 • 가격_백반 4,500원 • 영업시간_05:30~21:00 연중무휴

1박 2일 일정 ❶ │ 인 천 의 중 심 , 중 구 를 여 행 하 는 법

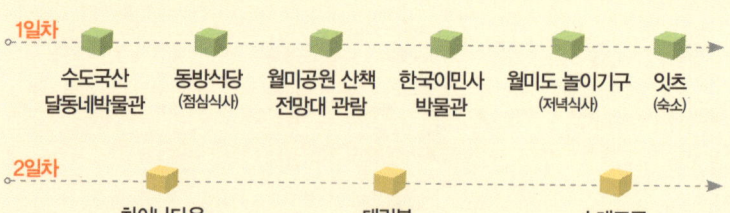

1일차

수도국산 | 동방식당 | 월미공원 산책 | 한국이민사 | 월미도 놀이기구 | 잇츠
달동네박물관 | (점심식사) | 전망대 관람 | 박물관 | (저녁식사) | (숙소)

2일차

차이나타운 | 태림봉 | 소래포구
(종일 일정 중 자유공원까지 참조) | (점심식사)

인천 중구 일대를 돌아보는 여행 일정이다. 수도국산 달동네박물관은 행정구역상으로는 인천 동구이지만 중구와 바로 맞닿은 곳이기 때문에 일정에 포함시켰다. 일정을 일찍 마치고 숙소로 들어가도 되지만 이왕이면 저녁시간까지 기다렸다가 흥겨워지는 월미도의 분위기를 느껴보자. 둘째 날은 차이나타운을 관람하고 소래포구에 들러 시장도 구경하고 싱싱한 해산물을 구입하는 것으로 일정을 마무리한다.

🏠 강력 추천 숙소 ❶ 잇츠

세련된 인테리어가 돋보이는 곳

인천연안부두 여객터미널 인근에 있는 관광 호텔이다. 근처 숙소들과 비교해 시설과 세련된 인테리어가 돋보이는 곳으로 방마다 발랄한 분위기의 테마로 꾸며져 있다. 일반실에서 스위트룸까지 다양한 형태의 방이 있는데 방 크기와 욕실의 크기, 컴퓨터 대수(1대와 2대) 등에서 차이가 난다. 방마다 침대가 하나씩 놓여 있는데 데스크에 요청하면 추가 침구를 가져다주며 공간이 넓은 편이라 바닥에 자리를 펴고 가족이 함께 이용하기에도 불편함이 없다. 차이나타운과 월미도, 인천항 인근을 여행하는 이들에게 추천할 만한 곳이다.

• 연락처_032-883-0083 • 숙박료_스위트룸 5만 원, 특실 4만 5,000원, 일반실 4만 원

1박 2일 일정 ❷ │ 차를 타고 들어갔다 배를 타고 나오는 여행

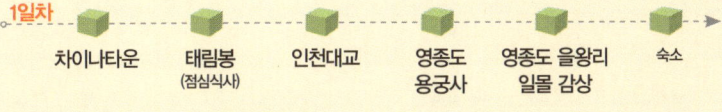

1일차
차이나타운 — 태림봉(점심식사) — 인천대교 — 영종도 용궁사 — 영종도 을왕리 일몰 감상 — 숙소

2일차
오성산 공항전망대 — 영종도 구읍 선착장에서 월미도까지 배를 이용 — 동방식당(점심식사) — 월미공원 산책과 전망대 관람 — 소래포구

첫째 날 차이나타운에 들러 구경도 하고 음식도 먹은 다음 새로 생긴 인천대교를 통해 영종도로 들어가보자. 근사한 주변 전망을 보며 바다 위를 달리는 재미가 쏠쏠할 것이다. 영종도에서는 을왕리 해변을 찾아 일몰을 감상한 다음 숙소로 이동한다. 다음날은 인천공항을 한눈에 내려다볼 수 있는 오성산 공항전망대에 들렀다가 구읍 선착장에서 배를 타고 월미도로 이동한다. 월미공원을 산책하며 일정을 마무리해도 좋고 시간에 여유가 있다면 소래포구까지 다녀와도 좋겠다.

🏠 강력 추천 숙소 ❷ 영종도

입맛 대로 숙소를 고를 수 있다

신화스위트리펜션은 왕산리 해변 안쪽에 있어 약간은 소란스러운 을왕리에 비해 주변 분위기가 여유로운 편이다. 방은 밝고 화사하며 복층 방이 있는데 작은 계단을 타고 올라가면 나오는 다락방은 높이가 낮아 일어서기도 힘들지만 굳이 이곳에서 자려는 아이들과 어른들이 많은 편이다. 바비큐 시설도 야외에 잘 만들어져 있다. 가족의 경우 을왕리 주변의 고급 숙박시설인 을왕관광호텔을 이용하는 것도 괜찮다. 트윈 룸뿐 아니라 온돌 룸도 준비돼 있다. 을왕비취콘도는 취사시설이 갖춰진 콘도 형태의 방으로 소개하는 세 곳 중 가장 단출한 시설이지만 단체가 이용하기에는 편리하다. 원룸과 투룸을 비롯해 최대 30명이 이용할 수 있는 단체 룸이 마련돼 있다.

신화스위트리펜션	• 연락처_032-751-9696　• 홈페이지_www.sweet-tree.net
	• 숙박료_7만~8만 원(주중), 10만~12만 원(주말), 13만 원~(성수기)
을왕관광호텔	• 연락처_032-752-2233　• 홈페이지_www.ulwanghotel.com
	• 숙박료_7만 원 내외(주중), 10만 원 내외(주말), 별도 문의(성수기) *온돌 룸 기준
을왕비취콘도	• 연락처_032-752-1901　• 홈페이지_www.youngcondo.com
	• 숙박료_5만 원(주중), 7~10만 원(주말), 별도 문의(성수기) *원룸 기준

탐구생활 지도 ✽ 여행지 표시하기

◉ 둘러볼 곳　🍴 먹을 곳　🏠 잠잘 곳
📞 연락처　🧍 위치　🚌 찾아 가는 길
🚉 대중교통　🅿 주차장

수도국산 달동네박물관 ◉
📞 032-770-6131~2
🧍 동구 송현동 163
🚌 인천역에서 동인천 방향 → 화평윤교사거리에서 좌회전해서 철길을 건너감 → 이어 나오는 두 번째 사거리에 우회전 → 화평사거리를 지나 200m 앞 두 번째 사거리에서 좌회전 후 골목을 따라 500m 직진
🅿 주변 주차

차이나타운 ◉
📞 중구 문화관광과 032-760-7550
🧍 중구 북성동·선린동 일대
🚌 제1, 2경인고속도로 인천 종점에서 인천항 방향으로 우회전 → 중구청, 차이나타운, 인천역 표지판 따라 2.5km
🅿 유료
🚉 1호선 인천역 하차, 바로 맞은편

월미도 ◉
📞 인천서부공원사업소 032-765-4131~3
🧍 중구 북성동 1가 90
🚌 제1, 2 경인고속도로 종점에서 우회전 → 인천 역 또는 인천중부경찰서 앞 사거리에서 좌회전 → 월미도
🅿 유료
🚉 1호선 인천역 하차 후 버스 또는 택시 이용

동방식당 🍴
📞 032-762-2269
🧍 중구 신포동
🚌 한중문화관 맞은편 인천중부경찰서와 파라다이스 호텔 사이 블록
🅿 주변 주차

태림봉 🍴
📞 032-763-1688
🧍 중구 선린동 6
🚌 차이나타운 제2패루에서 올라가 계단 앞 사거리에서 좌회전
🅿 무료

잇츠 🏠
📞 032-883-0083
🧍 중구 항동 7가 58-131
🚌 인천항 연안부두에 제1국제여객터미널 블록

월미도
소월미도
인천역
차이나타운
동인천역
도원역
동구
인천항
인천항 국제터미널
인천항 석탄부두
옹진군청
옥련 I.C
송도유원
연수 J.C
인천대교
국제업무지구역
센트럴파크역
인천대입구역
지식정보단지역

능동자길마당
북리
서포리 해수욕장
덕적도
진리마을 해변
받지름 해변
선착장

영종도 🎯
- 📞 연락처 : 인천공항관광안내소 032-743-0011
- 📍 위치 : 중구 영종도, 용유도 일대
- 🚗 찾아 가는 길 : 100번 서울외곽순환도로 노오지 JC → 130번 인천국제공항고속도로 또는 110번 제2경인고속도로 → 인천대교 이용 → 영종도
- 🚌 대중교통 : 인천공항 버스 또는 인천공항 전철 이용 → 인천공항에서 을왕리 행 버스 탑승

영종대교

130

공항 입구

용궁사

삼목
여객터미널

영종도

백운산

공항신도시

영종하늘도시

영종

산화
왕산
해수욕장

용유도

신불

인천대교고속

을왕리
해수욕장

용유도
관광단지

인천국제공항

인천공항
전망대

하얏트 리젠시
인천

조름섬

130

영종도 숙소 🏠
신화스위트리펜션
- 📞 연락처 : 032-751-9696
- 📍 위치 : 중구 을왕동 880-10
을왕관광호텔
- 📞 연락처 : 032-752-2233
- 📍 위치 : 중구 을왕동 749
을왕비취콘도
- 📞 연락처 : 032-752-1901
- 📍 위치 : 중구 을왕동 729-2

남동구

인천종합
터미널

인천문학
월드컵경기장

문학경기장역

남동

문학산

선학역

신연수역

연수구

원인재역

용유남로

동춘역

동막역

소래포구 🎯
- 📞 연락처 : 남동구청 관광진흥과 032-453-2140
- 📍 위치 : 남동구 논현동
- 🚗 찾아 가는 길 : 제2경인고속국도 남동IC 남동공단방향 → 남동공단입구사거리에서 좌회전 → 주적골삼거리까지 2.5km 직진 후 우회전 → 영동고속국도를 따라 2km 직진
- 🅿️ 주차장 : 무료

소래포구

캠퍼스타운역

월곶

노파크역

월곶포구

정왕

오감(五感), 오각(五覺)이 즐거운 섬

자전거를 타고 바다 경치를 감상하고, 숲 속으로 이어진 길을 따라가며 산책하고, 치열한 격전지 속에서 올곧은 정신을 느끼고, 붉은 해넘이에 온몸을 내맡기고, 투박한 손맛이 담긴 맛집에서 식도락을 즐기고, 개펄에서 갯것들을 잡으며 지난 추억을 회상할 수 있는 이 모든 것이 가능한 섬, 강화도로 달려간다.

03 강화 여행

| 문의 |
- 강화군청 문화관광과 032-930-3621~4
- 강화역사관 관광안내소 032-933-2178
- 강화초지진 관광안내소 032-937-9365
- 강화외포리 관광안내소 032-934-5565
- 고인돌 관광안내소 032-933-3624
- 터미널 관광안내소 032-930-3515

| 홈페이지 | www.tour.ganghwa.incheon.kr

| 찾아 가는 길 |
100번 서울외곽순환고속도로 김포 나들목 또는 자유로 이산포 나들목
거쳐 일산대교→ 48번 국도로 강화대교 진입 또는 48번 국도와 352번
지방도 이용해 초지대교 진입 → 강화도

| 지역 축제 |
- **고려산 진달래 예술제**
  시기 | 매년 4월 초~중순경   장소 | 고려산과 고인돌 광장 일대
- **강화 고인돌 문화축제**
  시기 | 매년 10월 중   장소 | 부근리 고인돌 광장 일대
- **개천 대축제**
  시기 | 매년 10월 중   장소 | 마니산 상설 공연장 일대
- **강화도 새우젓축제**
  시기 | 매년 10월 중   장소 | 내가면 외포리 장포항 일대

강화 여행   1위

전등사와 삼랑성 | 산 사 에 서 역 사 와 풍 광 을 만 나 다

다른 절에는 있는데 전등사에 없는 것은?

바로 '일주문'이다. 대부분의 절들이 두 개의 커다란 기둥으로 세워진 일주
문으로 절의 시작을 알리는 반면, 전등사는 특이하게 돌로 만들어진 삼랑
성의 '성문이 그 역할을 대신하고 있다. 삼랑성은 단군의 세 아들이 쌓았다

는 전설이 전해지는 성으로 고구려 소수림왕 때 신라에 불교를 전하러 가던 아도화상이 지은 절로 '전등사' 라는 지금의 이름은 고려 말 충렬왕의 왕비인 정화궁주가 이곳에 대장경과 함께 옥등을 전하면서부터 그렇게 불렸다고 한다.

벌거벗은 채 벌을 받고 있는 사람이 전등사에 있다?

삼랑성 동문으로 올라가면 오른편에 병인양요 때 프랑스군을 이곳으로 유인해 물리쳐 전쟁을 승리로 이끌었던 양헌수 장군을 기념하는 승전비가 세워져 있다. 승전비를 지나 숲길을 따라 10분 정도 산책하듯 걸으면 사찰에서 본당에 들어서기 전 마지막 문인 '불이문' 의 역할을 하는 대조루가 나오고 바로 대웅전에 이른다. 대개 대웅전 건물의 처마에는 깨달음을 얻은 중생이 극락정토로 갈 때 타고 간다는 '반야용선' 을 상징하는 용이 조각되는 데 비해 이곳 대웅전 처마에는 벌거벗은 채 지붕을 떠받치고 있

는 나녀상 조각이 있어 눈길을 끈다. 전해오는 이야기에는 조선 광해군 때 전등사에 큰 불이 났고 이를 재건하던 도편수(최고목수)가 마을 아래에 있던 주막의 주모와 사랑에 빠졌으나 공사가 끝나기 전 도편수의 돈을 가지고 주모가 도망간다. 화가 난 그는 평생 무거운 지붕을 이고 부처님의 설법을 들으라는 의미에서 주모를 상징하는 나녀상을 조각해 처마 아래에 받쳐 놓았다고 한다. 네 기둥 모두 모양이 조금씩 다르니 돌아가며 하나씩 살펴보도록 하자.

우리나라의 보물 중에 외제가 있다고?

바로 전등사 철종이다. 전등사 철종은 보물 제393호로 지정돼 있는 문화재로 우리나라 국보와 보물 중 유일하게 '외제' 다. 1963년에 보물로 지정된 이 종은 북송 시기에 만들어진 것으로 밝혀졌으나 이 종이 언제 어떻게 우리나라에 들어오게 되었는지는 밝혀지지 않았다. 대신 이 종이 전등사로 오게 된 건 일제 때 물자 반출 과정에서 원래의 종이 징발된 것이 원인이었다. 해방 후에 주지 스님이 종을 찾으러 인천항에 갔다가 못 찾고 대신 지금의 종으로 가져다 놓았다고 한다. 얼핏 보면 우리 종과 별 차이가 없는 것 같지만

우리 종과 달리 용두에 음통이 없다. 다시 한 번 살펴보면 그동안 익숙하게 보아왔던 우리 종들과는 다소 다르다는 걸 알 수 있을 것이다.

- **연락처** : 032-937-0125
- **홈페이지** : www.jeondeungsa.org
- **입장료** : 성인 2,000원, 청소년 1,300원, 어린이 1,000원
- **관람시간** : 일출~일몰

여행탐구생활_**전등사와 삼랑성**

전등사와 삼랑성을 굽어보는 최고의 미니 산행 코스

전등사만 보고 내려간다면 삼랑성의 절반만 보고 가는 셈이다. 걷는 재미, 보는 재미가 쏠쏠한 삼랑성 길은 전등사 경내를 지나 위로 오르면 두 갈래 길이 나오는데 오른쪽으로 가면 복원된 정족산 사고를 볼 수 있다. 사고는 〈조선왕조실록〉과 왕실 족보인 〈선원록〉, 왕실 행사기록인 〈의궤〉등을 보관하던 조선시대 최고의 보안 등급을 가진 시설이다. 사고를 관람하고 내려와 갈림길 왼쪽으로 올라가면 삼랑성의 암문이 나오고, 암문에서 왼쪽으로 능선을 따라 5분 정도 더 오르면 양쪽으로 멋진 풍광이 펼쳐진다. 한쪽으로는 삼랑성과 전등사가, 또 다른 쪽으로는 강화도의 너른 벌판과 시원한 바다 풍경이 펼쳐져 이곳에 오른 수고를 충분히 보상해준다. 내려가는 길은 남문으로 향하는데 이정표를 따라 내려가면 된다. 남문으로 산을 내려와 처음 들어왔던 동문으로 이동하는 데는 걸어서 10여 분 밖에 걸리지 않는다.

석모도 | 마음을 적시는 아름다운 일몰

석모도로 들어가는 뱃길은 두 갈래

석모도로 가는 길은 두 갈래다. 강화도의 외포리 선착장을 통해 석모도의 석포리 선착장으로 들어가는 방법과 강화도 남쪽 선수 선착장을 통해 석모도의 보문 선착장으로 들어가는 두 가지 방법이 있다. 평일이라면 조금 더

자주 운행되는 외포리 선착장이 편리하지만 주말이라면 외포리 선착장에 워낙 많은 사람들이 찾아 붐비는 반면 선수 선착장은 비교적 덜 붐벼 이용하기에 편리하다. 배를 타기 전 새우깡 준비는 필수! 물론 준비하지 않더라도 다른 여행객들이 새우깡을 던지며 갈매기들과 노는 것을 보는 것만으로도 충분히 즐겁다. 외포리 선착장에서 10여 분 정도 배를 타면 석모도에 도착하며 선수 선착장에서는 조금 더 걸린다.

섬에서 맞는 해넘이는 뭔가 특별하다

민머루 해수욕장과 보문사는 석모도의 일몰 감상지로 유명하다. 보문사의 일몰이 섬과 바다를 아우르는 장대한 멋이 있다면, 민머루 해수욕장의 일몰은 조금 더 사색에 빠지게 만드는 매력이 있다. 석모도 앞 바다를 붉게 물들이는 일몰에 몸을 내어 놓으면 그 따뜻하고 평화스러운 빛에 마음이 정화되는 기분이다. 강화도 남쪽의 장화리도 석모도 못지않은 일몰로 유명

한 곳이지만 석모도의 일몰이 왠지 더 낭만적이다. 물리적으로 따지면 다를 것 없는 일몰이지만 석모도의 해넘이가 특별한 이유는 강화도라는 섬에서 다시 석모도라는 작은 섬으로 배를 타고 들어오면서 여행의 기분이 더욱 고조돼서가 아닐까?

석모도의 대표 여행지, 민머루 해수욕장과 보문사

민머루 해수욕장은 물이 빠지면 바다 안쪽의 갯벌이 드러나는 곳이다. 해수욕장의 기능보다 오히려 물빠진 갯벌에서 갯것들을 잡아보고 해넘이를 바라보며 맨발로 갯벌을 걸어보는 추억을 만드는 데 유용한 곳이다.

보문사는 경남 남해의 보리암, 강원 양양의 낙산사 홍련암과 함께 우리나라 3대 해수관음도량으로 일컬어진다. 신라 선덕여왕 때 바다에서 건져 올렸다는 전설이 전해지는 나한상을 모시고 있는 나한석굴이 유명하며, 눈썹바위 아래 새겨진 마애관음좌상도 보문사의 자랑이다. 보문사의 마애불은

1928년에 조성돼 오랜 역사를 가졌다고는 할 수 없지만 많은 사람들이 찾아오는 이유는 석모도 땅과 서해바다를 한눈에 품을 수 있는 최고의 풍광을 가진 마애불의 절묘한 위치가 한몫한 것 같다. 올라갈 때는 '도대체 이 계단은 몇 개일까?' 하며 힘들어서 투덜거리지만 마애불에 올라 바다를 바라보면 힘든 몸은 온데간데없고 풍광에 젖어 불교 신자가 아니라도 경건함을 느낄 수 있다.

삼화해운
- **연락처** : 외포선착장 032-932-5007 / 선수선착장 032-937-6017
- **홈페이지** : www.kangwha-sambo.co.kr
- **입장료** : 성인 2,000원, 어린이 1,000원, 승용차 1만 4,000원(왕복)
- **관람시간** : 07:00~19:00(계절에 따라 변경됨) *토·일요일 수시 운행

보문사
- **연락처** : 032-933-8271~3   • **홈페이지** : www.bomunsa.net
- **입장료** : 성인 2,000원, 청소년 1,500원, 어린이 1,000원   • **관람시간** : 일출~일몰

여행탐구생활_ 석모도

석모도를 재미있게 돌아볼 수 있는 자전거 여행

석모도를 보다 재미있게 돌아볼 수 있는 방법은 자전거 여행이다. 이동식 자전거 대여점이 있어 휴대전화로 전화하면 원하는 곳으로 자전거를 가져다주고, 회수도 원하는 곳에서 해준다. 2~3시간에 5,000원, 종일 1만 원이다. 석포리 선착장에서 민머루 해수욕장까지는 오르막이 있어 조금 힘이 들지만, 민머루 해수욕장에서 보문사까지는 길이 수월한 편이다. 두 다리 힘차게 페달을 밟으며 시원한 바닷바람 맞을 준비가 됐다면 석모도 자전거 여행에 도전해보자.
(자전거 대여 : 016-757-8265)

덕포진 교육박물관 | 추 억 이 함 께 하 는 수 업 시 간

남편 선생님이 아내 선생님을 위해 만들어준 작은 학교

덕포진 교육박물관은 초등학교 교사를 지냈던 김동선, 이인숙 선생님이 운영하는 곳으로 교사로 재직하던 중에 시력을 잃은 부인을 위해 남편이 오랫동안 교육 자료를 모아 설립한 박물관이자 작은 학교다. 옛날 학교에서

사용했던 교과서, 학용품, 교구 등 다양한 전시물들이 갖춰져 있어 어른들은 학창시절을 추억할 수 있고, 아이들은 타임머신을 타고 엄마아빠의 어릴 적으로 되돌아가 볼 수 있다. 전시가 조금 산만하다는 것이 단점(우리나라에서 사립 박물관을 운영하기란 여간 힘든 일이 아니다)이지만 보물찾기 하듯 옛것들을 하나하나 찾다 보면 재미가 여간 아니다. 학교 배지와 명찰을 전시하는 공간에는 박물관장 내외가 현직에 근무할 당시의 공무원증이 전시돼 있어 그들의 젊었을 적 모습도 볼 수 있다. 보이스카우트와 걸스카우트를 비롯한 각종 청소년 단체의 옷도 찾을 수 있고 옛 교과서들도 볼 수 있다. 지금은 찾으려해도 찾기 어려운 XT, AT 등 초창기 컴퓨터도 향수를 불러일으킨다.

학교 종이 땡땡땡, 어서 모여라~

관람 도중 학교 종이 '땡땡땡' 울리면 얼른 교실로 가자. 3-2반 팻말이 붙

어 있는 교실은 80년대 교실 그대로다. 3학년 2반은 이인숙 선생님이 마지

막으로 담임을 맡았던 반이라고 한다. 삐거덕거리는 의자에 앉아 자리를 정

리하면 수업이 시작되는데 이인숙 선생님의 풍금 연주에 맞추어 동요도 불

러보고, 김동선 선생님에게 옛날 학교 이야기도 들어본다. 이야기가 얼마

나 재미있고 신기한지 어른 아이 가릴 것 없이 모두 귀를 쫑긋 세우고 수업

에 참여한다.

- **연락처** : 031-989-8580   **홈페이지** : www.dpjem.com
- **입장료** : 성인 2,500원, 청소년 2,000원, 어린이 1,500원
- **관람시간** : 10:00~18:00 월요일 휴관

여행탐구생활_ 수업시간을 미리 확인하자!

학교 종이 '땡땡땡' 세 번 울렸다. 수업을 알리는 종이다. 그럼 운동장으로 모일 때는 종을 몇 번 쳐서 알릴까? '모두 모여라' 라는 뜻으로 다섯 번을 쳐서 알린단다. 이 모든 것이 교육박물관에서 배운 내용이다. 단체의 경우 박물관 탐방시간에 맞춰 수업을 수시로 진행하지만 가족 단위일 때는 관람객이 어느 정도 모여야 수업이 가능하다. 미리 전화로 수업이 가능한 시간(단체가 예약된 시간 등)을 알아보고 시간에 맞춰 방문하는 요령이 필요하다. 수업시간 확인하기! 학생의 기본적인 자세다.

광성보와 용두돈대 | 신 미 양 요 의 치 열 한 격 전 지

● 　　　　바다 경치를 감상하고 숲 속으로 이어진 길을 따라가며 산책할 수 있
는 공원으로 꾸며져 있지만
광성보와 용두돈대는 강화
도의 대표적인 군사 유적이
다. 조선후기 미국과의 전쟁
인 신미양요 때 어재연 장군
과 군사들 모두 끝까지 싸
우다 순국한 격전지였다. 길
의 끝, 강화해협에 머리를

쑥 내밀고 있는 용두돈대에 서면 앞으로 흐르는 빠른 물살이 강화도에 새겨진 거친 역사를 이야기해주는 듯하다.

- **연락처** : 032-937-4488
- **홈페이지** : www.tour.ganghwa.incheon.kr
- **입장료** : 성인 2,700원, 청소년·어린이 1,700원
  *통합 관람권 이용
- **관람시간** : 09:00~18:00 연중무휴

여행탐구생활

외세에 저항했던 강화도, 자세히 들여다보기!

강화도는 고려 때 몽골의 침략으로 천도했던 곳이며 정묘호란, 병자호란 때는 왕실이 피난을 오고, 조선후기에는 개항을 요구하는 외세에 맞서 싸워야 했던 저항의 땅이었다. 광성보, 덕진진 등 강화도 해안가에 설치된 진, 보, 돈대는 병자호란 이후 효종과 숙종 때에 본격적으로 만들어진 군사시설이다. 강화도는 수도로 통하는 한강 뱃길 입구에 있는 전략적 요충지로 조선 왕실의 피난처이자 수도 방어의 핵심 기지 역할을 담당한 곳이었다. 조선후기 병인양요와 신미양요에 이어 일본이 운요호사건을 일으키고 강화도조약을 맺으며 결국 개항하게 되지만 그 이전까지 진, 보, 돈대는 조선을 지키는 든든한 방어막이었다.

갑곶돈대
빠른 물살이 지켜주는 천혜의 요새지만 그것만 믿다가 방비에 소홀히 해 병자호란 때 침략당한 역사가 있다. 강화역사관 구역 내에 있으며 돈대 아래의 탱자나무는 철조망 역할을 대신하고 있다. 우리나라 탱자나무 중 가장 북쪽에서 자라고 있는 것으로 천연기념물로 지정돼 있다.

덕진진과 남장포대
병인양요 때 정족산성에서 프랑스군을 물리친 양헌수 부대가 머무른 곳이며 신미양요 때 미군 함대와 치열한 포격을 벌인 곳이다. 입구에 '타국선은 어떠한 경우에도 통과할 수 없다'는 경고비가 이곳 역사를 한 줄로 보여준다.

초지진
신미양요 때 미군에 함락된 곳으로 당시 미군이 쏜 포탄의 흔적이 성벽뿐 아니라 성벽 앞 소나무에도 그대로 남아 있다. 초지진 입구에는 당시 포격으로 무너진 초지진 사진이 전시돼 있어 어떤 일이 벌어졌는지 짐작할 수 있다.

강화 고인돌 | 가 장 잘 생 긴 고 인 돌

● 　고인돌은 청동기시대의 대표적인 유적으로 강화도는 전남 화순, 전북 고창과 함께 대표적인 고인돌 분포 지역이다. 특히 강화의 부근리 고인돌은 책이나 사진 등에서 고인돌을 소개할 때면 빠지지 않고 등장하는 대표적인 고인돌로 길이 7m, 높이 5m로 덮개돌의 무게만 50여 톤에 달한다. 지상으로 드러난 굄틀 위에 덮개돌을 올린 탁자형 고인돌의 대표적인 형태다. 고인돌 앞에는 세계문화유산 표지가 세워져 유네스코 지정 세계유산임을 알려주고 있다. 고인돌 주변으로 넓게 공원이 꾸며져 있고 다양한 모양의 고인돌이 이해를 돕는다.

- **연락처** : 고인돌 관광안내소 032-933-3624
- **입장료** : 없음
- **홈페이지** : www.tour.ganghwa.incheon.kr
- **관람시간** : 종일

함께 둘러볼 곳 **3**

강화풍물시장 | 순 무 김 치 와 새 우 젓 알 뜰 하 게 사 는 법

● 　　　강화는 새우와 전어, 밴댕이, 순무, 인삼 등으로 유명하다. 강화의 특
산품들을 한 곳에서 구경하고 살 수 있는 곳은 강화풍물시장이다. 원래 강화
읍내 버스터미널 앞에 펼쳐진 난장으로 유명한 시장이었으나 최근 새롭게 건물
을 지어 옮겨왔다. 시골 시장다운 분위기는 덜하지만 다양한 물건들을 구경하
고 흥정하며 살 수 있어 재래시장의 흥겨움과 정취를 느낄 수 있다. 5일장은 2
일과 7일이지만 다른 날에도 시장은 상설 운영된다. 즉석에서 버무려 파는 순
무 김치를 알뜰하게 사려면 플라스틱 통에 담긴 순무 김치를 비닐에 담아 달라
고 하면 같은 가격에 조금 더 많은 양을 준다.

- **연락처 :** 강화풍물시장 관리사무소 032-930-7042 · **홈페이지 :** www.tour.ganghwa.incheon.kr
- **영업시간 :** 2, 7일장 오전~저녁, 매월 셋째 주 월요일 휴무

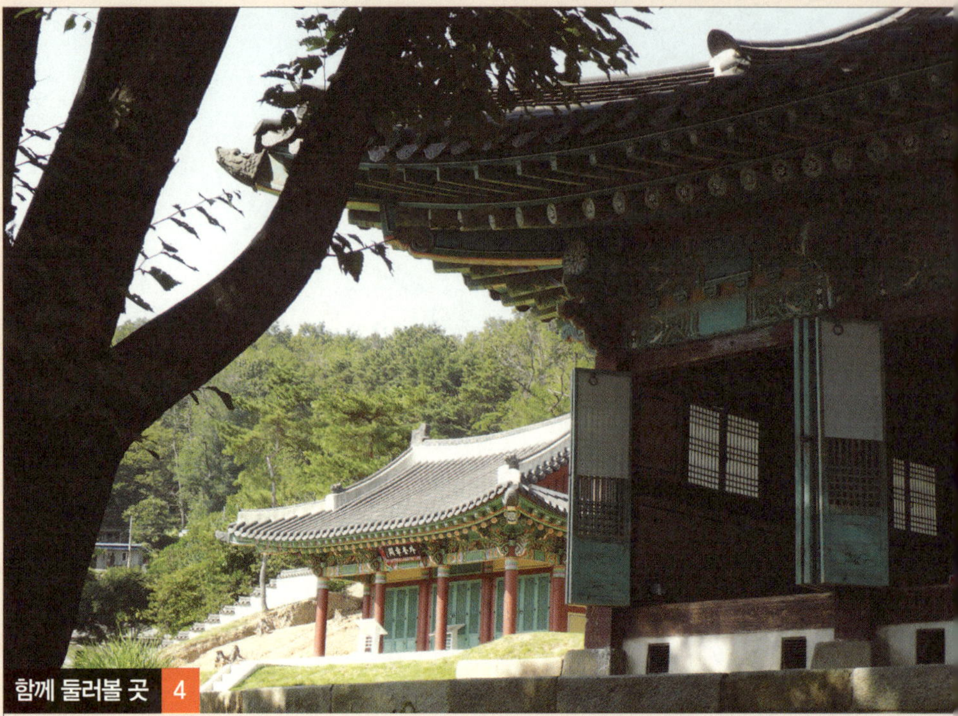

함께 둘러볼 곳 4

강화 시내 역사 유적들 | 제주에는 올레길, 강화에는 나들길

● 걷기 좋은 길로 조성되고 있는 강화 '나들길'은 강화도를 총 다섯 개의 구간으로 일주하는데 그 중에서 첫 번째 코스가 '역사문화의 길'이다. 다섯 개의 도보 여행 코스 중 가장 편리하고 볼거리가 풍성한 구간으로 강화 시내 역사 유적을 제대로 돌아볼 수 있는 코스다. 1코스의 시작은 용흥궁이다. 강화 도령이라 불렸던 조선 철종이 왕으로 즉위하기 전에 살았던 잠저로 철종 즉위 후 원

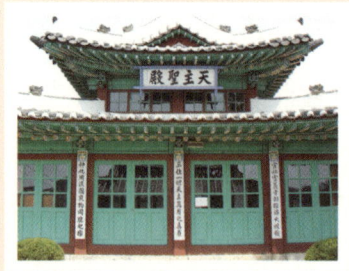

래 건물을 허물고 새로 지었다. 나들길
은 한옥 지붕 위에 십자가를 얹은 성
공회 강화성당으로 이어져 전통 건축
양식과 서양 종교가 만나 형성된 독특
한 건축물을 볼 수 있다. 다음 팻말은
고려궁지를 가리키는데 이곳은 고려
때는 궁궐로, 조선시대에는 관청으로,
조선후기에는 외규장각이 세워진 곳
이다. 골목으로 접어들면 강화여고 옆
은수물로 향하는데 이정표가 잘돼 있
어 화살표를 따라가면 길을 잃어버릴
염려는 없다. 강화산성 북문에서 시간
과 체력이 충분하다면 북장대에 오른
후 오읍약수터를 지나 연미정에서 잠
시 쉬었다 강화역사관까지 가는 나들
길 1코스를 계속 이어나가면 된다. 1
코스에서 볼 수 없는 강화 시내 역사
유적 중 한 곳은 강화도조약 체결 현
장인 연무당 옛터가 있는 강화산성 서

문이다. 1코스를 완주하기 어렵다면 북문에서 이어지는 북장대로 가지 말고 길
을 따라 시내로 내려와 서문에서 마무리하는 것도 괜찮은 방법이다.

- **연락처** : 터미널 관광안내소 032-930-3515
- **홈페이지** : www.cafe.daum.net/vita-walk *강화군 관광개발사업소 개설
- **입장료** : 고려궁지 성인 900원, 청소년·어린이 600원
- **관람시간** : 고려궁지 09:00~18:00 연중무휴

한나절 일정 | 강 화 시 내 역 사 유 적 돌 아 보 기

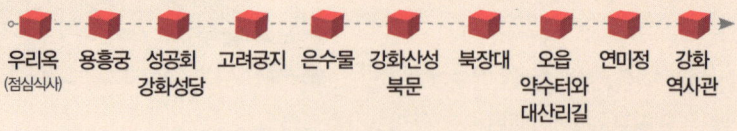

우리옥 　용흥궁 　성공회 　고려궁지 　은수물 　강화산성 　북장대 　오읍 　연미정 　강화
(점심식사) 　　　강화성당 　　　　　　　　　북문 　　　　　　　약수터와 　　　　역사관
　　　　　　　　　　　　　　　　　　　　　　　　　　　　　대산리길

대중교통을 이용하면 더욱 편리하게 다녀올 수 있는 일정이다. 여행을 시작하기 전에 강화 읍내에
서 든든하게 식사부터 하자. 약간의 음료와 간식을 챙겨도 좋다. 나들길 1코스에는 식당이나 매점
이 없다. 용흥궁만 찾으면 다음부터는 나들길 화살표를 따라 걸으면 된다. 마지막 목적지인 강화
역사관에서 다시 읍내로 돌아오지 않아도 바로 서울 등지로 나가는 버스를 탈 수 있다. 역사관 관
광안내소에 문의하면 된다.

🍴 강력 추천 음식점 ① 우리옥

아직도 가마솥에 밥을 짓는다고?

강화도 지역의 밥상을 그대로 차려내는 식당으로
50여 년 넘게 가마솥에 장작을 지펴 밥을 지어 고슬
고슬한 밥맛이 특별하다. 순두부, 생선조림, 해초무
침, 버섯무침, 나물과 김치 등에 국을 합쳐 13~14
가지의 반찬이 상에 오르는데 강화도의 특별한 맛
인 순무 김치를 제대로 맛볼 수 있다. 백반에 대구탕
한 냄비를 추가하고, 병어회나 생굴까지 더하면 더
욱 푸짐하게 식사할 수 있다. 골목 안에 숨어 있어 길

가에 주차하고 찾아가야 하는데 오래된 식당이라 주민들 대부분이 알고 있으므로 찾기에 어려움은 없다.

> • 연락처_032-934-2427 　• 가격_백반 5,000원, 대구탕 1냄비 5,000원
> • 영업시간_07:00~21:00 연중무휴

종일 일정 | 초 지 대 교 를 오 가 는 하 루 여 행

전등사와 삼랑성   초지진   대선정   덕포진   덕포진
                          (점심식사)   교육박물관

강화대교까지 가지 않고 초지대교로 오가는 일정이다. 전등사와 초지진은 강화의 두 다리 중 초지대교를 건너 진입하는 것이 가까우며 덕포진 교육박물관과 덕포진 또한 초지대교에서 가까운 거리에 있다. 초지대교를 통해 강화도에 진입하면 바로 오른편에 대선정이 있어 맛집을 찾으러 이동하지 않고 오고가는 길에 쉽게 식사할 수 있다.

🏠 강력 추천 음식점 ② 대선정

시래기밥과 메밀칼싹뚝이 한 그릇 뚝딱!

별것 아닌 것 같이 보이지만 의외의 별미인 시래기밥이 대선정의 메인 메뉴다. 시래기밥은 먹기 좋게 썬 시래기를 밥 지을 때 함께 넣어 만든다. 다 된 밥에 양념장을 적당하게 얹어 쓱쓱 비벼 먹으면 구수하면서도 짭짤한 맛이 대접에 나온 밥 한 그릇을 뚝딱 비우게 한다. 메밀칼싹뚝이는 메밀로 만든 칼국수인데 입으로 베어 물면 칼로 자르듯 싹둑 잘려진다고 해서 붙여진 이름이다. 메밀 특유의 쌉사래한 맛과 찰지지 않은 면발이 특징이다. 기본 반찬이 10가지 정도 나오는데 모두 정갈하다. 함께 나오는 흑설기와 약과는 아이뿐 아니라 어른들에게도 인기 있다.

- 연락처_032-937-1907   • 가격_시래기밥 6,000원, 메밀칼싹뚝이 6,000원
- 영업시간_09:00~20:00 연중무휴

1박 2일 일정 ❶ | 해 넘 이 에 온 몸 을 맡 기 는 1 박 2 일

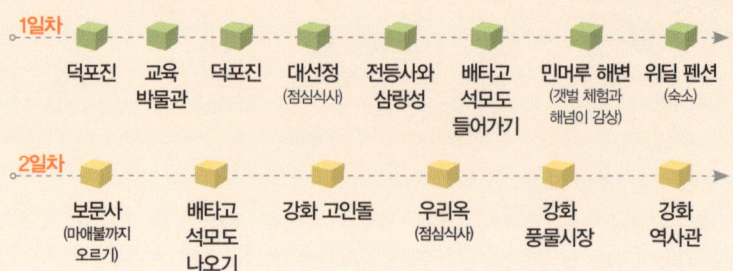

1일차
덕포진 → 교육 박물관 → 덕포진 → 대선정 (점심식사) → 전등사와 삼랑성 → 배타고 석모도 들어가기 → 민머루 해변 (갯벌 체험과 해넘이 감상) → 위딜 펜션 (숙소)

2일차
보문사 (마애불까지 오르기) → 배타고 석모도 나오기 → 강화 고인돌 → 우리옥 (점심식사) → 강화 풍물시장 → 강화 역사관

석모도의 해넘이에 온몸을 맡기는 1박 2일 일정이다. 오후에 늦지 않게 석모도로 들어가 해넘이를 감상한다. 민머루 해수욕장이나 보문사 아니면 추천 숙소에서도 해넘이 감상이 가능하다. 석모도 에서 나오면서 세계문화유산 고인돌에 들렀다 강화 시내에서 식사하고 강화풍물시장 구경과 강화 의 모든 것을 알 수 있는 강화역사관에서 여행을 마무리한다.

🏠 강력 추천 숙소 ❶ 위드힐 펜션

멋진 바다 풍경이 아름다운 펜션

보문사 인근 산자락 언저리에 자리 잡아 바다 전망이 좋고 규 모가 큰 펜션이다. 다섯 동 건물에 방 개수가 30여 개다. 콘도 형태의 객실에서부터 모던한 룸, 클래식 룸 등 건물마다 방마 다 인테리어가 다르다. 개업한 지 얼마 되지 않아 세련된 인테 리어와 깔끔한 시설을 자랑하며 잔디 운동장도 있어 공 하나 만 준비해오면 신나는 시간을 보낼 수 있다. 또, 유기농 채소

밭이 펜션 뒤편에 있어 이곳을 찾는 손님들에게 고추와 상추 등을 필요한 만큼 제공해주기 때문에 고기 만 준비해오면 바비큐 준비 완료.

- 연락처_032-932-8870 • 홈페이지_www.withhill.co.kr
- 숙박료_10만 원 내외(평일) 15만~20만 원(주말), 15만~24만 원(성수기)

1박 2일 일정 ❷ | 몸 튼 튼 , 마 음 상 쾌 , 강 화 도 건 강 여 행

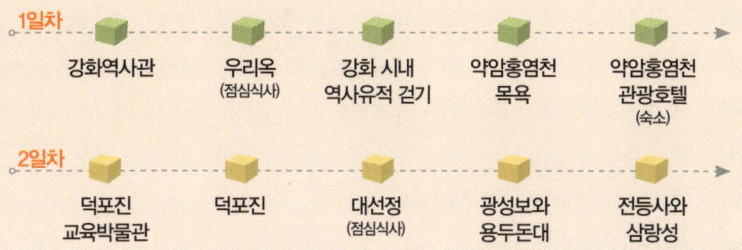

1일차

강화역사관 → 우리옥 (점심식사) → 강화 시내 역사유적 걷기 → 약암홍염천 목욕 → 약암홍염천 관광호텔 (숙소)

2일차

덕포진 교육박물관 → 덕포진 → 대선정 (점심식사) → 광성보와 용두돈대 → 전등사와 삼랑성

1박 2일 강화도 건강 여행이다. 강화 시내에서 식사한 후 강화 나들길 1코스를 따라 걸으며 강화 시내 역사 유적을 찾아본다. 첫날을 조금 일찍 마무리하고 초지대교 앞 약암홍염천 관광호텔에서 숙박과 함께 강화도령 철종의 병을 낫게 했다는 철분 성분 그득한 붉은 물로 목욕하며 피로를 말끔히 씻어내자. 다음날도 광성보와 전등사를 계속 걷는 일정이며 홍염천 목욕은 2일차 아침 일찍 해도 좋다.

🏠 강력 추천 숙소 ❷ 약암홍염천 관광호텔

특별한 물과 함께 건강 샤워를!

강화도령 철종이 눈병을 앓다가 이곳의 물로 씻고 나아서 '약암'이라는 이름이 붙여졌다. 지하에서 뽑아 올린 물은 공기 중에 10분만 있어도 붉은색으로 산화될 정도로 많은 철분과 무기질을 함유하고 있다. 약암홍염천 관광호텔은 숙박과 함께 이 특별한 물로 목욕을 즐길 수 있는 대형 목욕탕이 있다. 가족의 경우 온돌이나 트윈 베드룸을 이용하면 된다. 숙박객에게는 목욕탕 이용권 2매가 지급되며 성수기나 비수기에 관계없이 숙박료가 일정하다.

- 연락처_031-988-6100 • 홈페이지_www.yakam.co.kr
- 숙박료_트윈 5만 원 온돌 7만 원(평일), 트윈 7만 원 온돌 9만 원(주말)

강화만

고구 저수지

교동도

난정 저수지

고인돌 ◉

📞 강화군청 문화관광과 032-930-3621~4

📍 강화군 하점면 부근리 317

🚌 강화읍에서 하점면 방향 48번 국도 → 송해삼거리 좌회전 후 2.5km 직진

P 무료

교동도선착장

우리옥 🍴

📞 032-934-2427

📍 강화군 강화읍 신문리 184

🚌 고려궁지에서 내려와 길가 맞은편 시장 안

P 유료(주변 길가 주차)

하리 저수지

강화고천리 고인돌군

삼산 저수지

위딜펜션 🏠

📞 032-932-8870

📍 강화군 삼산면 매음리 650-76

🚌 보문사 지나 1km 직진 오른쪽 언덕에 위치

강

외포선착장

석포리선착장

외포선착장

📞 032-932-5007

📍 내가면 외포리 547-22

🚌 전등사탑승 장소 참조. 강화 외포리행 시외직행 버스 탑승 (20~30분 간격 운행). 연락처 강화운수 032-933-2533

보문사

아차도

보문사 ◉

📞 032-933-8271~3

📍 강화군 삼산면 매음리 629

석모도

민머루 해수욕장

주문도

선수선착장

선수선착장

📞 032-937-6017 📍 화도면 내리 1836

🚌 [선수선착장] 전등사에서 길상면으로 좌회전 → 길상면 지나 화도면 방향 좌회전 18번 국도→ 화도면 지나 선수선착장까지 3km

마니산

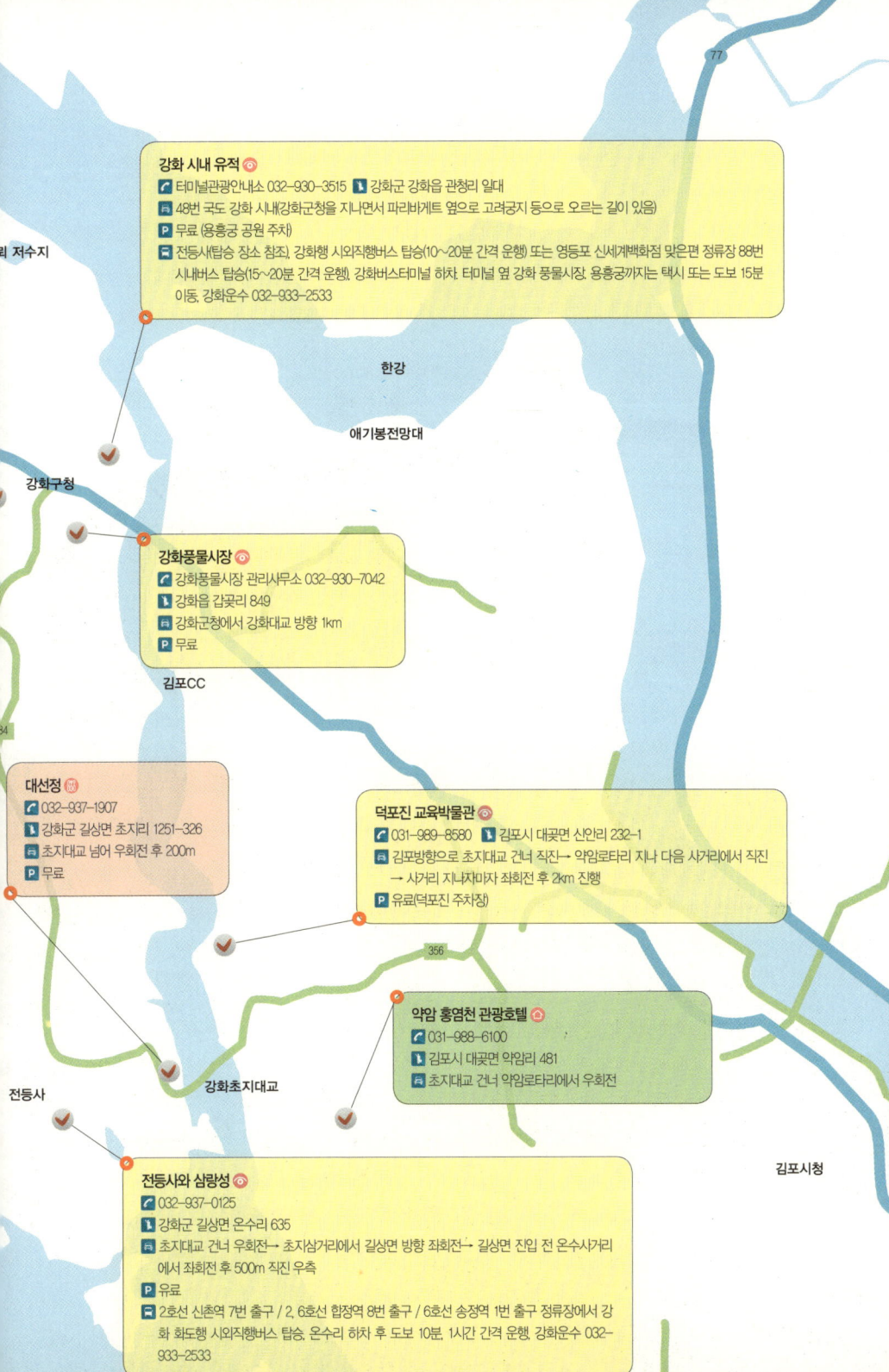

강화 시내 유적 🔍
- ☎ 터미널관광안내소 032-930-3515 📍 강화군 강화읍 관청리 일대
- 🚌 48번 국도 강화 시내(강화군청을 지나면서 파리바게트 옆으로 고려궁지 등으로 오르는 길이 있음)
- 🅿 무료 (용흥궁 공원 주차)
- 🚍 전등사탑승 장소 참조, 강화행 시외직행버스 탑승(10~20분 간격 운행) 또는 영등포 신세계백화점 맞은편 정류장 88번 시내버스 탑승(15~20분 간격 운행), 강화버스터미널 하차, 터미널 옆 강화 풍물시장, 용흥궁까지는 택시 또는 도보 15분 이동, 강화운수 032-933-2533

한강

애기봉전망대

리 저수지

강화구청

강화풍물시장 🔍
- ☎ 강화풍물시장 관리사무소 032-930-7042
- 📍 강화읍 갑곶리 849
- 🚌 강화군청에서 강화대교 방향 1km
- 🅿 무료

김포CC

34

대선정 🍴
- ☎ 032-937-1907
- 📍 강화군 길상면 초지리 1251-326
- 🚌 초지대교 넘어 우회전 후 200m
- 🅿 무료

덕포진 교육박물관 🔍
- ☎ 031-989-8580 📍 김포시 대곶면 신안리 232-1
- 🚌 김포방향으로 초지대교 건너 직진→ 약암로타리 지나 다음 사거리에서 직진 → 사거리 지나자마자 좌회전 후 2km 진행
- 🅿 유료(덕포진 주차장)

356

약암 홍염천 관광호텔 🏨
- ☎ 031-988-6100
- 📍 김포시 대곶면 약암리 481
- 🚌 초지대교 건너 약암로타리에서 우회전

강화초지대교

전등사

김포시청

전등사와 삼랑성 🔍
- ☎ 032-937-0125
- 📍 강화군 길상면 온수리 635
- 🚌 초지대교 건너 우회전→ 초지삼거리에서 길상면 방향 좌회전→ 길상면 진입 전 온수사거리 에서 좌회전 후 500m 직진 우측
- 🅿 유료
- 🚍 2호선 신촌역 7번 출구 / 2, 6호선 합정역 8번 출구 / 6호선 송정역 1번 출구 정류장에서 강 화 화도행 시외직행버스 탑승, 온수리 하차 후 도보 10분, 1시간 간격 운행, 강화운수 032-933-2533

판타스틱한 볼거리와 재미가 가득한 곳

부천은 판타스틱한 재미가 있다. 판타스틱한 영화제가 열리고, 판타스틱한 미니 세계가 펼쳐지고, 판타스틱한 박물관들의 알찬 내용을 골라내는 즐거움이 있다. 남은 건 오로지 취향대로 관심 가는 대로 골라내는 일뿐이다. 그저 마음과 발길이 이끄는 대로 내버려두시라. 부천은 그런 느긋함과 여유가 충분히 허용되는 곳이다.

04 부천 여행

| 문의 |
• 부천시 문화예술과 032-320-2368

| 홈페이지 | www.bucheon.go.kr

| 찾아 가는 길 |
100 서울외곽순환고속도로 송내 IC, 중동 IC 또는 120 경인고속도로
부천 IC→ 부천시

| 지역 축제 |
• 부천국제판타스틱영화제
　시기 | 매년 7월 중　장소 | 복사골문화센터 외　홈페이지 | www.pifan.com

• 부천국제만화축제
　시기 | 매년 9월 중　장소 | 한국만화영상진흥원 일대
　홈페이지 | www.bicof.com

• 부천국제애니메이션페스티벌
　시기 | 매년 11월 중　장소 | 복사골문화센터 외　홈페이지 | www.pisaf.or.kr

부천 여행 **1위**

아인스월드 | 세 계 최 고 수 준 의 미 니 어 처 테 마 파 크

만 원으로 떠나는 세계 여행!

프랑스 파리의 에펠탑을 배경으로 사진 찰칵! 다음은 이탈리아에서 가장
유명한 건물인 피사의 사탑 앞에서 기념 촬영! 독일로 이동해 디즈니성의
모델인 노이슈반슈타인성 앞에서 V자를 그리며 사진 찰칵! 차비까지 포함

해서 만 원만 있으면 된다. 실제보다 더 실감나는 건축물 미니어처가 전시
돼 있는 세계적 수준의 미니어처 테마파크, 부천 아인스월드로 세계 여행
을 떠나보자.

미니어처, 실물을 축소하여 정교하게 만든 모형

미니어처의 핵심은 실물을 얼마나 정교하게 재현하느냐에 있다. 아인스월
드의 미니어처는 미국 디즈니월드와 유니버설 스튜디오를 제작한 할리우드
유명 제작사인 원더웍스사가 설계하고 만들었는데 미니어처 하나당 1~2억
원의 제작비를 들였다고 한다. 국내 다른 미니어처 테파마크의 전시물들과
사실감에서 차이가 나는 이유다. '축소 비율' 도 미니어처를 감상하는 중요
한 요소인데 아인스월드의 미니어처 건축물들의 축소 비율은 25분의 1이
다. 파리 에펠탑을 예로 들어 보면 '실제 높이 300m×1/25' 로 미니어처의
크기는 12m에 달한다. 25분의 1이라는 산술적인 축소비율이 어떻게 느껴
질지 모르겠지만 아인스월드의 미니어처 작품을 보면 그 규모와 크기에 놀

라고 또 그 안의 세부적인 요소들의 섬세함에 감탄하게 된다. 특수효과들도 미니어처를 더욱 실감나게 만드는데 영국 국회의사당 탑에 설치된 대형 시계인 빅벤이 실제 작동된다든지 미국 뉴욕 맨해튼 타임스퀘어의 화려한 광고판이 작동된다든지 하는 효과가 미니어처를 더욱 실제처럼 만들어 준다.

아인스월드의 주제는?

아인스월드는 한국존, 영국존, 유럽존 등 12개 구역으로 나누어 25개국 110여 개의 유명건축물들을 전시하고 있다. 그것들은 '유네스코 세계문화유산'이라는 하나의 주제로 연결되어 세계여행뿐 아니라 재미있는 역사공부도 된다. 이집트의 피라미드, 페루의 마추피추, 인도의 타지마할 등 세계의 불가사의라 불리는 건축물 각각의 이야기들을 더욱 자세히 알고 싶다면 가이드의 안내를 받아보자. 가이드 안내는 수시로 이뤄지며 시간은 입장하면서 확인하면 된다. 토요일, 일요일, 공휴일의 야간 개장을 이용하는 것도 아인스월드를 특별하게 즐길 수 있는 방법이다. 저녁이면 조명을 밝히는데 단순히 미니어처를 외부에서 비추는 조명뿐 아니라 내부 조명과 경관조명 방식을 활용해 실제 건축물이 현지에서 밤에 보이는 것과 비슷한 모습을 연출한다. 외국의 어느 밤거리를 다니며 여행하는 기분이 들며 낮에 보는 것과 달라 더욱 이색적이다.

- **연락처** : 032-320-6000
- **홈페이지** : www.aiinsworld.com
- **입장료** : 성인 8,500원, 청소년 7,000원, 어린이 5,000원
- **관람시간** : 10:00~19:00(평일), 09:30~21:00(토·일·공휴일) *여름철 평일 야간 연장 운영

가정용 서비스 로봇
Household Service Robot

가정용 로봇은 가정에서나 빌딩에서 힘들고 어려운 일들 대신하거나 도울 수 있는 지능형 서비스 로봇으로 휴서비스 로봇, 휴먼서비스 로봇, 휴머노이드로 나눌 수 있다. 홈서비스 로봇을 가정에서 사용하는 로봇으로 청소로봇, 경비로봇으로 개인용 로봇, 교육용 로봇, 오락용 로봇, 감성 로봇 등이 개발되고 있다. 휴머노이드는 휴 서비스를 동시에 만족할 수 있는 인간형 로봇으로 현재는 소형의 오락용이 주종을 이루고 있다.

Household service robots are intellectual service robots capable of performing or assisting with labarious and difficult jobs at residences and buildings, they are classified into home service robots, human-service robots, and humanoids. The home service robots are for household chores such as cleaning, security, and home management. The human-service robots are capable of transferring information to, and engaging in emotional conversation with, human uses. The robots developed are for include personal robots, learning robots, entertainment robots, and semable robots. The humanoids are human-type robots capable of satisfying both the home services and the home services. At the moment, compact entertainment robots are dominant amongst the humanoids.

지능에 주거 시스템(IHRS)

Interfactional Residence System (IHRS)

부천 여행 **2위**

부천로보파크 | 미래의 친구, 로봇과 조우하다

인간의 지능 이상을 가진 로봇들이 반란을 일으킨다면?
로봇의 3대 원칙을 알아봅시다!

월 스미스가 주연했던 2004년 개봉 영화 〈아이, 로봇〉에서 2035년 미래에

로봇이 반란을 일으켜 사람을 해치고 공격하는 모습을 실감나게 그리고 있

는데 이는 영화의 원작 〈i Robot〉의 저자 아이작 아시모프가 책에서 제시하고 있는 로봇의 3대 원칙에 어긋나는 일이다.

로봇 3원칙

제1원칙, 로봇은 인간에게 해를 끼쳐서는 안 되며, 위험에 처해 있는 인간을 방관해서도 안 된다.

제2원칙, 제1원칙에 위배되지 않는 경우 로봇은 인간에게 복종해야 한다.

제3원칙, 제1, 2원칙에 위배되지 않는 경우 로봇은 스스로 보호해야 한다.

로봇의 3대 원칙은 로봇은 무엇보다 인간의 안전을 최우선으로 고려해야 한다는 내용이다. 로봇의 정의와 원리, 3대 원칙 등 로봇에 관한 이론뿐 아니라 우리의 생활을 더욱 편리하게 만들어주는 로봇 기술의 현재와 미래를 부천로보파크에서 배우고 체험할 수 있다.

로보파크에서 가장 인기 있는 로봇 3형제를 소개합니다

'로봇' 하면 대개는 SF소설이나 영화의 영향으로 사람 모양의 기계를 떠올리지만 이미 우리 일상에는 완구에서부터 산업용 로봇, 장애인용 로봇에 이르기까지 생각하는 것 이상으로 이미 다양한 영역에 로봇 또는 로봇 기술이 응용돼 삶을 편리하게 해주고 있다. 부천로보파크에는 로봇 강아지 제니보, 애완로봇 디디와 티디 등 귀여운 완구로봇을 비롯해 현재 상용화돼 가정에서 사용되는 로봇청소기 등이 전시되고 있으며, 공장, 의료 등 전문 분야에서도 사용되는 산업용 6축 다관절 로봇팔도 직접 작동해 볼 수 있다. 47종 140여 개의 전시된 로봇 중에서도 관람객들에게 가장 인기 있는 로봇 3종을 꼽아보면 다음과 같다. 사진을 찍어 얼굴을 그려 주는 화가로봇 픽토, 직접 작동해 3:3 축구경기를 겨룰 수 있는 축구로봇, 16개의 관절로 이뤄져 실감나는 춤사위를 보여주는 국내 최초의 6인조 로봇댄스그룹 로보노바가 그 주인공이다.

로보파크를 제대로 관람하는 법! 들어가서 보이는 대로 무작정 로봇을 작동해 보지 말고 매시간 이뤄지는 전시 안내를 받으며 전시관을 먼저 돌아본 후 관심 있었던 로봇을 다시 찾아 직접 작동해 보면 된다.

• **연락처** : 031-621-2090~1
• **홈페이지** : www.robopark.org
• **입장료** : 성인 5,000원, 청소년 4,000원, 어린이 3,000원
• **관람시간** : 4~9월 10:00~18:00, 동절기 ~17:00 월요일 휴관

부천활박물관과 궁도장

활 잘 쏘 는 민 족 은 뭐 가 달 라 도 다 르 다

활 잘 쏘는 민족은 활도 잘 만든다!

한국 양궁이 올림픽 등 국제대회에서 언제나 최고 성적을 거두는 부동의
세계 1위라는 것은 대한민국 국민이라면 누구나 알고 있다. 하지만 지난번
2008년 베이징올림픽에서 양궁 8강에 진출했던 세계의 거의 모든 선수가

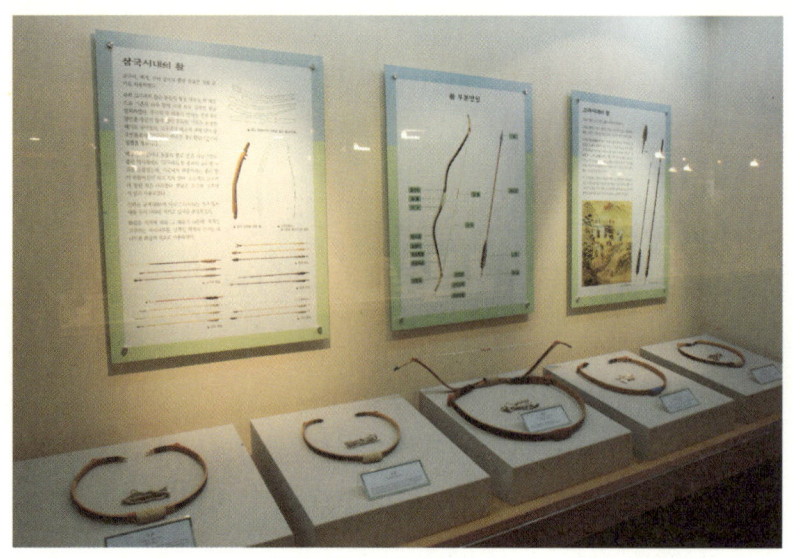

한국산 활을 사용했다는 사실을 알고 있는지? 이렇듯 최고의 활을 만들게 된 배경에는 고구려 무덤 그림에서 볼 수 있듯 우리 민족의 활 만들기와 활 쏘기의 오랜 역사가 있을 것이다. 우리 전통의 활쏘기를 '국궁'이라 하며, 활과 화살을 만드는 장인을 '궁시장(弓矢匠)'이라고 하는데 부천활박물관 은 중요무형문화재인 궁시장 김장환 선생의 유품과 국궁 관련 자료를 전시 하고 있다.

왜 활이 동그랗게 말려 있지? 부린 활과 얹은 활!

전시관에 들어가 관람을 하는데 동그랗게 말려 있어 활처럼 보이지 않는 각 궁(물소나 양의 뿔로 만든 우리 전통 활)을 보면서 '저건 활이 아니잖아? 어 떻게 저것으로 화살을 쏘지?' 라며 궁금해한다. 그 상태를 '부린 활'이라고 하는데 활을 쏘지 않는 평소에는 활의 탄성을 유지하기 위하여 활시위를 풀어 놓는다. 그럼 시위를 걸어 쏠 수 있게 만든 상태는? 바로 '얹은 활'이다. 활의 재료 중 최고로 치는 물소뿔, 소의 힘줄, 대나무, 민어부레풀로 각궁을 만드는데 잘 만들어진 각궁은 수백 미터는 거뜬하게 날린다고 한다. 각궁만 전시돼 있는 것이 아니라 다양한 화살도 볼 수 있다. 사냥이나 전쟁에서 사용하는 화살뿐만 아니라 신호나 통신을 위한 화살인 명적, 앞이 뭉툭한 연습용 화살, 활을 담는 전통도 함께 전시돼 있다. 각궁

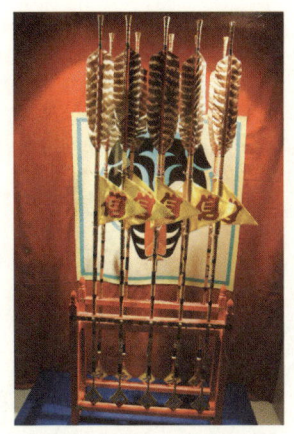

의 제작과정도 보여주는데 우리가 평소 잘 알지 못했고 또 관심 두지 않았던 국궁에 대하여 관심을 가지고 배울 수 있게 한다.

- **연락처** : 031-614-2678~9
- **홈페이지** : www.bcmuseum.or.kr
- **입장료** : 성인 1,000원, 청소년 800원, 어린이 600원
- **관람시간** : 10:00~18:00, 동절기 10:00~17:00 월요일 휴관

여행탐구생활_전통 활 쏘기

활을 시위에 얹고 당기는 것을 '매긴다'라고 하는데 이것이 보는 것만큼 쉽지 않다. 정확한 자세로 발을 벌리고 서서, 호흡을 가다듬고, 팔을 힘껏 벌리면 활시위가 당겨지는데 팽팽한 느낌에 온몸에 긴장감이 감돈다. 활박물관 위층에는 부천시 시설공단에서 운영하는 궁도장(연락처 032-320-3491, www.bcs.or.kr)이 있어 박물관을 관람하고 난 후 실제로 활을 쏴 볼 수 있다. 활시위만 몇 번 당겨 보는 게 아니라 먼저 사범에게 활에 관한 설명과 자세 교육을 받은 후 자신의 체형과 힘에 맞는 활을 고르고 사대에 올라 활을 쏘게 된다. 한 시간 정도면 제대로 된 교육을 받을 수 있다. 중·고등학생 이상 가능하며 미리 가능한 시간을 문의하고 예약한 후에 방문해야 한다.

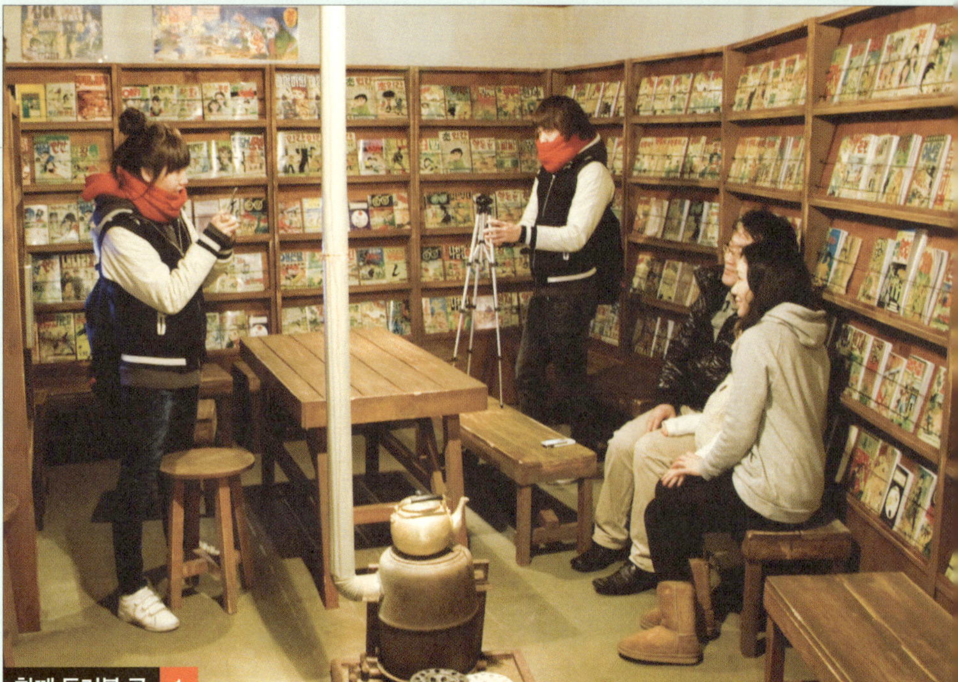

함께 둘러볼 곳 1

뮤지엄 만화규장각 | 대 한 민 국 만 화 의 모 든 것

'만화박물관' 에서 '뮤지엄 만화규장각' 으로 이름을 바꿨다. 규모가 늘어난 만큼 이전보다 훨씬 내용이 풍성해졌다. 만화의 새로운 형태인 웹툰 외에도 캐릭터 만들기 등 체험 시설을 새로 갖췄고 도서관과 편의시설도 쾌적해 이용하기에 더욱 편리해졌다. 입구에서 입장권을 끊고 에스컬레이터를 타면 3층까지 바로 이어진다. 3층에서는 우리 만화의 역사와 현재를 살펴볼 수 있으며 만화가들이 직접 사용한 펜들이 입구에 전시돼 있다.

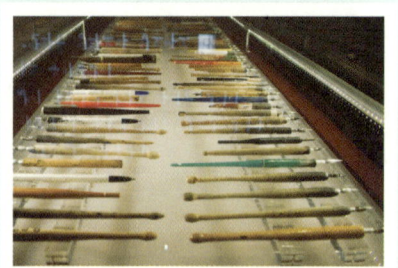

60~70년대의 만화방과 구멍가게가 재현돼 있고 80년대 만화 잡지들이 대형 모형으로 전시돼 있다. 4층에는 직접 만화가가 돼 만화 속 캐릭터를 구성해 볼 수 있으며 원하는 캐릭터와 내용을 골라 라이트박스에 대고 만화 그리기 체험도 가능하다. 재미있는 체험으로 〈공포의 외인구단〉 속 등장인물이 돼 주인공인 까치 오혜성에게 직접 공을 던져 겨뤄 볼 수 있는 시설도 있다. '우리가 사랑하는 만화가' 코너에서는 만화가 고우영, 허영만, 황미나, 강풀의 일상과 작품 활동을 조명하는 영상이 5~10분 정도로 번갈아가면서 상영된다. 입장료에는 4D상영관 이용료도 포함돼 있으므로 기존의 3D 입체영상에 진동, 향기, 바람 등을 느낄 수 있는 〈사비의 꽃〉이라는 애니메이션을 상영하니 시간에 맞춰 관람하면 된다.

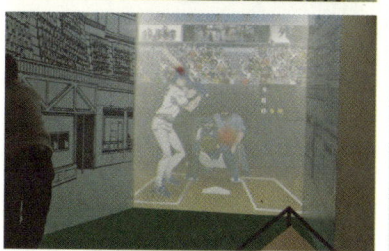

- 연락처 : 032-310-3090~2 • 홈페이지 : www.komacon.kr/museum
- 입장료 : 일반권 5,000원, 가족권(4인 이상) 1만 5,000원 *입체 애니메이션 요금 포함
- 관람시간 : 10:00~18:00 월요일 휴관

부천 판타스틱 스튜디오

3 0 년 대 종 로 거 리 를 걸 으 며 나 도 영 화 속 주 인 공

●　　부천 판타스틱 스튜디오는 SBS 드라마 〈야인시대〉세트장으로 만들어
진 곳이다. 스튜디오는 당시 배경이었던 30~70년대 종로와 명동을 그대로 재
현해 놓았다. 2004년에 부천시 문화재단이 운영하면서부터 '부천 판타스틱 스
튜디오' 라는 지금의 이름으로 바뀌었다. 수도권이라는 지리적 이점과 스튜디
오의 규모, 사실감 때문에 영화 〈태극기 휘날리며〉, 드라마 〈패션 70's〉, 〈사랑
과 야망〉, 〈로드 넘버원〉 등의 주요 촬영지로 이용됐다. 이웃하고 있는 아이스
월드도 사진 찍기 좋은 장소지만 판타스틱 스튜디오도 추억을 남기기 좋은 장

소다. 대부분의 야외 세트가 그렇듯 눈으로 보는 것보다 사진을 찍어 화면으로 보는 것이 더욱 현실감 있다. 카메라는 이곳 관람의 필수품! 빠트리지 말고 챙겨오자. 스튜디오는 30년대 종로 거리를 거의 완벽하게 재현했다. 최초의 현대식 백화점인 화신백화점, 김두한의 본거지이자 최초의 상설 영화관인 우미관, 종로를 가로지르는 전차도 볼거리며, 스튜디오 뒤쪽에 있는 청계천의 옛 모습도 흥미롭다. 화신백화점 대각선 블록에는 드라마 전시관이 있어 이곳에서 어떤 작품들이 촬영됐는지 포스터나 촬영사진 등을 보면서 관람하면 탐방의 즐거움이 배가된다.

• 연락처 : 032-236-2583~8
• 입장료 : 성인 3,000원, 청소년 2,000원, 어린이 1,000원
• 홈페이지 : www.fantasticstudio.or.kr
• 관람시간 : 10:00~10:00 연중무휴

부천시 물박물관

무언가를 헤프게 쓸 때 '물 쓰듯 한다'는 표현을 쓰
는데 그만큼 우리가 물을 아끼지 않는다는 의미일 것
이다. 물박물관은 자연 속에서 물이 어떤 순환과정
을 거치는지, 조상들은 물을 어떻게 이용했는지, 미
래의 물은 어떤 가치를 지니고 있는지에 대해 알 수
있는 곳이다. 부천 시내 수도 공급을 담당하는 까치
울 정수장에 박물관이 있어 실제로 물이 정수 처리

되는 과정까지 볼 수 있는 산교육의 장이다. 자신의 몸에 얼만큼의 물을 담고 있는지 재볼 수 있는 물
체중계, 물을 이용해 소리를 내는 물 피아노, 물속 미생물을 관찰하는 현미경 등 직접 작동하고 체험할
수 있는 흥미로운 시설들도 갖춰져 있다.

• 연락처 : 032-320-3566   • 입장료 : 무료   • 관람시간 : 09:30~17:00 연중무휴

부천식물원과 자연생태박물관

한 번의 방문으로 식물원과 작은 동물원, 자연사박물관을 모
두 돌아볼 수 있다. 규모는 크지 않지만 알차게 꾸며져 있다. 부
천식물원에는 우리나라에서 쉽게 볼 수 없는 아열대, 다육·수
생 식물들이 많아 이국적인 느낌을 주며 식충 식물과 움직이는
식물도 신기하다. 2층 식물체험관에서는 식물퍼즐놀이, 나라꽃
맞추기 등을 할 수 있다. 자연생태박물관은 곤충, 식물자원과
민물고기, 공룡을 주제로 전시관이 꾸며져 있고, 주말 오후 또
는 특별체험기간 동안에는 살아 있는 누에를 보여주고 누에고
치에서 명주실을 뽑는 시연을 하는데 관람객들에게 인기가 많
다. 야외전시장은 작은 동물원과 공원으로 구성돼 있으며, 호랑
이나 사자는 없지만 일본원숭이, 진돗개, 토끼 등 작은 동물들

이 관람객들을 반갑게 맞아준다. 또, 공원에서는 봄이면 튤립,
여름이면 백합과 해바라기, 가을이면 국화전시회가 열려 사계절 꽃을 즐길 수 있다.

• 연락처 : 032-320-3976
• 홈페이지 : www.ecomuse.go.kr
• 입장료 : 성인 2,200원, 청소년 1,800원, 어린이 1,300원
• 관람시간 : 10:00~18:00 월·공휴일 다음날 휴관

부천시 박물관 탐방Ⅱ_부천교육박물관, 부천수석박물관, 유럽자기전시관

부천교육박물관에 가면 조선시대부터 지금까지 우리 교육이 어떻게 변화됐는지 알 수 있다. 옛날 교과서부터 교복, 학용품 등이 전시돼 있으며 난로 위 양은 도시락, 낡은 나무 책걸상, 풍금 등으로 재현해 놓은 70년대 교실이 옛날을 회상케 한다.

부천수석박물관은 수석 형성의 3요소인 형, 질, 색 등에 대해 잘 설명하고 있으며 다양한 수석들을 전시하고 있어 전문가가 아니더라도 수석을 쉽게 접하고 감상할 수 있다.

유럽자기박물관은 동양에서 건너간 자기가 유럽에서 화려하면서도 다채로운 색을 지닌 자기로 새롭게 탄생되는데, 그 시작을 열었던 독일의 마이센을 비롯해 프랑스의 세브르, 영국의 로열 덜튼 등 수준 높은 작품들이 수집·전시돼 있어 자기의 아름다움에 취해볼 수 있다. 부천시 박물관 통합 관람권으로 할인된 가격에 모든 박물관을 이용할 수 있다.

- **연락처** : 032–614–2678~9   • **홈페이지** : www.bcmuseum.or.kr
- **입장료** : 성인 2,500원, 청소년 1,800원, 어린이 1,300원(통합 관람권)
- **관람시간** : 3~10월 10:00~18:00, 동절기 ~17:00 월·공휴일 다음날 휴관

여행탐구생활_친환경 교통수단, 자전거 알아보기

수도권에서 유일한 자전거 박물관이 부천에 있다. 200년 전 만들어진 최초의 자전거 '드라이지네'는 사람이 두 발로 직접 박차며 달렸다고 하는데 그냥 달리는 것보다 빠르고 효율적이었단다. 처음으로 대량 생산된 페달식 자전거는 미쇼형 자전거인데 다른 이름으로는 '본 셰이커(등뼈 흔들림)' 덜컹이 자전거다. 승차감은 불편했지만 지금 자전거의 원형이다. 앞바퀴가 큰 자전거는 '오디너리'로 이전의 자전거들 보다 빠른 달리기가 가능한 대신 위험하다. 옛날 드라이지네 자전거에서 최신 리컴번트 자전거까지 다양한 모형이 전시돼 있어 자전거 발달사를 일견할 수 있다. 휠, 브레이크, 변속기, 프레임 등 자전거 부속을 분리해서 자전거 구조를 이해할 수 있으며, 2층에는 브레이크, 변속, 발전 체험 등 자전거의 원리와 관련한 간단한 체험시설도 마련돼 있다. 오정대공원에 있어 한나절 나들이 장소로 좋다. 공원을 둘러가며 자전거 전용도로가 만들어져 있으며, 어린이·학생의 경우 박물관에서 자전거를 무료로 대여해준다. 성인들은 이용이 되지 않아 아쉽지만 대신 2층에 자전거나 자전거 관련 여행 도서가 갖춰진 자전거도서관에서 아쉬움을 달래보자.

- **연락처** : 032–671–9668   • **홈페이지** : www.bike.bucheon.go.kr
- **입장료** : 무료   • **관람시간** : 10:00~18:00 월요일 휴관

부천 여행

한나절 일정 | 다 양 한 문 화 를 즐 기 는 여 행

아인스월드 또는
우천 시 **만화박물관**

벗이랑 부대고기
(점심식사)

만화박물관 또는
판타스틱 스튜디오

아인스월드, 부천 판타스틱 스튜디오, 만화박물관 세 곳은 같은 단지 안에 있어 도보로 10분도 걸리지 않는다. 늦은 아침 겸 점심을 먹고 날씨가 맑은 날이라면 사진 찍기 좋은 아인스월드로, 흐리거나 비오는 날이라면 만화박물관을 찾아가자. 적시의 테마가 다양해 날씨에 관계없이 부천 여행은 가능하다.

🍴 강력 추천 음식점 ❶ 벗이랑 부대고기

부천 최고의 부대찌개집

부대찌개로는 부천지역 최고의 음식점으로, 부천에 오래 산 사람들이면 거의 알고 있고 인정하는 30년 내력의 부대찌개와 부대고기집이다. 부대고기란 예전 6.25 직후 미군부대에서 흘러나온 햄, 소시지, 베이컨 등의 고기류들에 붙인 별명이며, 부대찌개는 그것들을 주재료로 우리 입맛에 맞게 얼큰한 찌개로 끓여낸 것을 말한다. 벗이랑 부대고기집 부대찌개 맛의 가장 큰 특징은 부대고기를 듬뿍 쓰고도 전혀 느끼하지 않고 시원한 맛을 낸다는 데 있다. 육수에 그 느끼하지 않고 시원한 맛의 비밀이 담겨 있으리라. 부대찌개를 밥에 넣을 때 상에 오르는 볶은 김도 함께 넣어 비비면 색다른 맛을 느낄 수 있으니 한번 해보시라. 상에 오르는 동치미 역시 짜거나 달지 않고 시원한 게 예사 솜씨가 아님을 알 수 있다.

• **연락처**_032-325-9277　• **가격**_부대찌개 6,000원, 베이컨구이 8,000원, 소세지구이 20,000원
• **영업시간**_10:30~22:30 연중무휴

종일 일정 │ 분 위 기 있 는 저 녁 여 행

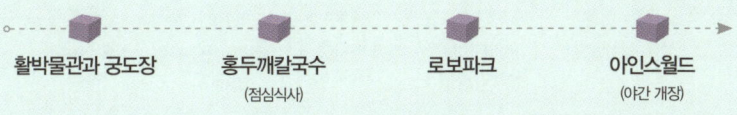

활박물관과 궁도장   홍두깨칼국수   로보파크   아인스월드
(점심식사)   (야간 개장)

부천 여행

아인스월드 야간 개장을 이용하는 것이 일정의 핵심이다. 휴일 아침 집에서 늦은 아침식사를 하고 여유롭게 출발해 저녁시간까지 분위기 있게 즐겨보자. 활박물관 관람 이후 궁도장 이용이 어려울 경우 다른 박물관 관람으로 대신하면 된다. 식당은 식사시간을 피해가야 조금 덜 기다린다. 오후에 로보파크를 돌아보고 아인스월드로 자리를 옮기면 해질녘부터 조명이 하나 둘씩 들어오면서 환상적인 분위기로 변한다.

🍴 강력 추천 음식점 ❷ 홍두깨칼국수

홍두깨로 밀어 만드는 쫄깃한 면발

부천운동장에서 서울 방향으로 가다보면 오른쪽으로 식당들이 모여 있는 부천맛골이 나온다. 여러 맛집들이 모여 있지만 그 중에서도 항상 사람들로 붐비는 홍두깨칼국수를 소개한다. 안으로 쭉 들어가면 찾을 수 있다. 메뉴는 칼국수와 물만두, 왕새우찜 세 가지지만 대부분 인원수 대로 칼국수를 시키고 물만두를 추가 주문한다. 홍두깨칼국수라는 이름 그대로 입구에는 홍두깨를 밀어가며 면을 만드느라 바쁘다. 먼저 육수를 가져다주고 그 안에 면을 넣어 테이블 위에서 칼국수를 직접 끓여 먹는다. 새우, 조개, 미더덕, 오징어 등의 해산물을 함께 넣고 끓여 시원하며 홍두깨로 직접 밀어 만든 쫄깃한 면이 맛을 더해준다. 칼국수와 함께 보리밥이 제공되며 가게에서 직접 만드는 물만두는 크기도 작은데다 부드러워 한 입에 쏙 들어간다.

• 연락처_032-676-9907   • 가격_홍두깨칼국수 6,000원, 물만두 4,000원
• 영업시간_11:00~21:00 월요일 휴무

1박 2일 일정 ❶ | 볼 거 리 가 많 은 박 물 관 여 행

1일차
물박물관 — 식물원과 생태박물관 — 홍두깨칼국수 (점심식사) — 활박물관과 궁도장 — 호텔 코보스 (숙소)

2일차
뮤지엄 만화 규장각 — 벗이랑 부대고기 (점심식사) — 부천박물관Ⅱ (교육박물관, 수석박물관, 유럽자기전시관)

박물관의 도시, 부천을 탐방하는 1박 2일 일정이다. 물박물관에서 시작해 유럽자기전시관까지 부천의 박물관을 모두 돌아보는데 한 곳 한 곳 시간을 들여 관람하다 보면 자신의 관심과 취향에 맞는 박물관을 발견하게 될 것이다. 만약 그런 곳을 발견했다면? 그곳에서 시간을 들여 더욱 디테일하게 자신의 관심사를 둘러보자.

🏠 강력 추천 숙소 ❶ 호텔 코보스

부천시청 근처 깨끗한 숙소

부천 중동과 상동은 시설 좋은 모텔들이 많기로 이름난 곳이다. 하지만 이 지역 모텔의 대부분은 여느 지역의 모텔촌과 마찬가지로 가족 단위의 여행자들이 숙소로 이용하기가 어려운 경우가 많다. 부천시청 인근을 여행하며 그나마 가족들이 숙박하기에 괜찮은 숙소들이 몇 군데 있는데 그 중 한 곳이 호텔 코보스다. 총 60여 객실 중 트윈 룸은 7개뿐이므로 미리 예약해야 한다. 주말의 경우 숙소 측에 입실 시간을 확인해야 하는데 종종 늦게 되는 경우가 있다. 그럴 때는 일정을 확인하고 아인스월드나 판타스틱 스튜디오의 야간 개장 관람 후에 시간에 맞춰 숙소로 가는 것도 방법이다.

• 연락처_032-326-4472   • 홈페이지_www.koboshotel.co.kr
• 숙박료_트윈 룸 20만 원

1박 2일 일정 ❷ | 금요일 저녁에 떠나는 부천여행

1일차

벗이랑 부대고기 (저녁식사) → 아인스월드 → 고려호텔(숙소)과 테마파크

2일차

뮤지엄 만화규장각 또는 부천판타스틱스튜디오 → 홍두깨칼국수 (점심식사) → 부천자전거 문화센터

금요일 저녁에 떠나는 부천 여행 일정이다. 금요일 일과를 마치자마자 부천으로 떠나 저녁식사를 하고 낮보다 저녁이 더 분위기 있는 아인스월드를 관람한다. 다음날 오전에는 만화규장각 또는 부천 판타스틱 스튜디오 중 취향에 따라 골라 방문하고 오후에는 부천자전거문화센터에 들러 자전거에 관한 상식을 쌓은 다음, 직접 고른 자전거를 타고 달려보자.

⌂ 강력 추천 숙소 ❷ 테마파크모텔과 고려호텔

중동 IC에서 가까운 숙소

중동 IC를 나서면 대로변으로 모텔급 숙소들이 길을 따라 서 있는데 테마파크모텔은 그 중 하나다. 큰길 가에 있지만 안으로 들어가면 분위기가 산만하지 않고 정돈돼 있어 편안하게 휴식을 취할 수 있다. 트윈 베드가 있어 가족들이 이용하기에 편리하다. 맞은편 고려호텔은 특급 호텔로 부천에서 가장 고급 숙소 중 하나다. 가격대가 부천의 다른 숙박 업소들에 비해 비싼 편이나 호텔 할인 업체 등을 이용하면 할인

된 가격으로 이용할 수 있으니 이를 고려해 보는 것도 괜찮겠다. 부천 판타스틱 스튜디오와 아인스월드, 만화규장각 등이 있는 부천영상단지가 바로 길 건너에 있어 지리적 이점이 뛰어나다.

테마파크모텔 • 연락처_032-329-1100 • 숙박료_더블 베드 7만 원, 트윈 베드 9만 원
고려호텔 • 연락처_032-329-0001 • 홈페이지_www.koryohotel.co.kr
• 숙박료_더블 룸 15만 원, 온돌 룸과 트윈 룸 17만 원 *인터넷 예약 시 할인

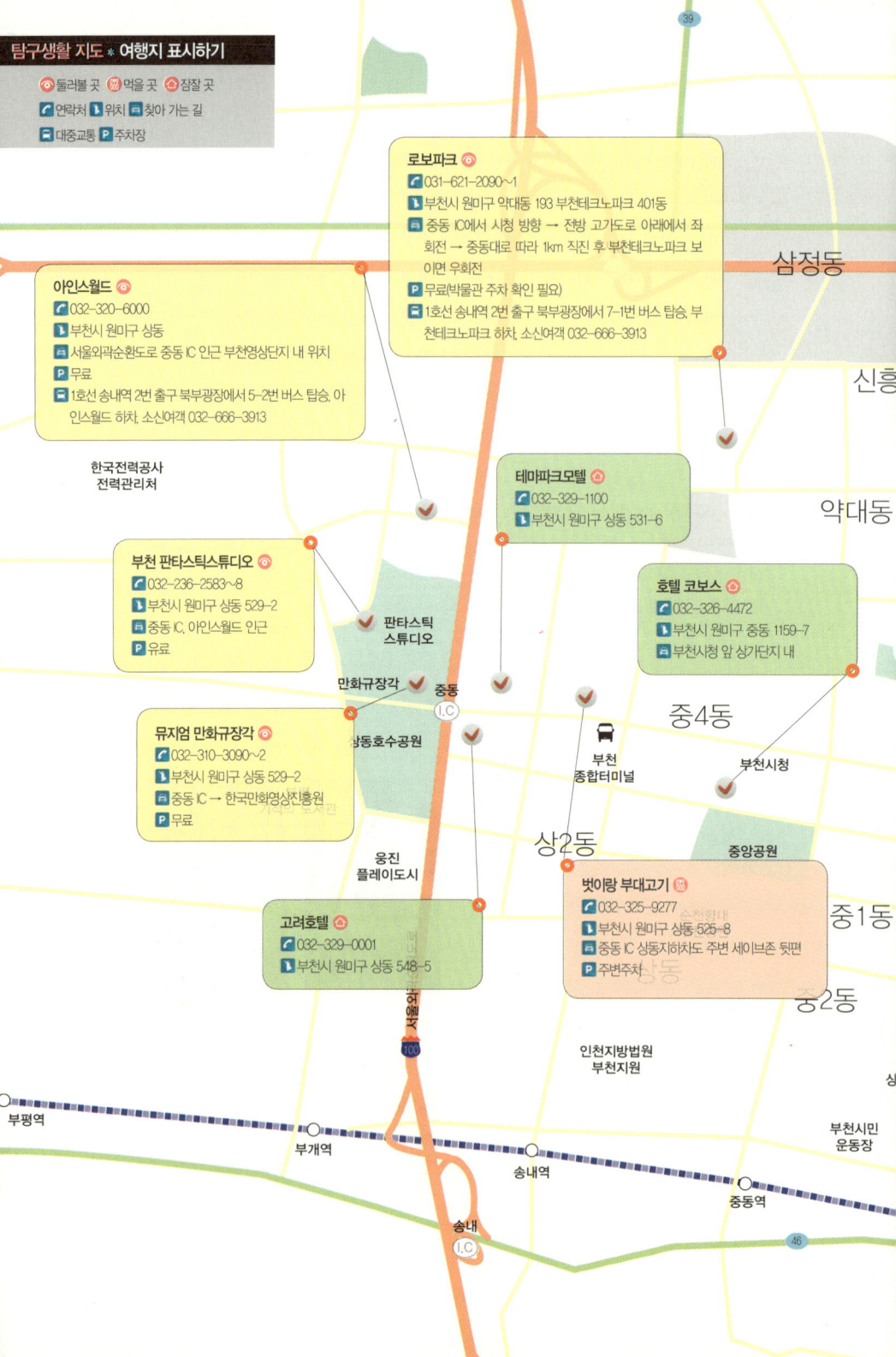

탐구생활 지도 ✽ 여행지 표시하기

- 🔴 둘러볼 곳   🍴 먹을 곳   🏠 잠잘 곳
- 📞 연락처   📍 위치   🚶 찾아 가는 길
- 🚌 대중교통   🅿 주차장

로보파크 🔴
- 📞 031-621-2090~1
- 📍 부천시 원미구 약대동 193 부천테크노파크 401동
- 🚶 중동 IC에서 시청 방향 → 전방 고가도로 아래에서 좌회전 → 중동대로 따라 1km 직진 후 부천테크노파크 보이면 우회전
- 🅿 무료(박물관 주차 확인 필요)
- 🚌 1호선 송내역 2번 출구 북부광장에서 7-1번 버스 탑승, 부천테크노파크 하차, 소신여객 032-666-3913

아인스월드 🔴
- 📞 032-320-6000
- 📍 부천시 원미구 상동
- 🚶 서울외곽순환도로 중동 IC 인근 부천영상단지 내 위치
- 🅿 무료
- 🚌 1호선 송내역 2번 출구 북부광장에서 5-2번 버스 탑승, 아인스월드 하차, 소신여객 032-666-3913

한국전력공사
전력관리처

테마파크모텔 🏠
- 📞 032-329-1100
- 📍 부천시 원미구 상동 531-6

약대동

부천 판타스틱스튜디오 🔴
- 📞 032-236-2583~8
- 📍 부천시 원미구 상동 529-2
- 🚶 중동 IC, 아인스월드 인근
- 🅿 유료

판타스틱
스튜디오

호텔 코보스 🏠
- 📞 032-326-4472
- 📍 부천시 원미구 중동 1159-7
- 🚶 부천시청 앞 상가단지 내

만화규장각

중동
I.C

중4동

뮤지엄 만화규장각 🔴
- 📞 032-310-3090~2
- 📍 부천시 원미구 상동 529-2
- 🚶 중동 IC → 한국만화영상진흥원
- 🅿 무료

상동호수공원

부천
종합터미널

부천시청

웅진
플레이도시

상2동

중앙공원

벗이랑 부대고기 🍴
- 📞 032-325-9277
- 📍 부천시 원미구 상동 525-8
- 🚶 중동 IC 상동지하차도 주변 세이브존 뒷편
- 🅿 주변주차

고려호텔 🏠
- 📞 032-329-0001
- 📍 부천시 원미구 상동 548-5

중1동

중2동

인천지방법원
부천지원

부평역   부개역   송내역   중동역

부천시민
운동장

송내
I.C

삼정동

신흥

39

46

천오정지방
산업단지
OBS
경인TV

오정동

부천시자전거문화센터 ⊚
☎ 032-671-9668
🚶 부천시 오정구 오정동 2-1 오정대공원 내
🚌 부천 IC에서 서울방향, 오정구청 방향으로 좌회전
🅿 무료

부천시
오정구청

원종2동

🛣 경인고속국도

부천시립
북부도서관

물박물관 ⊚
☎ 032-320-3566
🚶 부천시 오정구 작동 60-8
🚌 부천종합운동장에서 서울 방향, 자연생태박물관 지나 왼편
🅿 유료

도당동

성곡동

흥두깨칼국수 🍜
☎ 032-676-9907
🚶 부천시 원미구 춘의동 242
🚌 부천종합운동장에서 서울 방향 500m,
우측에 진입로로 들어감
🅿 무료

부천식물원과 자연생태박물관 ⊚
☎ 032-320-3976
🚶 부천시 원미구 춘의동 381
🚌 부천종합운동장에서 서울 방향 1.5km 오른편
🅿 유료

시루기

경인랜드

부천식물원

춘의동

부천종합운동장

37

부천활박물관과 궁도장, 부천시박물관 I ⊚
☎ 031-614-2678~9
🚶 부천시 원미구 춘의동 8
🚌 중동 IC에서 부천시청 지나 서울 방향 → 부천종합운동장 내
🅿 유료
🚇 1호선 소사역 1번 출구 56-1번, 95번 버스 탑승, 종합운동장 하차
   부일교통(56-1) 032-682-3653, 부천버스(95) 032-677-0320

부천시립
중앙도서관

원미구청

원미1동

온수역

원미2동

심곡1동

역곡1동

심곡2동

소사동

역곡2동

역곡역

부천역

소사역

역곡3동

다양한 문화유산과 일상이 공존하다

여행이 일상처럼 다가오는 곳이 고양시다. 각종 국제적 행사가 열리고, 다양한 예술 문화가 지척에서 꽃을 피우고 일상의 흔적이 묻어나오는 자연스러운 숨결이 그대로 묻어나오는 곳. 고양시에서는 숨을 크게 들이마시자. 그리고 천천히, 나른하게 내쉴 것.

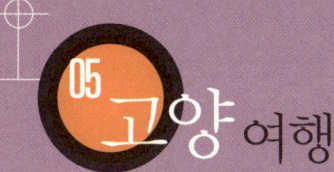

05 고양 여행

| 문의 |
• 고양시청 문화관광담당관실 031-961-4143

| 홈페이지 | www.goyang.go.kr

| 찾아 가는 길 |
100번 서울외곽순환고속도로 일산 나들목, 고양 나들목 →
39번 국도, 통일로 나들목 → 1번 국도 또는 자유로 이용 → 고양시

| 지역 축제 |
• 고양국제꽃박람회
  시기 | 매년 4월 말~5월 초 장소 | 호수공원 일대

• 고양행주문화제
  시기 | 매년 5월 초 장소 | 행주산성 일대

중남미문화원

한국에서중남미와조우하다

**중남미 문화를 제대로 소개하는 우리나라 유일이자
아시아에서 유일한 곳이 여기 있다.**

중남미 문화원은 누구나 한 번쯤 호기심을 가졌을 고대 마야, 아즈텍, 잉카
문명에서부터 페루, 멕시코, 콜롬비아, 브라질, 아르헨티나 등 현대 중남미

국가의 생활과 문화, 예술을 우리에게 소개하는 곳이다. 지리적으로는 지구의 반을 돌아야 찾아갈 수 있는 먼 곳이지만 가까이에 중남미문화원이 있어 반나절만 시간을 들이면 간접적으로나마 중남미 역사와 문화를 배울 수 있고, 또 야외공원에서 중남미 특유의 여유로운 분위기를 즐길 수 있다.

익숙하지 않아 괴기스러울 뿐,
가면에는 중남미의 역사와 문화가 담겨 있다.

빨간 벽돌로 만들어져 이국적이면서도 단단해 보이는 박물관으로 들어서면 중앙홀에 분수대가 하나 보이는데 식민지 시기 스페인의 영향을 받아 만들어진 것이다. 이처럼 지금 우리가 접하는 중남미 특유의 문화는 15세기 말 콜럼버스의 아메리카 대륙 발견 이후 식민지 시기를 거치면서 인디오의 전통문화가 유럽의 가톨릭 문화와 융합되며 형성된 것이다. 이러한 문화의 융

합은 가면을 전시하고 있는 제3전시실에서 두드러지게 확인된다. 얼핏 보면 괴기스러운 가면들이지만 하나씩 자세히 들여다보면 인디오 전통의 조각을 바탕으로 가톨릭의 상징물들이 함께 어울려 있는 모양인데 그것을 통해 그들의 역사와 문화, 정신세계를 엿볼 수 있다.

미술관 속 또 다른 볼거리, 기념품점

박물관이 역사와 문명 중심의 전시라면 미술관은 중남미 현대 작가들의 그림과 조각, 공예품을 중심으로 전시하고 있다. 중남미의 전통이 현대미술 속에 담겨 있는데 강렬한 주제와 색이 인상적이다. 미술관 1층 한쪽에는 중남미의 다양한 공예품과 장식품을 판매하는 기념품점이 있는데 평소 다른 곳에서 중남미의 장식품이나 물건들을 쉽게 접할 수 없기에 이곳 또한 미술관 속 또 다른 볼거리가 된다. 박물관 방문 기념으로 중남미 풍의 작은 액세서리나 공예품 하나 정도는 구매해도 좋겠다.

중남미 문화원에서 맛보는 전통음식, 타꼬, 파에야

봄부터 가을까지 토, 일, 공휴일 점심부터 오후 시간에 조각공원 내 따꼬하우스에서 중남미 전통 음식인 타코(Taco)를 판매한다. 간단하지만 한 끼 식사로 부족하지 않다. 제대로 된 식사를 원한다면 향신료인 샤프론을 넣어 노랗게 지은 밥 위에 해산물 또는 돼지고기를 얹어 만드는 파에야(Paella)로 식사가 가능한데, 월요일부터 토요일까지 점심식사로 하루 전에 예약해야 한다.

- **연락처** : 031-962-7171 **홈페이지** : www.latina.or.kr
- **입장료** : 성인 4,500원, 청소년 3,500원, 어린이 3,000원
- **관람시간** : 10:00~18:00, 동절기 ~17:00 연중무휴

여행탐구생활_ 중남미문화원 백미는?

야외에 조각공원이 조성돼 있다. 산책로 사이로 조각 작품들이 전시돼 있으며 한쪽으로 성당 제단도 마련돼 있다. 중남미 12개국에서 가져온 다양한 모양의 조각들도 볼거리지만 산책로 곳곳에 놓여 있는 브론즈 의자에 앉아서 즐기는 여유야말로 중남미문화원 여행의 백미다. 청동 의자에 기대어 나뭇잎 사이로 스며드는 햇빛을 받아보자. 주위를 감싸는 여유가 라틴 아메리카 어딘가에 와 있는 듯한 기분이 든다.

행주산성 | 가 장 전 망 좋 은 역 사 현 장 을 찾 으 려 면 ?

행주대첩을 먼저 알아야 한다

행주산성이 임진왜란 3대 대첩 중 하나인 행주대첩의 현장이란 것을 모르
는 사람은 없지만 아는 만큼 볼수 있고 또 느낄 수 있는 법. 좀 더 자세히
알면 여행이 더 즐겁다.

행주대첩이 임진왜란 중에 어떤 위치에 있었던 전투였는지 간단히 알아보자. 임진왜란은 1592년 왜군의 동래성(지금의 부산) 침략으로 시작됐다. 왜군은 파죽지세로 진격해 수도 한양을 점령한다. 이후 왜군은 벽제관에서 명나라 군사까지 격퇴하며 사기를 드높인다. 이때 전라도에서 군사를 이끌고 올라와 행주산성을 지키고 있던 권율 장군이 군사와 마을 주민들을 이끌고 왜군의 진격에 맞서 전쟁을 승리로 이끄는데, 이는 일본군이 한양에서 철수하게 되는 결정적 계기가 된다. 바로 이 전투가 행주대첩이며 여기 행주산성이 부녀자들이 행주치마에 돌을 담아 나르며 헌신적으로 도왔다는 이야기(이야기의 사실은 탐구생활에서 다룬다)의 현장이다.

행주산성에는 행주대첩비가 세 개나 있다?

행주산성에는 세 개의 행주대첩비가 있다. 시기를 달리하며 만들어진 것이라 하나씩 찾아가며 살펴보면 재미있다. 가장 최근에 만들어진 대첩비는 행

주산성 가장 높은 곳에 세
워져 있다. 1970년에 행주산
성을 정비하며 세운 것으로
세 개의 대첩비 중에서 가장
크지만 아직 세월의 옷을 덜
입어 장소와 그다지 어울리
는 느낌은 아니다. 바로 아
래 보호각에는 가장 처음에
만들어진 1602년 행주대첩
비가 서 있는데 비와 바람에
마모돼 글자를 알아볼 수 없

다. 두 번째 대첩비는 권율
장군의 사당인 충장사 앞에 있는데 처음 대첩비가 만들어진 지 200년 후인
1845년에 세워졌다. 행주산성 아래의 행주 나루터가 원래 있던 자리였으나
한국전쟁 때 주변이 소실되면서 1970년에 지금 자리로 옮겨왔다. 여기 대
첩비는 글씨를 알아볼 수 있다. 한문이라 바로 읽기는 어렵지만 옆에 대첩
비의 내용이 한글로 옮겨져 있어 그 내용을 알 수 있다. 세로 쓰기라 읽기
에 조금 불편하지만 한학의 대가인 임창순 선생이 맛깔나게 번역해 놓은 글
은 행주대첩에 대해 쉽고 재미있게 배울 수 있으니 한 번 읽어 보도록 하자.

행주산성의 숨겨진 길을 찾아라!

행주산성은 한강과 서울 풍경을 함께 감상할 수 있는 최고의 장소 중 한 곳
이다. 정상 아래 덕양정에 올라 주변을 둘러보면 아래로는 큰 물줄기를 이
루며 흘러가는 한강이 보이고 고개를 들면 서울의 랜드마크인 서울N타워

가 멀리 시야에 들어온다. 날씨가 맑은 날에는 동쪽으로 서울 강남의 높은 빌딩들과 서쪽의 인천 송도에 있는 빌딩들까지도 볼 수 있다. 정상에서 내려올 때는 충의정 옆으로 난 길을 따라 내려오자. '토성土城' 이라 쓰인 이정표의 안내를 받으면 되는 이 길은 행주산성을 아는 사람들만 찾는 길이다. 토성 경계를 따라 만들어진 길로 흙길이라 발걸음이 편하며 사람들로 붐비지 않아 여유를 만끽 할 수 있는 좋은 길이다.

• **연락처** : 031-961-2580   • **입장료** : 성인 1,000원, 청소년 500원, 어린이 300원
• **관람시간** : 09:00~18:00, 동절기 ~17:00 연중무휴

여행탐구생활_ '행주치마' 가 행주대첩에서 나온 말이라고?

정답은 '아니다' 다. 흔히 행주대첩에서 부녀자들이 앞치마에 돌을 담아 날라 그것이 유래가 돼 '행주치마' 란 말이 생긴 것으로 알고 있다. 이런 내용은 교과서에도 실려 사실처럼 여겨지는데 초등학교 6학년 교과서에는 '행주산성의 앞치마' 에서 '행주치마' 라는 이름이 전해온다고 설명하고 있다. 하지만 '행주대첩' 의 '행주' 와 '행주치마' 의 '행주' 는 각각 따로였던 말로 행주대첩 이전의 문헌 기록에서 '행주치마' 란 말을 찾을 수 있다. 즉, 소리가 같아 어원도 같을 것이라고 유추한 데서 빚어진 오해인 것이다.

원당 종마목장 | 걷 는 것 만 으 로 휴 식 이 되 는 곳

견학이 목적이 아닌 곳

원당 종마목장은 한국마사회가 운영하는 목장으로 초지와 마방 등의 시설을 갖추고 경주마를 훈련하고 관리하는 곳이다. 제주와 장수에도 경주마 목장이 있는데 그곳들은 본격적인 경주마 생산을 위한 역할을 담당하

는 곳인 반면 원당 종마목장은 시민들을 위해 개방된 목장의 성격을 갖고 있다. 건물 9동, 마사 4동, 마방 83칸을 비롯해 조교들이 말과 함께 훈련하는 주로가 갖춰져 있지만 그곳들은 관람이 제한돼 있다. 그렇다고 아쉬워할 필요 없다. 견학이 목적이 아닌 이상 이곳을 즐기는 가장 좋은 방법은 푸른 초원 사이로 난 길을 따라 산책하며 여유로운 풍경을 즐기는 것이기 때문이다.

푸른 목장 사이로 난 길을 따라 걸으며

푸른 언덕 사이로 세워져 있는 하얀 울타리를 따라 가며 관람을 하게 되는데 초원에서 뛰 노는 말들의 풍경이 이국적이다. 산책로 주변에 의자가 마련돼 있어 앉아서 쉴 수 있으며 넓지는 않지만 주변으로 돗자리를 깔만한 공간도 있다. 울타리 가까이 말들이 오기도 하는데 큰 동작 또는 큰소리를 내어 말들을 놀라게만 하지 않으면 경주마를 가까이에서 볼 수 있다. 특별

한 체험 거리나 즐길 거리가 있는 것은 아니지만 길을 따라 걸으며 푸른 초
원을 바라보는 것만으로도 휴식이 된다.

불편하지만 불편함을 감수할 만한 곳

종마목장을 관람하면서 한 가지 아쉬운 것은 원래 관광시설로 만들어진
곳이 아니기에 주차시설이나 화장실 같은 편의시설이 충분하지 못해 불편
하다는 것이다. 하지만 종마목장의 이국적 풍광과 넓은 초원이 선사하는
여유는 가족과 혹은 사랑하는 이와 함께 산책을 즐길 수 있어 그 불편함
을 충분히 감수할 만하다. 월·화요일은 개방하지 않는다는 것도 기억할 것.

- 연락처 : 031-966-2998
- 입장료 : 무료
- 홈페이지 : www.company.kra.co.kr
- 관람시간 : 09:00~17:00 월·화요일 휴무

서삼릉, 무덤이라고 다 같은 무덤이 아니다!

서삼릉에는 희릉, 효릉, 예릉의 3개의 능과 의령원, 소경원, 효창원의 3개의 원이 함께 자리하고 있다. 그 중에서 조선 제12대 임금인 인종과 인성왕후의 무덤인 효릉과 역사 속 비운의 주인공 중 한 명인 인조의 아들 소현세자의 무덤인 소경원은 비공개 구역이다.

입구를 지나 첫 번째로 만나는 예릉은 강화도령으로 잘 알려진 철종과 그의 부인인 명순왕후의 무덤이다. 고종의 무덤은 왕릉이 아닌 황제릉 형식으로 꾸며져 조선왕조의 예법에 따라 만들어진 마지막 무덤이라 할 수 있다. 예릉에서 오른쪽으로 내려오면 길 끝에 조선 11대 왕 중종의 계비인 장경왕후의 능인 희릉이 있다. 죽어서도 문정왕후의 질투로 인해 한 곳에 있지 못하고 남편인 중종과도 헤어져야 했던 사연이 있다. 그럼 문정왕후는 어떻게 됐을까? 현재의 태릉이 문정왕후의 능이다. 결국 문정왕후는 혼자 쓸쓸히 무덤에 묻혔다. 서삼릉 입구에는 의령원과 효창원이 있는데 의령원은 사도세자의 첫째 아들 무덤이며, 효창원은 효창공원에서 이장돼온 무덤으로 정조의 아들인 문효세자의 무덤이다. 사도세자와 정조, 아버지와 아들이 한 곳(융건릉)에서 만났듯 삼촌과 조카도 이곳에서 만났다.

- **연락처** : 031-962-6009
- **입장료** : 성인 1,000원, 청소년·어린이 500원
- **관람시간** : 09:00~17:30, 동절기 ~16:30 월요일 휴원

테마동물원 주주 | 눈 으 로 만 보 는 동 물 원 은 가 라 !

● 　　테마동물원 주주는 우리로 둘러싸인 다른 동물원들과 달리 관람객들이 각 구역마다 동물들과 직접 접촉을 통해 감성을 키울 수 있는 체험형 동물원이다. 조류사육장을 찾아가면 예쁜 사랑새들이 기다리고 있다. 모이를 한 움큼 쥐고 있으면 노란 사랑새들이 날아와 손 위에 앉아 먹이를 쪼아대는데 보기만 했던 새들이 상당히 친근한 느낌으로 다가온다. 파충류관에서는 커다란 구렁이를 만져보고 뱀을 목도리 삼아 둘러볼 수 있다. 위험하지 않으니 용기를 내 도전해 보자. 오랑우탄과 어깨동무할 수도 있고 마당을 뛰어다니는 귀여운 토끼에게 손을 내밀어 먹이도 주고 품에 안아볼 수도 있다. 호주에서 온 캥거루가 깡충깡충 뛰어다니는 모습도 신기하다. 입장하면서 안내지를 받아 공연과 체험 내용, 시간을 확인하고 탐방 동선을 계획한 후 관람하자.

• 연락처 : 031-962-4500 　• 홈페이지 : www.themezoozoo.or.kr
• 입장료 : 성인 7,500원, 청소년 6,000원, 어린이 5,000원 *체험별 별도 요금 　• 관람시간 : 10:00~18:00 연중무휴

증권박물관 | 당신의주식, 채권, 펀드는안녕하신가요?

● 　　주식, 채권, 펀드 등 증권의 역사와 개념이 궁금하다면 증권박물관을 찾아보자. 전시물과 전시 내용은 주 관람객인 초중등 학생들 수준에 맞춰져 있지만 증권의 개념을 쉽고 정확하게 설명하고 있다는 점에서 투자에 관심 있는 어른들에게도 도움이 된다. '가치가 담겨 있음을 증명하는 종이'를 유가증권, 즉 증권이라고 하는데 주식도 증권 중 하나다. 세계 최초의 주식인 네덜란드 동인도회사의 주식 등 역사적인 증권을 비롯해 드림웍스, 월트디즈니, 코카콜라 등 세계적 기업의 증권 실물이 전시돼 있어 흥미롭다. 증권의 역할, 주식과 채권의 비교, 직접투자와 간접투자 등 기초적인 내용의 설명뿐 아니라 증시의 국제화에 대해서도 애니메이션을 통해 쉽게 알려준다.

• 연락처 : 031-900-7070　• 홈페이지 : www.stockmuseum.co.kr
• 입장료 : 무료　• 관람시간 : 10:00~17:00 일요일 휴관

일산호수공원 | 운 동 하 고 , 산 책 하 고 , 쉬 는 사 람 들

●   일산호수공원은 일산 신도시를 만들면서 조성한 둘레 5km에 이르는 우리나라 최대의 인공호수다. 호수 주변으로 잘 가꿔진 산책로와 운동 코스는 일산 주민뿐 아니라 먼 곳에서도 일부러 찾아오는 사람들이 많으며 고양의 대표적 축제인 고양세계꽃박람회 행사장으로 이용돼 주말이나 축제 기간이면 사람들로 붐빈다. 호수 건너편에는 규모는 작지만 화장실을 주제로 하는 특이한 전시관이 있는데 동서양의 옛날 변기 등이 전시돼 있어 한 번 둘러볼 만하다. 호수공원 서쪽 끝에는 아름다운 불빛을 오선지 삼아 시원한 음표를 뿜어내는 음악 분수가 있어 인기다. 여름철에는 분수 음악이 매일 저녁 연출된다. 편안한 마음으로 산책하기 좋은 곳이다.

• **연락처** : 호수공원관리사무소 031-961-2665   • **홈페이지** : www.lake-park.com
• **입장료** : 없음   • **관람시간** : 종일. *음악 분수 가동 시간 6·7·8월 매일 20:30~21:30, 4·5·9·10월 19:30~20:30

밤가시초가 | 잃어버린일산의옛모습을찾아서

● 　　일산이 신도시로 개발된 지 20년이 넘었다. 그 동안 큰길도 놓이고, 큰길 사이로 아파트와 주택들이 지어지고, 지하철도 들어오면서 옛 모습은 사라지고 지극히 도시적인 모습으로 변했다. 현대적인 모습으로 잘 꾸며진 정발산 주택단지 한쪽에 있어 생소한 느낌을 주는 밤가시초가는 개발 속에서 온전히 보존된 일산의 옛집이다. 밤나무가 울창했던 지역이라 밤나무로 지은 집으로써 거칠게 다듬은 기둥의 흔적이나 불규칙한 서까래의 배열에서 서민이 살던 집임을 짐작케 한다. 초가 아래로는 규모는 작지만 우리의 옛 살림살이의 모습을 살필 수 있는 민속전시관이 있다. 평일에는 학생들의 견학으로 붐비지만 주말에는 한산한 편이다.

- **연락처** : 031-961-3138　● **입장료** : 무료
- **관람시간** : 10:00~17:00, 동절기 ~16:00 월요일 휴관

한나절 일정 │ 한 나 절 로 떠 나 는 중 남 미 여 행

중남미문화원　　　　　중남미문화원 또는 피자오케스트라
　　　　　　　　　　　　　　　　（점심식사）

봄·가을 주말이면 사람들로 제법 붐빈다. 이왕이면 일찍 나서 개관 시간인 오전 10시에 맞춰 도착하면 조금 더 여유롭게 즐길 수 있다. 특별한 외출이라면 푸짐하면서도 저렴한 세트 메뉴가 갖춰진 피자오케스트라에서 식사를 추천한다. 가격도 부담스럽지 않고 맛도 만족스럽다.

🍽 강력 추천 음식점 ❶ 피자오케스트라

신선한 재료가 맛있게 어울리는 곳

대형 브랜드 또는 가맹점 형식의 피자 가게들이 대부분인 요즘 피자오케스트라는 일산에서 자신의 브랜드 네임으로 9년간 운영해온 음식점이다. 손수 시장에서 피망, 양배추 등 신선한 국내산 재료를 사서 매일 반죽을 빚으며 오이와 무를 직접 절인 피클로 음식을 차려낸다. 배달되는 재료가 아닌 좋은 재료를 매일 직접 구매해 신선한 음식을 내놓는 것이 이 집의 장점이다. 화덕에서 구워내는 담백하고 신선한 피자뿐 아니라 국산 돼지고기를 손수 두들겨 만드는 돈가스와 재료를 아낌없이 사용해 좋은 맛을 자랑하는 스파게티도 인기다. 무엇보다 좋은 것은 인기 메뉴를 한데 모아놓은 세트 메뉴를 저렴한 가격에 먹을 수 있다는 것.

- 연락처_031-903-3082　　• 가격_피자 1만 3,000~2만 원, 세트 메뉴 2만~3만 원
- 영업시간_11:00~21:00 1, 3주 월요일 휴무

종일 일정 | 최 고 의 산 책 여 행

서삼릉 ····· 원당 종마목장 ····· 서삼릉 보리밥집 ····· 주주동물원
(점심식사)

산책이 중심인 일정으로 편안한 복장을 갖추고 여행을 떠나자. 서삼릉과 원당종마목장은 담장을 두고 이어져 있으나 주차공간이 부족하므로 주변에 요령껏 주차해야 한다. 점심식사는 차로 3분 거리에 있는 서삼릉 보리밥집을 추천한다. 오후에는 주주동물원을 방문하면 좋겠다. 주주동물원은 오전보다 오후에 체험, 공연 프로그램의 일정이 촘촘한 편이다.

⑪ 강력 추천 음식점 ❷ 서삼릉 보리밥집

한 그릇에서 하나 되는 비빔밥

커다란 대접에 담겨 나오는 보리밥에 고사리, 콩나물, 호박 등을 넣은 후 고추장을 얹어 쓱쓱 비비면 보리밥 완성! 된장 두세 숟가락 정도 넣어 비비면 더욱 맛있다. 서삼릉 보리밥집은 이곳에서 직접 재배하는 야채들을 이용해 음식을 만든다. 하루 전에 양념을 해 숙성시키는 코다리구이도 이곳의 별미다. 입구에 '코다리구이 안 먹으면 후회한다' 는 안내가 붙어 있는데 보리밥에 코다리구이 한 접시를 더해 상차림을 만들면 더욱 좋다. 보리밥의 구수한 맛에 짭짤하고 매콤한 코다리구이가 잘 어울린다.

• 연락처_031-968-5694 • 가격_옛날보리밥 6,000원, 코다리구이 9,000원
• 영업시간_11:00~20:00 연중무휴

1박 2일 일정 ❶ | 일 상 그 대 로 의 여 행

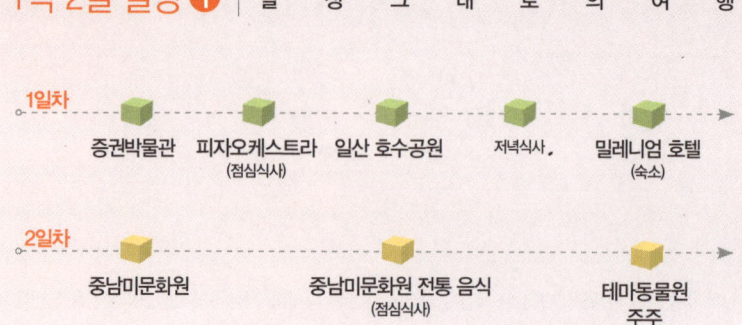

1일차
증권박물관 — 피자오케스트라 (점심식사) — 일산 호수공원 — 저녁식사 — 밀레니엄 호텔 (숙소)

2일차
중남미문화원 — 중남미문화원 전통 음식 (점심식사) — 테마동물원 주주

일상을 떠나 새로운 환경을 체험하는 여행도 좋지만 일상에서 크게 벗어나지 않으면서 즐기는 여행이 휴식이 될 때도 있다. 도시의 삶에서 크게 벗어나지 않는 1박 2일 일정이다. 수도권에서 가장 도시적인 모습을 갖고 있는 일산에서 여유롭게 산책하고, 맛있는 음식도 찾아보자. 멀리 떠날 때보다 훨씬 피로가 덜하고 여유로운 여행이 될 것이다.

🏠 강력 추천 숙소 ❶ 밀레니엄 호텔

한국관광공사에서 굿스테이 인증을 받은 곳

고양시의 경우 서울과 가까운 이유로 펜션 등의 숙박시설은 찾기 힘든 반면 킨텍스라는 대형전시·박람회장이 있어 비즈니스 용도의 작은 호텔들이 많은 편이다. 그 중에서도 밀레니엄 호텔은 한국관광공사의 굿스테이 인증을 받은 곳으로써 깔끔하고 세련된 객실로 알려진 곳이다. 이런 형태의 숙소들은 원 베드가 갖춰진 방이 대부분이지만 이곳은 트윈 베드 객실이 20여 개 이상 준비돼 있어 가족들이 이용하기에도 좋다. 별도로 제공되는 아침식사는 베이컨, 계란, 빵, 우유 등의 뷔페식으로 차려진다. 전 객실에서 인터넷 사용 가능하며 욕실은 넓은 편이다.

• 연락처_031-922-5211 • 홈페이지_www.ilsanmillennium.com
• 숙박료_7만 7,000원(일반 룸), 8만8,000원(트윈 룸) *2인 기준, 1인 추가 1만 원(조식 별도 6,000원)

1박 2일 일정 ❷ | 여 유 와 낭 만 을 찾 아 떠 나 는 여 행

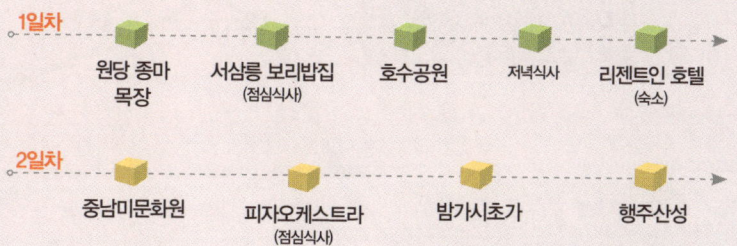

1일차

원당 종마 목장 — 서삼릉 보리밥집 (점심식사) — 호수공원 — 저녁식사 — 리젠트인 호텔 (숙소)

2일차

중남미문화원 — 피자오케스트라 (점심식사) — 밤가시초가 — 행주산성

첫날 오전에 일정을 서둘러 서삼릉까지 함께 들러도 좋겠다. 종마목장에서 여유로운 산책을 즐겼다면 오후에는 일산으로 나와 호수공원을 걸어보자. 중남미문화원은 오후보다 오전에 방문하는 것이 조금 더 여유롭다. 행주산성은 언제 가도 좋지만 해질녘에 찾아가면 특히 좋은 이유는 한강을 물들이는 멋진 석양을 볼 수 있기 때문이다.

🏠 강력 추천 숙소 ❷ **리젠트인 비즈니스 호텔**

Clearness, Care, Comfort

객실을 청결하게 관리하고, 고객들의 편의를 위해서 서비스를 제공하고, 고객들이 집에 있는 것처럼 편안하게 머물 수 있게 한다는 'Clearness, Care, Comfort', 3C를 모토로 내건 비즈니스 호텔이다. 객실의 분위기가 깔끔하고 단정해 여행자들이 편안하게 이용하기에 손색없다. 가족 여행객이 선호하는 온돌 객실이 하나뿐이라 아쉽긴 하지만 밀레니엄 호텔과 마찬가지로 트윈룸이 충분히 갖춰져 있다. 빵, 야채, 햄, 음료가 제공되는 컨티넨털 뷔페가 매일 아침 차려진다. 인터넷을 이용할 경우 미리 예약해야 하며 인근 킨텍스의 행사 상황에 따라 가격 변동이 있다.

- 연락처_031–913–2853 • 홈페이지_www.regentinn.co.kr
- 숙박료_8만 4,000원(조식 포함) *2인 기준, 1인 추가 5,000원

탐구생활 지도 ✽ 여행지 표시하기

- 🔴 둘러볼 곳 🟣 먹을 곳 🟠 잠잘 곳
- ▶ 연락처 📍 위치 🚌 찾아 가는 길
- 🚌 대중교통 🅿 주차장

고양시 민속전시관 내 밤가시 초가 🔴
- ▶ 031-961-3138
- 📍 고양시 일산서구 일산2동 1313
- 🚌 백마역에서 일산역 사이에 위치
  (일산 제일 위쪽 갈인 경의로에 위치)
- 🅿 없음. 길가 주차

탄현역

98

일산역

리젠트인 비즈니스 호텔 🟠
- ▶ 031-913-2853
- 📍 고양시 일산서구 대화동 2208-4
- 🚌 3호선 대화역 5번 출구 안쪽 골목

대화역

고양종합
운동장

풍산역

KINTEX

주엽역

밀레니엄 호텔 🟠
- ▶ 031-922-5211
- 📍 고양시 일산서구 대화동 2223-1
- 🚌 3호선 대화역 1번 출구 인근

한류월드

백마역

(I.C) 이산포

일산호수공원

마두역

일산호수공원 🔴
- ▶ 호수공원관리사무소 031-961-2665
- 📍 고양시 일산구 장항동 일대
- 🚌 자유로 장항 IC에서 일산동구청 방향
- 🅿 유료

48

백석역

(I.C) 장항

증권박물관 🔴
- ▶ 031-900-7070
- 📍 고양시 일산동구 백석2동 1328 한국예탁결제원 내
- 🚌 자유로 장항 IC → 장항사거리 우회전→ 고양우편집중국 삼거리
  좌회전 → 고양우편집중국 골목으로 우회전
- 🅿 유료

77

자유로 (I.C)

48

김포 (I.C)

100

김포공항 (I.C)

테마동물원 주주 🎯
- ☎ 031-962-4500
- 🚶 고양시 덕양구 관산동 290
- 🚍 고양시청에서 파주 방향 363번 지방도로 이용 → 왼쪽 공영왕릉 지나 오른쪽
- 🅿 무료

중남미문화원 🎯
- ☎ 031-962-7171
- 🚶 고양시 덕양구 고양동 302-1
- 🚍 서울외곽순환고속로 고양 IC·고양시청에서 장흥 방향 39번 국도 → 9km 직진 후 고양 1교 앞에서 좌회전→ 표지판 따라가면 됨
- 🅿 문화원 앞 공영주차장 이용
- 🚇 ① 3호선 삼송역 8번 출구 053번 마을버스 탑승 또는 3, 6호선 구파발 전철역 330, 333 경기시내버스 탑승 후 고양동 시장 앞 하차, 도보 10분 ② 서울역환승센터, 703번 서울시내버스 탑승 후 고양동 시장 앞 하차, 도보 10분 신성교통 02-358-7890

피자오케스트라 🍴
- ☎ 031-903-3082
- 🚶 고양시 일산동구 마두동 857-1
- 🚍 국립암센터 맞은편 상가 건물 2층
- 🅿 건물 주차, 매장 문의

통일로

J.C

서삼릉보리밥집 🍴
- ☎ 031-968-5694
- 🚶 고양시 원당구 원당동 201-57
- 🚍 서삼릉에서 다시 나와 허브랜드에서 우회전 → 1km 후 길가 위치
- 🅿 무료

고양시청

서삼릉
(세계문화유산)
허브랜드

삼송역

원당 종마목장 🎯
- ☎ 031-966-2998
- 🚶 고양시 덕양구 원당동 38-72
- 🚍 3호선 삼송역에서 원당역 방향 1.3km 직진 → 농협대학 방향 우회전 → 학교를 지나 직진
- 🅿 서삼릉 또는 주변 길가 주차
- 🚇 3호선 삼송역(농협대학) 5번 출구, 041번 마을버스 탑승, 20~30분 간격 운행, 삼송여객 02-371-2477

덕양구

원당역

39

356

화정역

서오릉
(세계문화유산)

지축역

구파발역

능곡역

행주산성 🎯
- ☎ 031-961-2580
- 🚶 고양시 덕양구 행주내동 산 26
- 🚍 자유로 일산 방향 북로 IC 지나 우측 행주산성 방향 진입로
- 🅿 유료
- 🚇 영등포역 신세계백화점 맞은편 정류소에서 1082번, 870번 경기버스 탑승 또는 2호선 신촌 홍대입구역, 합정역에서 921번 경기버스 탑승 후 행주산성 입구 하차 도보 10분, 수시 운행, 명성운수 031-912-7031

행주산성
J.C

연신내역
독바위역
구산역
불광역
역촌역
녹번역
응암역
새절역
홍제역
무악역
수색역
증산역

평화와 긴장이 일상처럼 공존하는 곳

황화 정승, 율곡 이이, 신사임당, 헤이리, 유비파크……. 그리고 평화를 말하는 곳이 파주다. 과거 현재 미래를 둘러싼 모든 연결 고리와 모티프를 감추고 있는 도시. 그곳에서 유일하게 끈끈하고 간절한 바람이 분다면 일상 같은 평화의 바람뿐일 것이다.

06 파주여행

| 문의 |
• 파주시청 문화관광과 031-940-4362
• 임진각 관광안내소 031-953-4744

| 홈페이지 | www.tour.paju.go.kr

| 찾아 가는 길 |
100 서울외곽순환고속도로 벽제 IC → 1번 국도 또는 강변북로→
자유로 → 파주시

| 지역 축제 |
• 파주출판도시 어린이책잔치
  시기 | 매년 5월 장소 | 파주출판도시 일대 홈페이지 | www.pajubookcity.org

• 헤이리 Pan 페스티벌
  시기 | 매년 9월 중 장소 | 헤이리 예술마을 일대 홈페이지 | www.heyripan.net

• 율곡문화제
  시기 | 매년 10월 중 장소 | 자운서원 홈페이지 | www.pajucc.or.kr

• 파주장단콩축제
  시기 | 매년 11월 중하순경 장소 | 임진각 일대 홈페이지 | www.agri.paju.go.kr

임진각 평화누리 | 평 화 의 바 람 아 불 어 라

임진각은 잊어라! 평화누리가 왔다!

평화누리가 새로 만들어지기 전 임진각은 내국인보다 오히려 외국인들이 더욱 많이 찾는 곳이었다. 남과 북의 분단 상황이 우리에게는 일상이 되어 평소 생활에서 그 사실을 잊고 살지만 외국인들은 한국을 '언제 다시 전쟁이 일어날지 모르는 위험한 나라'로 인식하고 그 현장을 보고 싶어 했다. 임진 각은 남북이 한창 대치하던 70년대 초 '7.4남북공동성명'을 계기로 개발된 대표적 안보관광지로서 학생들을 단체로 버스에 실어 나르며 안보 반공 교육을 했던 현장이기도 하다. 2000년대 들어 비로소 '평화누리'가 만들어지면서 드디어 이곳이 제대로 된 이름을 찾은 듯하다.

평화의 바람아 씽씽~~ 불어라

노란색, 빨간색, 파란색의 수많은 바람개비가 힘차게 돌아가는 푸른 언덕의 모습을 TV 광고나 사진에서 한 번쯤 본 적 있을 것이다. 바로 평화누리 바람의 언덕인데 실제 가서 보면 보는 것 이상으로 휘리릭~ 바람개비 돌아가는 소리도 인상적이다. 수도권의 대표적인 출사지로 사진가들에게는 이미 유명한 곳이다. 멋진 피사체가 있어 사진 찍기에 좋은 곳이며 가족 또는 연인들의 나들이 장소로도 최적이다. 넓은 잔디 언덕 곳곳에는 '평화'를 주제로 한 조형물이 서 있고, 그 사이사이로 난 길을 따라 여유를 즐기며 산책하기에도 좋고, 그늘진 곳에 돗자리를 깔고 준비해간 도시락을 함께 먹으며 시간을 보내도 좋다. 또 봄서부터 가을까지 주말이면 평화의 마음을 담아 하늘로 띄우는 연날리기 체험을 할 수 있으며, 오후에는 공연과 축제의 한마당이 펼쳐져 평화누리를 더욱 신나게 한다. 미리 홈페이지를 찾아 축제의 내용을 참조하면 여행 계획을 더욱 알차게 준비할 수 있을 것이다.

'평화를 갖는 유일한 길은 평화를 가르치는 것이다.'

경기평화센터 입구에서 볼 수 있는 글귀이다. 경의선 임진강역에서 임진각으로 가다보면 피라미드 모양의 외관이 독특한 경기평화센터를 찾을 수 있다. 한국전쟁을 통하여 돌아본 전쟁의 비극, 전쟁으로 인한 갈등, 갈등 극복을

위한 노력 등을 주제로 전시하고 있는데 '평화'는 우리에게 그냥 주어지는 것이 아니라 그것을 얻고 유지하기 위해서는 노력이 필요하다는 것을 다시 한 번 생각하게 해 준다. 길을 따라 계속 가면 바로 임진각이다. 임진각 내에는 편의점, 패스트푸드점, 한식당 등 편의시설이 갖춰져 있으며 옥상인 하늘마루에 오르면 망원경으로 DMZ(비무장지대)를 볼 수 있다. 한국전쟁 후 전쟁포로 교환이 이루어졌던 자유의 다리는 철조망으로 막혀 더 이상 오갈 수 없다. 자유의 다리 아래에도 움직이고 싶어도 더 이상 움직일 수 없는 경의선 증기기관차가 홀로 서 있다. 한국전쟁 때 폭격을 맞아 멈춰지고 부서져 비무장지대 장단역에 버려져 있던 것을 2000년 남북 합의에 따라 경의선을 복원하면서 이곳으로 옮겨와 보존 처리를 거친 후 전시하고 있다. UN군이 압록강까지 진격할 때 기차도 군인들에게 보급할 물건을 싣고 개성에서 북쪽으로 올라가고 있었다고 한다. 그 와중에 중국군의 개입으로 다시 남쪽으로 후퇴하게 되는데 기차도 총격을 받고 멈추어 섰다. 녹이 슬어 낡은 기차 표면에 남아 있는 1000개가 넘는 총탄 자국이 우리의 상처투성이인 현대사를 대변하고 있는 것 같다. 주차장 한 쪽으로 장단콩전시관도 있어 함께 둘러볼만하다. 파주 장단지역은 콩 생산지

로 유명한데 콩 재배 역사에서부터 콩의 종류, 콩의 가공에 필요한 도구들, 콩으로 만드는 음식 등 콩에 관한 모든 내용을 살펴 볼 수 있다.

남쪽으로 가는 마지막 역?
북쪽으로 가는 첫 번째 역! 도라산역 돌아보기

제일 간단하지만 많은 생각을 하고 돌아올 수 있는 짧은 여행, 도라산역 관람을 추천한다. 도라산역에 새겨진 '남쪽으로 가는 마지막 역이 아닌 북쪽으로 가는 첫 번째 역'이라는 문구가 이곳이 어떤 미래를 향하고 있는지 알게 한다. 평소 북한은 아주 먼 곳으로 느껴지지만 이곳 승강장 이정표는 다음역은 개성, 평양까지는 205km만 더 가면 된다고 알려주고 있다. 서울에서 대전까지 기차로 166km이니 그것보다 조금 더 가면 되는 거리다. 물리적 거리보다 마음의 거리가 서로를 더욱 멀어지게 할 수 있구나 생각해 본다. 역 안으로 들어서면 돌아가신 김대중 전 대통령이 서명한 2000년 경의선철도 기공식 서명 침목을 볼 수 있으며 경의선과 도라산역에 관한 간단한 안내문도 읽을 수 있다.

5분, 15분, 1시간

임진강역에서 주말 11시10분부터 16시10분까지 매시 10분에 출발하는 도라산행 열차를 탑승하면 되는데 도라산역까지는 5분, 도라산역에서 머무르

는 시간은 15분이다. 짧은 시간의 이동과 머뭄이지만 분단된 현실과 미래에 대한 많은 생각을 담을 수 있는 시간이기도 하다. 타고 간 열차 말고 다음열차를 이용해 한 시간 후에 돌아오는 것도 가능한데 이때는 도라산역 옆으로 조성된 평화공원을 관람할 수 있다. 철조망으로 둘러싸여 있기는 하지만 그나마 자유를 가질 수 있는 DMZ에서 가장 가까운 곳이라고 해야 할까? 평화공원에는 DMZ의 생태와 경의선 철도를 복원할 때 찾은 포탄과 지뢰 등을 전시하고 있는 전시관이 있으며 밖으로 생태 연못을 비롯해 공원이 꾸며져 있다. 하지만 찾는 사람들이 거의 없어 한산하다. 보다 많은 사람들이 도라산역과 평화공원을 찾아 평화와 통일에 대한 희망을 키워 나갔으면 하는 바람이다.

- 연락처 : 031-953-4744
- 입장료 : 없음
- 홈페이지 : www.peace.ethankyou.co.kr
- 관람시간 : 일출~일몰, 전시관 09:00~17:00

여행탐구생활_평화누리를 더욱 의미 있게 즐기는 법

첫째는 임진강 역에서 열차를 타고 경의선 최북단 역인 도라산 역을 관람하고 나오는 방법, 둘째는 도라산 역에 도착해 연계 버스를 타고 발견된 땅굴 중에서 가장 규모가 크다는 제3땅굴과 북한이 보이는 최북단 전망대인 도라전망대를 돌아보는 방법, 또 다른 하나는 임진각에서 버스를 타고 제3땅굴 → 도라전망대 → 해마루촌 → 허준 선생 묘를 돌아보는 방법이다. 첫 번째 방법은 임진강 역(031-940-8369)에 출입 신청을 해야 하며, 두, 세 번째 방법은 임진각주차장 내의 DMZ 매표소(031-954-0303)에서 연계 관광을 접수해야 한다. 기차는 1일 3회(11시~1시 사이) 운행되며, 일일 관광 인원이 한정돼 있다. 매주 월요일과 주중 법정 공휴일은 쉰다. 연계 관광비용은 1만 원 내외로 내용에 따라 다르며 출입 수속이 있으니 신분증을 지참해야 한다.

파주시청 문화관광과 민북 담당 : 031-940-8342~7

헤이리 예술마을　감성 충만한 예술인 마을에서 한 나절

헤이리는 문화예술인의 [?] 이다

헤이리는 문화예술인의 [창작, 전시, 공연, 교육, 축제, 판매, 주거] 공간이다.
'헤이리' 하면 대개는 데이트하기 좋은 곳, 예쁜 물건들 파는 가게들 많은 곳
이라고 떠올리지만 주거에서부터 창작, 전시 그리고 판매에 이르기까지 한

곳에서 이뤄지는 공간이자 예술인들이 서로 교류하면서 더욱 창의적인 예술 활동을 하기 위해 만들어진 복합 예술인 마을이다. '헤이리' 라는 예쁜 이름 은 파주 지방의 옛 농요에서 따왔다고 한다. 예술인들의 집과 작업장, 박물 관, 미술관, 카페 등이 모여 독특한 분위기를 만드는 데 유명 건축가들의 독 특한 발상으로 지어진 건물들 그 자체도 재미있는 볼거리이다.

딸기가 좋아~ 집에 안 갈래~

헤이리에서 가장 많은 사람들이 찾는 곳은 '딸기가 좋아' 테마파크다. 특히 아이들이 있는 가족들에게 인기 있는 이곳은 캐릭터 '딸기' 가 주인공인 곳 으로 놀이터이자 배움터, 맛있는 음식이 한데 모여 있는 복합공간이다. '숲 이 좋아' , '바다가 좋아' , '책이 좋아' 등 다양한 체험공간이 있는데 아이들 은 얼마나 신나는지 한 번 들어오면 이 구역 이름 그대로 '집에 안 갈래!' 를 외친다. 헤이리에서 저렴하고 푸짐한 식사를 원한다면 이곳의 '낭만 식당가' 를 이용하면 된다. 70년대 교실 풍경을 재현해 놓고 있는데 돈가스, 자장면, 치킨 등 평소 즐겨 먹는 메뉴들로 구성돼 있다. '고궁 한정식', 이름만 보면 고급스러울 것 같지만 부담 없는 가정식 한식 뷔페도 있다. 밥과 반찬을 원하는 만큼 '한 번만' 떠서 담을 수 있다. 아폴로, 뽑기, 휘파람 사탕, 용수철 링 등을 판매하는 옛날 문방구도 그냥 지나치기 힘든 낭만식당가의 볼거리이다.

산책하며 즐기는 헤이리

친구 또는 연인과 함께 왔다면 입구에 있는 '딸기'를 간단히 둘러보고 헤이리의 속으로 들어가 보자. 산책하다 문이 열려 있는 갤러리나 박물관에 들어가 구경을 해도 좋고 북 카페에 앉아 책을 펼치고 차를 마시며 여유를 즐겨도 좋다. 입구에서 대여해주는 자전거나 전기자동차를 이용해서 헤이리의 구석구석을 돌아보는 것도 가능하다. 헤이리에는 생각하는 것 보다 훨씬 많고 다양한 주제의 전시장들이 있는데 이곳을 하루에 모두 돌아본다는 것은 불가능하다. 방문하기 전 헤이리 홈페이지를 방문해 관심 있는 주제의 전시관을 미리 찾아보고 관람하는 것도 방법이다. 워낙 다양한 주제의 전시관이 있어 한 둘쯤은 꼭 찾을 수 있을 것이다. 또, 수시로 다양한 공연과 체험 행사가 펼쳐지니 역시 사이트를 미리 한번 둘러보고 참고하면 '헤이리 즐기기'에 도움이 된다.

- **연락처** : 031-946-8551~3
- **입장료** : 없음 *개별 전시관 입장료는 장소별로 차이가 남
- **홈페이지** : www.heyri.net
- **관람시간** : 장소별로 다름

자운서원 | 시 대 의 경 세 가 율 곡 이 이 를 기 억 하 는 곳

은행잎이 노랗게 물드는 늦가을 최고의 여행지, 자운서원

은행잎이 노랗게 물드는 가을이면 자운서원을 찾아보자. 자운서원이 가장
아름다울 때로 서원의 가로수 대부분이 은행나무라 늦가을의 정취를 만끽
할 수 있다. 율곡 이이는 외가(우리가 잘 알다시피 신사임당의 본가)인 강릉

오죽헌에서 태어났고 자운 서원은 율곡의 가문인 덕수 이 씨의 본거지로 여섯 살이 되던 해 돌아와 어린 시절을 보내며 학문을 익혔던 곳이 다. 자운서원은 율곡 사후 광해군 때 지어졌으며 효종 때 '자운(紫雲)'이라는 사액 을 받았다. 조선 후기 대원 군의 서원철폐령에 의하여 폐쇄돼 묘정비만 남아 있던 빈터를 1970년대에 새로 복 원하였다. 그래서 아직은 세

월의 색을 덜 입은 듯 예스러운 멋과 분위기는 덜하지만 한적한 분위기 속 에서 여유로운 산책을 즐기기에 더없이 좋은 곳이다.

율곡 이이보다 10배는 더 유명한 어머니 신사임당

어머니 신사임당의 초상이 5만 원권에 사용되면서 5천 원권 초상에 쓰인 율 곡 이이보다 10배나 유명해졌다고 해야 할까? 율곡 이이를 이야기할 때면 어머니 신사임당을 빠트릴 수 없는데 아들을 훌륭하게 교육시킨 어머니이 자 시와 서화에 능통했던 예술가로서의 삶을 자운서원 율곡 기념관에서 살 펴 볼 수 있다. 전시물이 복제품이라 사실감이 덜 하지만 율곡 기념관이라 는 이름보다 신사임당 기념관이라 불러도 될 만큼 신사임당과 관련한 다양 한 자료가 전시돼 있다. 어릴 때부터 사람들을 놀라게 하는 멋진 시를 지었

으며 13세에 과거에 합격한
후 아홉 번이나 장원을 하
며 '구도장원공' 이라 불린
이야기, 16세 나이에 어머
니 신사임당을 여의고 3년
상을 치러낸 후 금강산으로
떠나 불교를 배운 사연, 그
후 나랏일과 후학 양성에
힘썼던 율곡의 삶도 인형
모형과 기록을 통하여 알기
쉽게 전해준다. 자운서원에
들어서면 왼편 언덕에는 율
곡의 업적을 기리는 자운서

원 묘정비가 있고 오른편에는 율곡 기념관이 있다. 안으로 들어가면 유학 교
육이 이뤄졌던 강인당과 율곡의 위패가 모셔져 있는 문성사가 있으며 자운
서원 가장 깊은 곳에 율곡 이이와 어머니 신사임당의 묘소도 찾을 수 있다.

자운서원의 짝, 화석정도 함께 돌아보자

자운서원을 돌아보는 길에 임진강을 굽어보는 풍경이 멋진 화석정도 함께
둘러보자. 화석정은 율곡 집안에 대대로 물려 내려오는 정자로써 관직에서
물러난 율곡이 이곳에서 토론을 하며 후학들을 양성했으며 시를 지으며 쉬
기도 했던 곳이다. 화석정 안에는 율곡 이이가 여덟 살 때 이곳에 올라 지
었다고 전해지는 시가 걸려 있다. '林亭秋已晩 숲 속 정자에 가을이 깊으
니~' 로 시작하는데 이곳의 풍경과 감상을 그리는 내용으로 정자 옆 시비

에 그 뜻이 한글로 풀이돼 있으니 임진강을 바라보며 시 한 수 멋지게 읊어보자. 임진왜란 때 한양을 나와 의주로 피난을 가던 선조 일행이 방향을 못잡아 임진강을 건너지 못하고 있을 때 화석정을 불질러 등대처럼 방향지기로 사용했다는 이야기가 전해진다.

- **연락처** : 자운서원 관리사무소 031-958-1749
- **입장료** : 성인 1,000원, 청소년·어린이 500원
- **관람시간** : 10:00~18:00 월요일 휴관

여행탐구생활_이이의 십만양병설 탐구하기

율곡 이이의 '십만양병설'은 각도에 1만 명, 도성에 2만 명의 양병을 길러 나라를 지켜야 한다는 주장으로 임진왜란을 대비하지못한 조선의 왕과 조정을 비판 할 때, 또 미래를 내다보는 이이의안목을 이야기할 때 자주 인용되는 내용이다. 기록의 근거가 되는 〈선조실록〉은 정치적인 이유로 두 번 만들어졌다. 먼저 기록된 〈선조실록〉에는 십만양병설의 내용이 없으며, 율곡의 모든 기록을 담고 있는 〈이이문집〉에도 십만양병설 내용은 없다. 광해군과 북인 세력을 무너뜨리고 새로 정권을 잡은 인조와 서인들에의해 나중에 만들어진 〈선조 수정실록〉에 십만양병설의 단서가 되는 글이 실려 있다. 과정을 추적해보면 율곡 사후에 그의 제자들 혹은 추종자에 의해 내용이 더욱 구체화된 것으로 추정하고있다. 역사적 사실과 상식이 항상 일치하지 않는다는 것을 보여주는 대목이다.

영집 궁시박물관 |활 과 화 살 , 작 품 으 로 변 신 하 다

● 　　　영집 궁시박물관은 중요무형문화재 궁시장 영집 유영기 선생의 작업장
이자 지금까지 수집해 온 다양한 활과 화살을 전시하고 있는 전문 박물관이다. 우
리의 전통 활인 각궁, 강력한 무기였던 쇠뇌를 비롯해 다양한 재료와 목적으로 만
들어진 활 등이 전시돼 있다. 아름다운 장식과 모양을 보고 있으면 활과 화살이 무
기가 아니라 하나의 작품이 될 수 있음에 감탄하게 된다. 야외에는 활터가 있어 경
기 북부 지역에서 쓰였던 대나무 활을 쏘는 체험도 할 수 있다. 활시위를 쏘는 것
이 생각보다 쉽지 않은데 가이드를 제대로 받아야 쏠 수 있다. 놀토(홈페이지 공지)에는
활에 관한 교육과 활 만들기 체험을 진행하는데, 전수자의 도움을 받아 장난감이
아닌 제대로 된 활을 만들고 쏘아 볼 수 있다. 활 만들기 체험이 있는 날을 제외한
다른 날의 경우 개인 관람이 어려울 수 있으니 방문 전 미리 문의해야 한다.

- **연락처** : 031-944-6800 ● **입장료** : 성인 2,000원, 청소년 1,500원, 어린이 1,000원, *활 만들기 체험 2만 원
- **홈페이지** : www.arrow.or.kr ● **관람시간** : 10:00~18:00, 하절기 ~17:00 월요일 휴관

유비파크 | 상 상 이 현 실 이 되 는 미 래 도 시 탐 험

● 　　　유비쿼터스(Ubiquitous)란 언제 어디서나 공기처럼 네트워크에 접속해 원하는 서비스를 제공받는다는 21세기 네트워크의 핵심 개념이다. 유비쿼터스 기술 기반으로 지어지는 교하 신도시의 미래를 유비파크에서 체험할 수 있다. 입구에 들어서면 먼저 ID 카드를 발급받은 후 코너별로 다니며 안내 설명을 듣게 되는데 미래의 가정에서 어떻게 네트워크 기술이 이용되고 도시관리에도 어떻게 사용되는지 체험할 수 있다. 체험관 주변으로는 거꾸로 서 있는 집 '거꾸로 하우스'를 비롯해 넓은 잔디광장, 어린 왕자의 이야기를 담은 '어린왕자 이야기길' 등이 만들어져 있다. 특히 유비파크 앞으로 펼쳐진 넓은 용정저수지는 보는 것만으로도 시원한 느낌을 준다. 주변에 산책로가 잘 가꿔져 있어 전시관 관람 후 여유로운 산책을 즐길 수 있다.

- **연락처** : 031-946-2125 · **홈페이지** : www.ubi-park.co.kr
- **입장료** : 무료 · **관람시간** : 10:00~18:00 연중무휴 *예약제로 운영

파주 여행

산머루농원 | 6 3 m 산 머 루 와 이 너 리 를 견 학 해 보 자

●   파주의 제일 윗동네인 적성면 감악산 산자락에 자리한 산머루농원은 산머루즙, 산머루주를 생산하는 농원이다. 언제든 방문하면 머루주를 생산하는 공장과 저온저장고 등을 구경할 수 있다. 그 중에서도 가장 흥미로운 것은 지하에 만들어진 63m 길이의 숙성 터널로 육중한 문을 열고 와이너리로 들어가 희미한 조명 아래 양쪽 선반에서 숙성되고 있는 머루주를 볼 수 있다는 것. 외국에서 수입한 오크통뿐 아니라 우리의 전통 용기인 옹기도 사용해 숙성시키고 있는데 오크통과 옹기를 비교해보면 안에서 밖으로 나쁜 가스를 내보내는 데는 둘 다 비슷한 기능을 하지만 오크통은 다시 바깥에서 잡기가 들어오기 쉬운 반면 옹기는 그렇지 않아 숙성에 더욱 유리하다고 한다. 와이너리를 둘러보고 이곳에서 생산하는 머루 와인과 머루즙을 시음해보며 견학을 마무리한다. 산머루농원은 캠핑 트레일러와 캠프 사이트 등의 시설을 갖춰놓고 있어 오토캠핑도 가능하다.

• **연락처** : 031−958−9558   • **홈페이지** : www.seowoosuk.com
• **입장료** : 1인당 3,000원(견학)   • **관람시간** : 문의 후 방문

반구정 | 황 희 정 승 이 자 연 을 즐 기 던 곳

● 　　조선의 명재상 황희가 노년에 머물면서 자연을 즐기고 시를 읊으며 갈매기를 벗 삼아 지내던 곳이 반구정이다. 황희는 조선 건국에 반대해 두문불출하던 신하였으며 양녕대군 폐위에 반대하여 관직에서 쫓겨났으나 세종에 의해 다시 등용돼 재상으로 세종을 도와 조선전기 최고의 전성기를 만든 사람이다. 황희와 관련된 이야기들은 '청렴, 결백, 강직'으로 요약되는데 그것 때문에 이곳은 조선의 유림이라면 누구나 한 번쯤 방문해야 할 유적지로 알려졌다. 황희 선생의 유적지 내에는 반구정을 비롯해 황희의 영정이 모셔져 있는 방촌영당(방촌은 황희의 호)을 비롯해 방촌기념관, 황희 묘 등이 있다. 신을 벗고 임진강이 아름답게 내려다보이는 반구정에 올라보자. 강 따라 이어지는 철조망만 없었더라면 더욱 멋진 풍경이 펼쳐질 텐데 하는 아쉬움이 크다.

• **연락처** : 031-954-2170 　　　• **입장료** : 성인 500원, 청소년·어린이 300원
• **관람시간** : 10:00~18:00 월요일 휴관

파주 여행

한나절 일정 │ 평 화 를 찾 아 떠 나 는 여 행

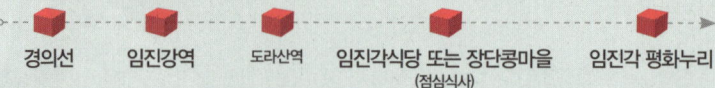

경의선 　　임진강역　　도라산역　　임진각식당 또는 장단콩마을　　임진각 평화누리
　　　　　　　　　　　　　　　　　　　　(점심식사)

가벼운 마음으로 기차 여행을 떠나자. 경의선이 전철화되면서 더욱 오가기 편해졌다. 오전 시간에 도착했다면 임진강 역에서 다시 기차를 바꿔 타고 도라산역까지 다녀올 수 있다. 철길이 더 이어지지 못함을 아쉬워하며 도라산역에서 돌아나와 평화누리에서 힘차게 돌아가는 바람개비에 평화의 기운을 가득 담아 날려 보내자. 대중교통을 이용하는 경우 임진각에 있는 식당을 이용하면 되고, 차를 이용할 경우 장단콩마을까지 다녀오면 좋다.

🍴 강력 추천 음식점 ❶ 장단콩마을

파주의 특산품 장단콩, 푸짐한 콩 요리를 맛보다

우리나라 최초의 콩 장려 품종인 '장단백목' 이 바로 파주 장단콩이다. 장단콩은 그 품질과 맛에서 최고로 치는데 통일촌 장단콩마을에서는 상설로 식당을 운영해 이 지역에서 생산된 콩을 재료로 맛있는 밥상을 차려낸다. 된장, 비지, 순두부가 함께 나오는 콩 정식 메뉴와 매일 만들어지는 따뜻한 두부에 수육을 푸짐하게 차려내는 두부보쌈이 주 메뉴. 생산지에서 바로 만들어지는 음식이라 믿고 먹을 수 있다. 식사하기 위해서는 민통선 출입 절차를 거쳐야 하기 때문에 예약은 필수다. 통일대교 앞에서 전화를 하면 인솔자가 나오는데 함께 다리를 건너 마을로 들어간다. 식사를 하는 것 외에도 민통선 내 마을로 들어갈 수 있다는 점에서 또 다른 특별한 체험이 된다. 마을에서 직접 만들어 파는 된장, 청국장 등의 장류도 현지에서 구입할 수 있다.

• 연락처_031-954-3443 　 • 홈페이지_www.tongilchon.co.kr
• 가격_콩 정식 8,000원, 두부보쌈 3만 원(4인 기준, 공기밥 별도)　 • 영업시간_10:00~18:00 연중무휴

종일 일정 │ 옛 현 인 들 을 만 나 는 여 행

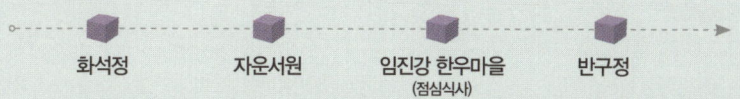

화석정   자운서원   임진강 한우마을   반구정
                                    (점심식사)

퇴계 이황과 함께 조선 성리학의 기틀을 마련했던 율곡 이이를 기념하는 자운서원을 방문하는 길에 화석정에 올라 임진강의 멋진 경치를 감상해 보자. 반구정은 "누렁소가 일을 잘하는가? 검은소가 일을 잘하는가?"라며 큰소리로 물었다가 노인의 현명한 대답에 가르침을 얻은 일화 속 주인공 황희가 노년에 머물며 시를 읊었던 곳이다. 두 곳을 찾아가며 옛 현인들의 삶과 여유를 느껴 보자.

🍴 강력 추천 음식점 ❷ 임진강 한우마을

한우생고기를 저렴한 값에

근래에 한우를 전문으로 저렴하게 취급하는 한우마을이 전국에 몇몇 곳 생겨 큰 인기를 끌고 있다. 강원도 영월이나 전라북도 정읍의 한우마을들이 바로 그곳이다. 수도권에는 대규모 한우마을이 없었는데 2009년 파주에 '임진강 한우마을'이라는 대규모 한우 먹거리 단지가 생겼다. 한우마을에는 보통 고기만 전문적으로 파는 정육점들과 정육점에서 구매한 고기를 집으로 가져가지 않고 곧바로 구워먹을 수 있도록 테이블 세팅을 해주는 식당들이 있다. 현재 임진강 한우마을에는 7곳의 정육점과 8곳의 테이블 세팅 식당이 있다. 평소 비싼 가격으로 망설였던 음식을 파주 여행길에 저렴한 비용으로 마음껏 즐겨볼 수 있겠다.

• **연락처**_031-958-9842 • **가격**_ 한우생고기(등심기준) 600g 39,000원, 테이블 세팅비(숯불) 1인 3,500원 • **영업시간**_09:00~21:00(고기 구입은 20:20까지) 연중무휴

1박 2일 일정 ❶ | 산 책 하 며 즐 기 는 여 유

1일차
유비파크　　점심식사　　　헤이리　　　초리풍경

2일차
자운서원과　　　　장단콩마을　　　　임진각 평화누리
화석정　　　　　　(점심식사)

유비파크, 헤이리, 평화누리 모두 최근 주목받는 여행지다. 잘 꾸며진 공원에서 산책하며 여유를 즐겨보자. 둘째 날 오전은 숙소에서 늦잠을 자며 주변을 즐기는 것도 좋다. 단 봄·가을이라면 자운 서원은 시간을 내 반드시 둘러보자. 계절이 주는 감흥을 만끽할 수 있을 것이다.

🏠 강력 추천 숙소 ❶ **초리풍경**

빼어난 풍경 속의 펜션

초리풍경은 이름 그대로 빼어난 주변 풍경을 자랑한다. 창을 맞대고 병풍처럼 둘러진 육중한 산은 계절마다 변화하는 아름다움을 선사 하며, 주변 너른 터에서는 야생화가 피고 지기를 반복한다. 펜션이 화 려하게 꾸며졌더라면 아름다운 경치를 제대로 바라보지 못하고 돌 아갈지도 모른다. 소박한 내부 인테리어가 오히려 웅장하면서도 아
기자기한 초릿골 주변 풍경을 돌아보게 한다. 방은 계절의 이름을 따 봄, 여름, 가을, 겨울 네 개의 방이 있다. DVD를 볼 수 있으므로 미리 준비해 가도 좋고 주인에게 빌릴 수도 있다. 바깥에는 바비큐를 할 수 있는 시설과 외부 주방이 있으며 텃밭에서 주인이 직접 기른 깨끗한 야채를 필요한 만큼 얻을 수 있다. 한가위나 새해 등 특별한 날에는 주인과 함께 비학산 정상에 올라 달을 보고 해를 보는 특별한 이벤트가 있으니 참가해 보는 것도 좋겠다.

- **연락처**_031-958-0164 　• **홈페이지**_www.choripunggyeong.com
- **숙박료**_8만 원(봄·여름·가을), 12만 원(겨울)

1박 2일 일정 ❷ | 파 주 의 깊 은 속 찾 아 가 기

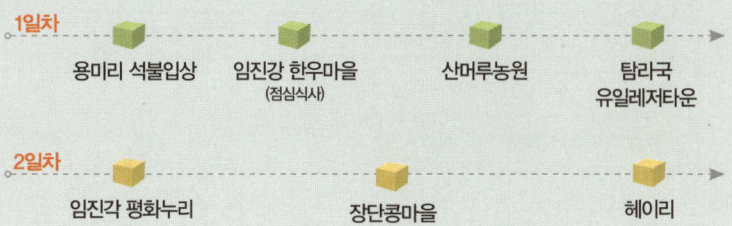

1일차

용미리 석불입상   임진강 한우마을 (점심식사)   산머루농원   탐라국 유일레저타운

2일차

임진각 평화누리   장단콩마을   헤이리

용미리 석불입상은 파주의 대표적인 문화재다. 천연 암벽을 이용해 몸체를 만들고 그 위에다 갓을 쓴 머리를 조각해 올려놓은 고려시대 불상으로 얼굴 길이만 2m가 넘는 대형 불상이다. 다음으로 파주의 제일 꼭대기 감악산 자락에 자리한 산머루농원을 다녀오면서 첫날 일정을 마무리한다. 숙소에도 볼거리, 즐길 거리가 있으니 조금 일찍 찾아가는 편이 좋겠다. 다음날은 평화누리와 헤이리를 차례로 들러 주말의 여유를 즐겨보자.

🏠 강력 추천 숙소 ❷ 탐라국 유일레저타운

파주에서 즐기는 제주 여행

유일레저타운은 즐길 거리 볼거리만으로도 한나절 여행지로 꼽을 만하다. 숙박시설을 비롯해 제주도 녹차를 진하게 풀어 탕을 채운 사우나와 찜질방, 제주 조랑말 체험이 가능한 포니랜드, 제주 특산물 판매점 등 제주도를 테마로 한 다양한 시설이 갖춰져 있다. 연못 가장자리를 따라 숙소가 만들어져 있다. 원룸 형태의 특별할 것 없는

간단한 구조지만 바로 앞으로 정원처럼 펼쳐진 커다란 연못이 특별하며 여행의 여유를 느낄 수 있게 한다. 취사할 수 없다는 것이 단점이지만 식당에서 갈치조림 등 제주 음식과 직접 운영하는 농장에서 가져오는 제주 말고기 요리를 내고 있어 특별한 외식으로 고려해볼 만하다. 어린이와 어른 모두에게 인기 있는 글라이더 체험도 유일레저타운의 명물이다.

- **연락처**_031-948-6161   • **홈페이지**_www.youealleisure.co.kr
- **숙박료**_8만 원(5인실), 12만 원(8인실)

파주 여행

탐구생활 지도 * 여행지 표시하기

둘러볼 곳 · 먹을 곳 · 잠잘 곳

연락처 · 위치 · 찾아 가는 길

대중교통 · 주차장

장단콩마을 (먹을 곳)

- 연락처: 031-954-3443
- 위치: 파주시 군내면 백련리 1475
- 찾아 가는 길: 문산 IC 나와 통일대교 앞에서 인솔자와 함께 들어감
- 주차장: 무료

평화누리 (둘러볼 곳)

- 연락처: 031-953-4744
- 위치: 파주시 문산읍 마정리 1725
- 찾아 가는 길: 자유로 문산 IC에서 나가면 임진각 관광지 이정표
- 주차장: 유료
- 대중교통: 서울역, 신촌기차역, 6호선 디지털미디어시티역에서 경의선 문산행 탑승 → 문산역 하차 후 임진강역행 통근열차 환승 (10시부터 매시 정각 운행) → 임진강역 하차

반구정 (둘러볼 곳)

- 연락처: 031-954-2170
- 위치: 파주시 문산읍 사목리 산 127
- 찾아 가는 길: 자유로 임진각 방향 당동 IC에서 나가 표지판 참조
- 주차장: 유료

헤이리 (둘러볼 곳)

- 연락처: 031-946-8551~3
- 위치: 파주시 탄현면 헤이리 일대
- 찾아 가는 길: 자유로 성동 IC에서 나가 성동사거리에서 좌회전
- 주차장: 무료
- 대중교통: 2·6호선 합정역 2번 출구에서 2200번 좌석버스 탑승, 헤이리 하차. 15~20분 간격 운행. 신성교통 031-949-6041

영집궁시박물관 (둘러볼 곳)

- 연락처: 031-944-6800
- 위치: 파주시 탄현면 법흥2리 242-5
- 찾아 가는 길: 자유로 성동 IC에서 나가 성동사거리, 헤이리사거리, 통일촌삼거리를 지나고 도레미미디어삼거리에서 표지판을 따라 좌회전 → 작은 길을 따라 한참 들어감
- 주차장: 무료

유비파크 (둘러볼 곳)

- 연락처: 031-946-2125
- 위치: 파주시 교하읍 야당리 325
- 찾아 가는 길: 자유로 이산포 IC에서 고양종합운동장을 지나 일산 가구단지 방향 좌회전 후 직진하면 왼편에 크게 위치
- 주차장: 무료

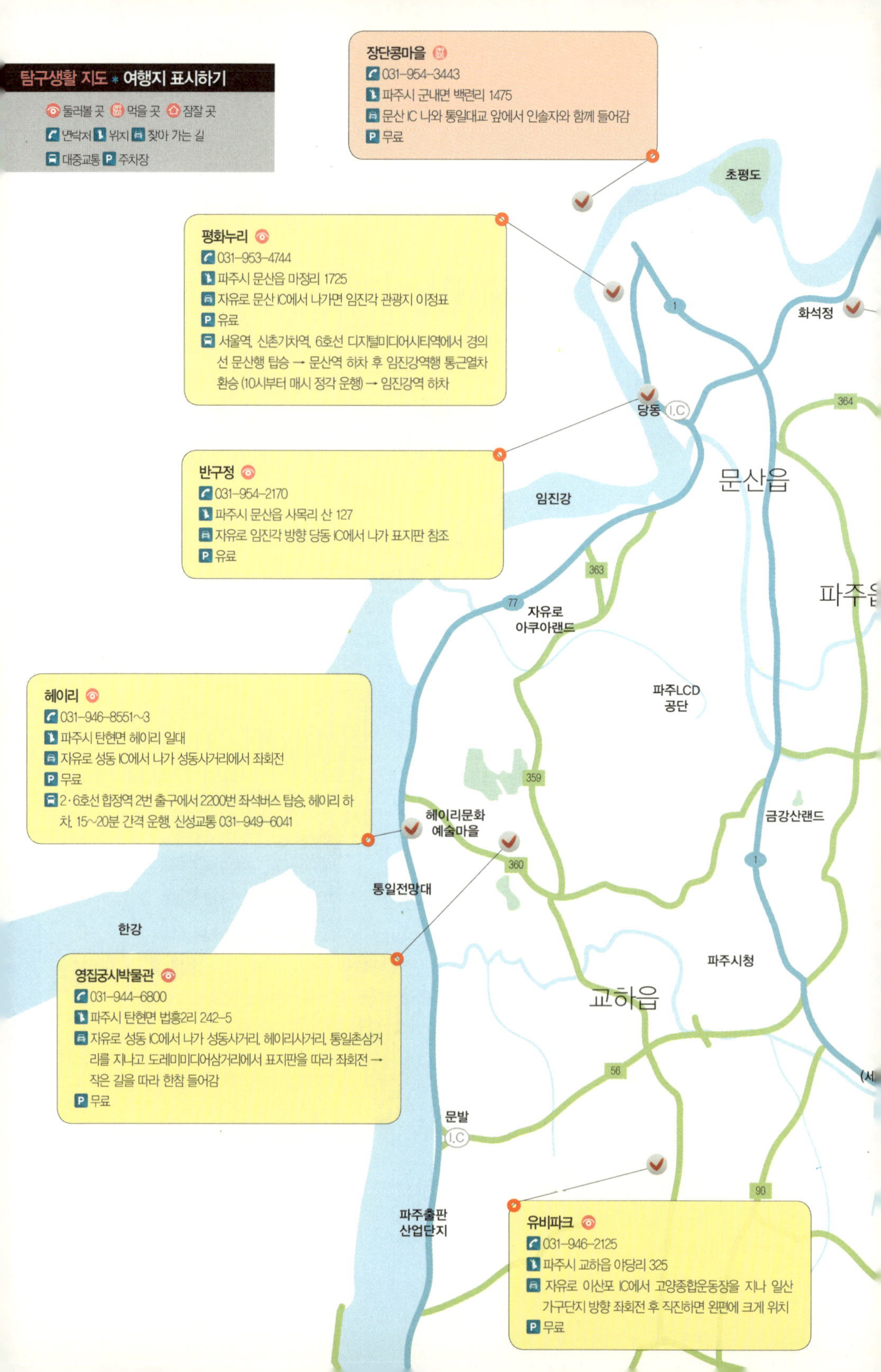

초평도
화석정
364
1
당동
I.C
문산읍
임진강
363
파주읍
77
자유로
아쿠아랜드
파주LCD
공단
359
헤이리문화
예술마을
금강산랜드
360
통일전망대
1
한강
파주시청
교하읍
56
문발
I.C
90
파주출판
산업단지

산머루농원 👁
- 📞 031-958-9558
- 📍 파주시 적성면 객현리 67-1
- 🚌 37번 국도 연천, 포천 방향 → 적성삼거리, 전곡방향 → 객현리 방향으로 우회전
- Ⓟ 무료

자운서원과 화석정 👁
- 📞 031-958-1749
- 📍 파주시 법원읍 동문리 산 5-1
- 🚌 파주읍에서 법원리 방향 56번지방도로 → 대능사거리를 지나 파주우리병원이 보이면 사거리에 좌회전 → 200m 지나 바로 우회전 후 표지판을 따라감
- Ⓟ 무료

임진각 한우마을 👁
- 📞 031-958-9842
- 📍 파주시 적선면 마지리 39
- 🚌 37번 국도 → 적성면 사무소 방향, 적성종합고등학교 인근
- Ⓟ 무료

초리풍경 🏠
- 📞 031-958-0164
- 📍 파주 법원읍 법원4리 162-2
- 🚌 법원읍에서 양주 방향으로 가도 주유소가 보이면 좌회전(법원도서관과의 사이길) → 초랏골 도로를 따라 1km 들어가면 오른편

탐라국 유일레저타운 🏠
- 📞 031-948-6161
- 📍 파주시 광탄면 마장리 83-10
- 🚌 광탄면에서 보광사 방향 길가

법원읍

백석읍

자운서원

벽초지문화 수목원

회암사지

양주시청

용미리묘지 공원

장흥관광지

운경공원묘원

회룡폭포

송추 I.C

송추폭포

서울외곽순환고속도로

의정부 I.C

동두천시청

37

367

56

379

371

3

98

367

78

371

39

100

잃어버린 시간을 찾아 떠나는 별빛 여행

양주는 빛이 넘쳐나는 곳이다. 스타일리시한 천문대에서 우주와 별빛을 보고, 회암사에서 화려했던 옛날의 영화를 뒤돌아보고, 첨단 조명으로 만든 나에게 맞는 빛을 알아내기까지……. 잃어버린 시간과 빛을 찾아서 떠나는 여행. 바로 양주에서 시작한다.

07 양주 여행

| 문의 |
• 양주시청 문화체육과 031-820-2122
• 장흥관광지 관리사무소 031-821-5642
• 송추유원지 관리사무소 031-826-4559

| 홈페이지 | www.tour.yangju.go.kr

| 찾아 가는 길 |
100 서울외곽순환고속도로 송추 IC 또는 의정부 IC → 3번 국도 → 양주시

| 지역 축제 |
• 양주세계민속극축제
  시기 | 매년 10월 중   장소 | 양주별산대놀이마당
  홈페이지 | www.yangjufestival.com

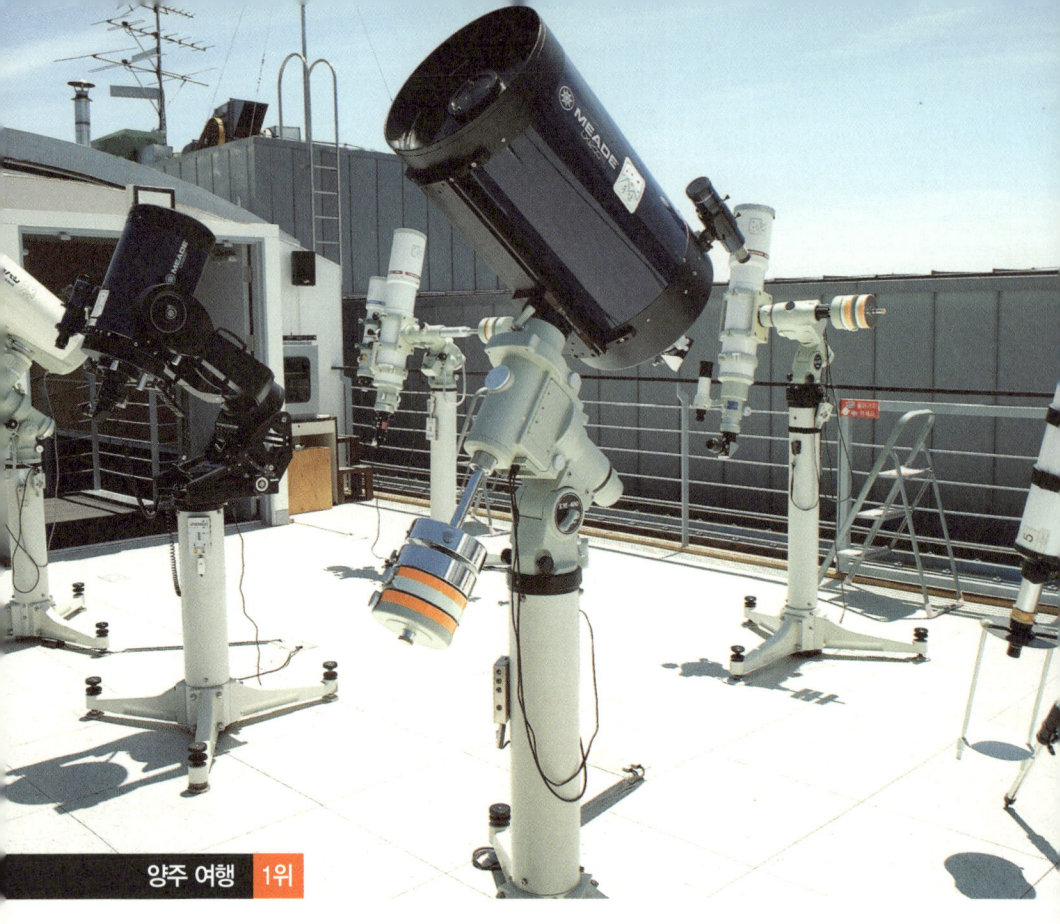

양주 여행　1위

송암 스페이스 센터 | 양 주 에 서 떠 나 는 우 주 여 행

양주에는 케이블카를 타고 올라가는 천문대가 있다?

대부분의 천문대는 빛의 영향, 즉, 광해를 덜 받는 산꼭대기에 만들어져 있다. 그래서 차를 이용 또는 도보로 산길을 오르내려야 하는데, 경기도 양주에는 케이블카를 타고 올라가는 천문대가 있다. 국내 최고 시설을 자랑하는 송암 스페이스센터로 2007년 문을 열어 아직은 많은 사람들에게 알려지지 않은 양주 여행의 숨은 명소다. 관측 장비로만 따지자면 보현산 천문대 등 본격적인 연구를 위해 운영되는 천문대의 망원경이 구경도 더 크고 성능이 좋지만 일반 탐방객들을 위한 편의시설 및 관측지원 시설을 따진다면 이곳이 국내 최고라 해도 과언이 아니다. 알비레오 알파와 베타호로 이름 지어진 케이블카를 이용해 지상에서 계명산 정상에 있는 천문대까지 오르는데, 천문대를 만들면서 케이블카의 설계를 먼저 고려할 만큼 이색적인 느낌을 주는 멋진 케이블카다. 남산 케이블카보다 길이도 길고 탑승 시간도 길다.

지상에서 스페이스센터 이용하기

송암산 천문대의 이용은 크게 지상에서의 스페이스센터 플라네타리움 관람과 산 정상 스페이스센터에서의 별빛 답사 두 부분으로 이루어진다. 이용권을 각각 끊을 수 있지만 케이블카 탑승권까지 포함된 이용권이 묶음 가격으로 저렴하며, 연인과 친구를 위한 더블 티켓과 가족을 위한 패밀리 티켓이 있으니 경우에 맞게 이용하면 된다. 지상 스페이스센터에는 커다란 돔에 우주의 하늘을 재현하는 디지털 방식의 플라네타리움과 챌린저재단과 협조해 아시아에서 첫 번째로 문을 연 우주과학 학습의 장인 챌린저 러닝센터 등의 시설이 있다. 챌린저 러닝센터는 하나하나 주어지는 미션(주로 초등학교 고학년~고등학교에서 배우는 과학적 원리를 응용해서 풀어야 하는 문제)을 해결하면서 우주 탐사를 하는 프로그램이다. 한 번 이용에 2시간 정도 소요될 뿐 아니라 단체 예약으로 운영돼 개인이 이용하기에는 어렵다. 대신 지상 스페이스센터에서는 플라네타리움을 이용하면 된다. 실내에서 우주를 경험한다고 생각하면 되는데 의자를 뒤로 젖히고 반구 모양의 돔에 그려지는 영상을 따라 우주여행을 떠나보자. 프로그램은 계절별 시기

별로 다양하게 상영된다. 무엇보다 이곳 플라네타리움의 장점은 규모가 커서 실감난다는 것과 디지털로 운영되어 보다 생생한 영상으로 우주를 체험할 수 있다는 것이다.

정상에서 스페이스센터 이용하기

케이블카 스테이션에서 케이블카를 타고 올라가면 450m 계명산 정상에 우뚝 서 있는 스페이스센터에 다다른다. 케이블카에서 내리면서부터는 활짝 웃으며 반갑게 맞아주는 오퍼레이터(망원경 조작과 천문대 관람에 도움을 주는 사람)의 안내를 받게 된다. 먼저 천문대 및 우주 현상에 관련한 영상물을 관람하고 나서 주 망원경실인 뉴턴실로 옮겨 그날그날 볼 수 있는 별들을 관측해 본다. 그리고는 보조망원경실인 갈릴레오실로 이동해 오퍼레이터들의 도움을 받아 자유롭게 천체를 관측하는 것이 정상에서의 프로그램이다. 이곳의 주 망원경은 한국 천문연구원의 국산 기술로 만들어진 600mm 리치−크레티앙식 망원경이며 갈릴레오실에도 일반 아마추어 천문인들이 보통 사용하는 것 이상의 하이엔드급 굴절 망원경과 반사식 망원경이 여러 대 있어 관측을 돕는다. 정상 스페이스센터는 내부 인테리어가 분위기 좋은 카페처럼 꾸며져 있다. 창가에 의자와 테이블이 마련돼 있으며 야외 옥상도 출입이 가능하다. 관측을 마치고 자유롭게 시설을 이용하면 되는데 이곳에서 바라보는 전망이 일품이다. 날씨가 맑은 낮 시간에는 63빌딩 등 서울 시내 고층 빌딩들을 찾을 수 있으며 멀리 인천 앞바다까지 보인다고 한다. 저녁시간에는 멀리서 환하게 섬을 이룬 도시의 불빛이 한눈에 펼쳐지는 멋진 야경을 볼 수 있다. 송암 스페이스 센터의 편의

시설을 하나 더 소개하자면 식당인 '스타 키친' 과 숙소인 '스타 하우스' 가 있다. 식당은 파스타, 피자 등 이탈리아 음식이 중심이지만 비빔밥과 떡볶이도 준비돼 있다. 숙소의 경우 시설이 고급스럽게 꾸며져 있는데 비용이 조금 비싸다는 것이 흠이지만 특별한 날 특별한 사람들과 별빛 스며드는 방에서의 하루를 원한다면 이용해볼 만하다.

- **연락처** : 031-894-6000~2   **홈페이지** : www.starsvalley.com
- **입장료** : 성인 2만6000원, 청소년·어린이 2만3000원 *스타이용권 기준
- **관람시간** : 11:00~22:00(평일), 10:00~22:00(토·일·공휴일) 연중무휴

회암사지 | 그 옛 날 회 암 사 에 서 무 슨 일 이 ?

왜? 언제? 이곳은 폐사지가 되었나? 회암사 미스터리!

조선 초 최대 규모의 사찰로 한창 때는 승려가 3,000여 명에 이르렀으며 가로세로 길이가 수백 미터로 262칸 규모에 이르고, 사찰의 일주문 안에 마굿간이 있을 정도로 번성했던 절, 완성된 모습을 본 고려 말 유학자 이색

이 '아름답고 장엄하기가 동방에서 최고'라고 찬사를 보냈던 절, 회암사가 사라졌다. 지금은 폐사지만 남아 1997년에 시작된 발굴이 아직도 진행되고 있다. 언제, 어떤 이유로 회암사가 사라졌을까? 거대한 규모의 발굴 현장을 보면서 궁금해지지 않을 수 없다. 역사유적지 답사를 좋아하는 사람들 사이에서 흔히 회자되는 말이 있다. 답사 초보는 입장료를 내는 유명한 절을 찾아가고, 중급은 돈은 안 내지만 볼거리가 있는 절을 찾아가고, 답사 고수는 폐사지를 찾는다는 것이다. 사라진 회암사의 미스터리를 찾아, 또 조선 최고의 걸작을 만날 수 있는 회암사지를 찾아 답사의 고수가 돼보자.

나옹과 무학, 이성계 그리고 회암사

회암사는 이성계를 도와 조선을 건국했던 핵심 인물인 무학대사가 주지로 머물렀던 절이다. 무학의 스승인 나옹, 나옹의 스승인 지공에 의해 대규모의 불사가 시작됐으며 본격적으로 절을 중창하고 지금의 규모로 만든 것은 나옹선사 때의 일로 이후 무학과 태조 이성계가 한 번 더 중수했다. 태조가 아들 정종에게 왕위를 물려주고 찾은 곳이 이곳일 만큼 왕실과 가까운 관계를 가졌기에 조선 초부터 이어진 불교배척운동 소용돌이 속에서도 유지될 수 있었지만 명종 때 이 절의 가장 큰 후원자였던 문정왕후가 죽자 당시

양주 여행

회암사의 주시였던 보우가 유배되고 이후 절도 급격히 쇠락하게 된다. 어린 아들인 명종을 대신해 섭정에 나선 문정왕후는 보우를 중용해 불교 중흥책을 펼치게 되는데 오히려 그것이 화근이 되었던 것이다. 회암사가 언제, 어떤 이유로 없어졌는지 기록이 남아 있지 않아 정확하게 알 수 없지만, 실록에 선조 21년(1595년) 화포주조를 위해서 회암사지에서 불탄 종을 파내 사용했다는 기록이 남아 있고, 그 이전 명종 21년(1566년)에 회암사를 불태우려는 자들이 있어 명종이 타일렀다는 기사를 고려하면 아마도 그 사이 30년 간 어느 시기에 회암사에 큰 일이 있었던 것 같다. 회암사는 양쪽 계곡 가운데에 있는데 아래로부터 8단에 걸쳐 평탄면을 쌓고 그 위에 건물을 지었다. 회암사 전경을 제대로 보려면 산 아래에 주차하고 길을 따라 언덕을 올라가야 한다. 언덕 전망대에 오르면 회암사지를 한눈에 내려다볼 수 있는데 기둥을 받치던 수많은 주춧돌만이 옛 영화의 흔적을 전하고 있다. 전망대 옆에는 문화재해설사가 상주하고 있어 부탁을 하면 회암사의 역사와 인물에 관한 이야기를 들을 수 있다.

회암사지의 진짜 보물은 따로 있다

전망대에서 회암사지의 전경만 보고 뒤돌아 내려간다면 이곳의 진짜 보물을 놓치고 가는 셈이다. 회암사지의 진짜 보물은 따로 있다. 전망대에서 조금 더 올라가면 최근에 새로 만들어진 절이 있고 절 옆의 숲으로 올라가면 조선 최고 석조 걸작 중 하나인 무학대사 부도를 만날 수 있다. 팔각 돌 난간을 두르고 서 있는 무학대사 부도는 구름을 타고 올라가는 용이 눈앞에서 바로 튀어나올 듯 사실적이고 생동감 있게 조각돼 있는 조선초기 석조 예술 걸작 중 하나다. 태조가 제작에 직접 관여할 만큼 조선의 건국을 도왔던 무학이 어떤 위치였는가를 이곳에서 짐작해볼 수 있다. 아래쪽에 있는

지공화상과 나옹선사의 부도도 하나씩 보면 뛰어난 조형미를 자랑하지만 무학대사 부도가 워낙 빼어나기 때문에 그 아름다움이 가려진다. 절의 규모만큼이나 이곳의 이야기를 전하는 다양한 유물들이 발굴됐다. 그 중에는 지름 173cm가 넘는 맷돌도 있는데 이러한 유물들을 제대로 전시할 수 있는 전시관을 만들고 있는 중이다. 전시관이 만들어지면 다시 한 번 찾아 회암사지의 더욱 많은 것을 보고 배우는 기회를 가져보도록 하자.

- **연락처 :** 031-865-0390
- **입장료 :** 없음
- **홈페이지 :** www.ha.hwi.kr
- **관람시간 :** 일출~일몰

양주 여행 3위

필룩스 조명박물관 | 감 성 조 명 의 진 화

'여기에 박물관이 있는거 맞아?'

필룩스 조명박물관을 처음 찾는 사람들은 누구나 이곳에 박물관이 있을까하며 의아해한다. 박물관 안내 표지판을 따라 들어왔지만 보이는 건 공장건물들뿐이기 때문이다. 회사 안쪽으로 올라오면 비로소 공장 맞은편으로 박물관 건물을 찾을 수 있다. 우리
생활 속에서 조명은 흡사 공기처럼 너
무나 자연스럽게 이용되고 있기에 박
물관의 주제로써 낯설다. 이곳 필룩
스 조명박물관은 국내 유일의 조명박
물관으로써 조명시스템 전문회사인
(주)필룩스에서 운영하는 박물관이다.
규모는 크지 않지만 조명전문회사에
서 운영하는 전문 박물관답게 전시내
용이 알차다. 인테리어나 조명에 관

심이 있는 사람뿐 아니라 공부를 더 잘하기 원하는 사람, 다이어트를 원하
는 사람, 편안한 휴식을 취하려는 사람들까지도 이곳에 오면 중요한 정보
를 얻을 수 있다.

전통 조명에서 조명 아트까지 조명에 대한 모든 것을 알아본다

전시관 1층에서 상설전시가 이뤄지는데 전통 조명관과 근현대 조명관에서
는 등잔에 불을 밝히던 전통 조명에서부터 에디슨의 백열전구 발명으로 시
작된 현대 조명에 이르기까지 다양한 조명 도구와 시설을 전시하고 있어 조
상들이 어떻게 어둠을 밝히며 생활했는지 조명의 역사에 대해 쉽게 알 수
있다. 조명 아트관에는 여러 개의 작은 방을 마련해 놓고 각 방을 다양한 조
명기구를 직접 또는 간접적으로 이용해 꾸며 놓고 있다. 조명이 예술을 위
한 도구로써도 활용될 수 있음을 보여준다. 작은 이벤트 공간으로 주제를
바꿔가며 한 번씩 교체된다. 최근, 조명의 활용은 생활과 예술 분야를 넘어
점점 영역을 넓혀 가고 있다. 컬러 & 라이팅 체험실에서 빛과 조명에 관한

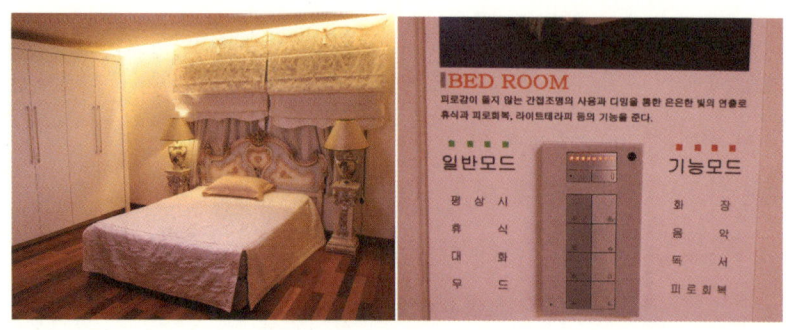

기본적인 내용에서부터 크로모테라피(Chromotherapy) 또는 컬러테라피라는 색채요법 등 최근의 응용까지 직접 체험하며 배울 수 있다.

조명박물관의 핵심! 감성조명체험관

감성조명체험관은 박물관에서 가장 흥미롭고 재미있는 일종의 쇼룸으로 조명이 어둠을 밝히는 역할 그 이상을 할 수 있음을 눈으로 직접 보고 느끼게 해준다. 아침 햇빛, 한낮의 햇빛, 오후 햇빛의 느낌이 다르듯 조명에도 느낌이 있고, 장소에 어울리는 빛을 제공해 줌으로써 일의 효율성을 높인다든지 보다 편안하게 쉬게 할 수 있다는 것이 감성 조명의 기본적인 개념이다. 체험관에는 다양한 상황을 설정하고 있는데 그 중 하나가 미술관에서의 조명이다. 조명이 달라지면 작품이 어떤 느낌으로 변하는지 실제 조명을 바꾸어 가면서 체험해 볼 수 있다. 파우더룸에서도 흥미로운 체험이 가능하다. 파우더룸에서 화장을 하고 옷매무새를 가다듬게 되는데 이때 화장의 분위기나 전체적인 스타일을 모임 장소의 조명을 고려해서 하면 더욱 효과적일 수 있음을 보여준다. 여러 체험시설이 있지만 그 중에서도 가장 재미있는 것은 집안의 식탁 조명으로 비춰지는 색에 따라 같은 음식이 맛있게도 또 맛없게도 보이는데 이 시스템 이름은 '다이어트 조명'이다. 그밖에 공부방이나 교실 등의 환경에서 능률적인 학습을 위한 조명 시스템이나 침실에서 더 좋은 휴식을 취할 수 있는 조명 시스템 등도 체험해볼 수 있다.

- **연락처** : 031-821-8002   • **홈페이지** : www.lighting-museum.com
- **입장료** : 성인 3,000원, 청소년·어린이 2,000원
- **관람시간** : 10:00~17:00, 법정 공휴일 휴관(홈페이지 참조)

여행탐구생활_**조명**

공부 잘하는 조명

수학, 과학처럼 논리력이나 수리력이 필요한 과목을 공부할 때의 조명과 미술이나 음악처럼 창의력과 감수성이 필요한 과목을 공부하는 조명은 달라져야 한다. 그렇다면 아래의 두 사진 중에서 수학을 공부하기 더 좋은 조명은 어느 쪽일까?

빛과 색은 동전의 양면과 같다. 물체는 빛을 반사 또는 흡수함으로써 고유의 색을 가지게 된다. 빛 또는 색을 느낌으로 표현하면 '따뜻하다, 차갑다'는 표현이 가능하지만 이것을 객관화된 수치로 보여주는 색온도 그래프가 있다. 예상과 다르게 따뜻하다고 느끼는 색이 색온도가 더 낮은 걸 알 수 있다. 반대도 마찬가지다.

수학 공부를 잘하게 해주는 조명은 2번이다. 색온도에 따라 변화하는 두뇌 활동을 측정한 결과 7600~8000K의 높은 온도 혹은 차가운 색의 조명이 수학, 과학 등 논리적 사고에 효과적이라고 한다. 반대로 미술, 음악 등의 창의적 활동은 2200~2600K의 따뜻한 색이 좋단다. 이제 조명도 과학이다. 조명이 공부를 잘하게 만드는 첫 번째 비결이 될 수는 없지만 과목에 어울리는 조명을 활용함으로써 도움을 받을 수는 있다.

양주 여행

장흥아트파크 | 예 술 과 친 구 가 되 다

● 　　　　인근의 일영, 송추유원지와 함께 장흥관광지는 수도권에서 찾아가기
쉬운 여름철 물놀이 장소로 유명하다. 장흥유원지에는 계곡을 따라 조각공원
등이 들어서면서 여름이 아니더라도 언제든지 산책하고 즐길 수 있는 곳으로 변
신하고 있다. 그 가운데 장흥아트파크가 있다. 이곳 미술관에는 앤디 워홀, 백
남준 등 거장의 작품을 상설로 전시하고 있으며 주제와 작가를 바꿔가며 연중
기획 전시가 이뤄지고 있다. 야외 공연장은 주말 오후 여러 가지 공연이나 축제
가 열리는 공간으로 사용되며 3000여 평에 달하는 조각공원에는 부르델 등 서
양 유명 고전 작가의 작품을 비롯해 한진섭 등 국내 작가 작품이 전시돼 있어
산책하며 예술작품을 즐길 수 있다. 특히 아이가 있는 가족이라면 이곳의 아트

놀이터에 꼭 들러보자. 섬유미술가가 만든 텍스타일 놀이터에서 매달리고 구르면서 온몸을 이용해 놀 수 있는 안전하고 재미있는 공간이다. 어린이와 어른들을 위한 예술 체험 프로그램들이 운영되며 레스토랑과 카페 등의 편의시설도 갖춰져 있다.

• **연락처** : 031-877-0500   • **홈페이지** : www.artpark.co.kr
• **입장료** : 성인 · 청소년 7,000원, 어린이 5,000원, *가족 할인 4인 기준 1만 8,000원
• **관람시간** : 10:00∼19:00 월요일 휴관

양주 여행

대장금 테마파크 | 장 금 이 를 기 억 하 시 나 요 ?

●   2003년에 방영된 드라마 〈대장금〉촬영 세트장이다. 평일 낮에 가면 내국인보다 외국인 관광객들이 더 많은 이곳은 〈대장금〉촬영 때 사용했던 궁중 의상을 입어 보는 체험, 옥사에서의 전통 형벌 체험, 수라간에서 물지게 지기 체험 등 다양한 체험이 마련돼 있어 탐방객들이 직접 실연해보며 사진 찍기에 바쁘다. 여전히 사극 주요 촬영지로 사용되고 있는데 시간이 맞으면 실제로 촬영 중인 배우들의 모습도 볼 수 있다.

• **연락처** : 031-849-5030, 5141   • **홈페이지** : 양주문화관광 홈페이지에서 하단 배너 이용
• **입장료** : 성인 · 청소년 5,000원, 어린이 3,000원   • **관람시간** : 09:30~18:00, 동절기 09:30~17:00 연중무휴

알고 보면 더 재미있는 **양주별산대놀이**

탈춤은 전통 문화이자 놀이지만 실제를 접해볼 기회란 거의 없다. 양주를 여행하면서 양주를 대표하고 우리나라를 대표하는 탈춤 중 하나인 양주별산대놀이 관람을 빠트릴 수 없다. 양주별산대는 양주 지방에 전해지는 경기 지방의 대표적인 탈놀이로 별산대라는 이름처럼 원래 서울 곳곳에 본산대가 있었다고 하나 지금은 전해지지 않고 양주별산대만이 지역 탈춤의 맥을 잇고 있다. 양주시청 옆 양주별산대 놀이마당에서 매년

5월 5일 정기 공연을 시작으로 10월까지(한여름에는 잠시 쉰다) 매주 토·일요일 오후 3시에 무료 공연을 펼친다. 공연을 시작하는 3시부터 30분 동안 함께 어울려 탈춤을 배울 수 있다. 공연 관람을 즐겁게 해주는 일종의 몸풀이운동이다. 공연을 마치면 함께 어울려 뒤풀이도 하고 출연자들과 사진도 찍을 수 있다.

- **연락처** : 양주별산대놀이보존회
  031-840-9986
- **홈페이지** : www.yangjutal.com
- **입장료** : 무료
- **관람시간** : 5월 5일~7월 중순, 8월 중순~
  10월 말 매주 토·일요일 오후 15:00~16:30

양주 여행

한나절 일정 별 빛 찾 아 가 는 여 행

돈까스클럽   장흥 아트파크   송암 스페이스센터
(점심식사)

송암 스페이스센터를 방문하기 가장 좋은 때는 오후에서 해질녘까지다. 돈까스클럽을 찾아 맛있게 점심식사를 하고 여유 있게 송암 스페이스센터를 찾는다. 지상의 플라네타리움 등을 천천히 관람하고 시간에 맞춰 케이블카를 타고 올라가 멀리 서울을 붉게 물들이는 해넘이를 감상하자. 아래층 휴게실에서 하나 둘 밝혀지는 야경을 감상하다가 하늘이 깜깜해지면 본격적인 천체관측에 나선다.

🍴 강력 추천 음식점 ❶ 돈까스클럽

돈가스 하나로 이름을 날리다

평일 낮에도 이곳을 찾는 차들로 주차장이 붐빌 만큼 돈가스 하나로 소문이 자자한 곳이다. 한 입 베어 물면 튀김옷의 아삭하면서도 고소한 맛과 식감 좋은 고기가 어울려 이곳까지 찾아들어온 보람을 느낄 수 있다. 돈가스의 맛을 좌우하는 것은 당연히 고기다. 이 집에서는 생고기를 수없이 두드려 부드러우면서도 쫀쫀한 육질을 그대로 살리는 방법을 고수한다. 사과 등의 과일과 한약재를 함께 넣어 고기 맛을 덮어 버리지 않는 달콤 짭짤한 소스를 쓴다. 온도와 시간을 잘 조절해서 너무 바삭하지도 않고 눅눅하지도 않은 튀김 역시 적절한 상태를 자랑한다. 평일 낮과 저녁, 그리고 주말 저녁 중 시간을 정해 지역 연주자들을 초청해 작은 공연을 여는데, 시간만 맞으면 한층 분위기 있게 식사를 즐길 수 있다.

• 연락처_031-879-4235   • 가격_왕돈가스·생선가스 6,500원, 스파이시 해물 볶음우동 6,000원
• 영업시간_11:30~21:00 연중무휴

종일 일정 | 양 주 의 오 른 쪽 여 행 하 기

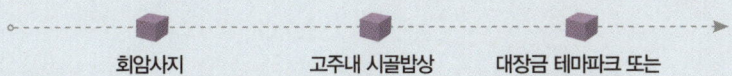

회암사지   고주내 시골밥상   대장금 테마파크 또는
(점심식사)   양주별산대놀이

서울에서 의정부를 거쳐 동두천, 연천 등 경기 북부로 이어지는 3번 국도가 양주의 좌우를 가르고 있는데, 그 중에서 양주의 오른쪽을 여행하는 일정이다. 회암사에 올라 600년 전의 화려했던 옛 모습을 상상해본다. 푸짐하게 차려진 건강한 한상차림으로 식사하고, 5월~10월에는 양주별산대놀이 공연장을 찾아가고, 다른 때라면 대장금 테마파크를 찾으면 되겠다. 물론 오전에 서둘러 출발하면 두 곳 모두 돌아볼 수 있다.

🍴 강력 추천 음식점 ② 고주내 시골밥상

보리밥, 쌀밥, 대나무통밥? 어떤 밥을 먹을까?

여행 중 '시골밥상' 이라는 간판을 흔하게 만날 수 있다. 밥과 찌개, 여러 가지 반찬 등 옛날 시골집에서 먹던 한상차림으로 꾸며진다는 뜻이지만 기대와 달리 낭패를 보는 경우가 종종 있다. 고주내 시골밥상은 그런 아쉬움 없이 충분히 제값을 하는 곳이다. 주 메뉴는 보리밥 밥상으로 20여 가지의 나물이 된장찌개,

부침개, 생선구이 등과 함께 한상 푸짐하게 차려진다. 보리밥이든 쌀밥이든 대나무통밥이든 밥만 정해서 주문하면 반찬은 똑같이 나온다. 이왕이면 대나무통밥을 먹어보자. 여러 가지 잡곡을 넣어 만든 찰진 밥이 대나무통에 담겨져 나오는데 대나무통을 한 번만 사용하기 때문에 밥에 대나무 향과 영양이 고스란

히 배어 있다. 빈 대나무통은 가져가서 연필꽂이나 물컵 등으로 사용할 수 있다. 식사 전에 나오는 고소한 맛의 하얀 콩죽은 애피타이저로 훌륭하며 식사 후에는 여유롭게 차를 마실 수 있도록 입구에 화덕이 마련돼 있다.

- 연락처_031-847-4407 • 가격_보리밥 7,000원, 대나무통밥 9,000원
- 영업시간_11:00~21:00 연중무휴

양주 여행

1박 2일 일정 ❶ | 금 요 일 저 녁 에 떠 나 는 1 박 2 일

1일차

송암 스페이스센터
(저녁식사 & 관람)

파인힐
(숙소)

2일차

장흥아트파크

돈까스클럽
(점심식사)

필룩스 조명박물관

금요일 저녁에 출발해 장거리 이동 없이 가까운 양주를 찾아 여유롭게 다녀올 수 있는 1박 2일 일정이다. 퇴근 후 가족, 친구들과 함께 송암 스페이스센터를 찾아 식사도 하고, 수억 년의 시간을 헤치고 다가온 밤하늘의 별빛도 눈에 담아보자. 다음날도 멀리 가지 않고 인근의 장흥아트파크와 필룩스 조명박물관을 찾는 일정이다.

🏠 강력 추천 숙소 ❶ 파인힐

양주에서 좋은 숙소 찾기

장흥 지역은 숙박업소는 많지만 가족이나 친구들이 함께 편안하게 쉴 수 있는 곳을 찾기는 쉽지 않은 곳이다. 많은 시설들이 한 지역에 들어서 있다 보니 분위기가 어수선하고 대부분 러브호텔들이다. 파인힐은 양주시 지정 가족형 숙박업소로 돌고개 유원지에서 가장 안쪽에 있어 입구의 번잡함을 피할 수 있다. 방마다 인테리어를 다르게 꾸몄으며 침구도 방의 색깔과 분위기에 맞춰 다르게 준비돼 있다. 보통의 모텔보다 공간이 넓은 편이라 침대 옆에 이불 한채를 따로 깔아도 불편함이 없다. 특실은 일반실과 인테리어는 별반 차이가 없지만 방과 욕실이 넓어 인원이 많은 경우 유용하다.

- 연락처_031-879-3575　• 홈페이지_www.okfinehill.com
- 숙박료_특실 5만 원, 일반실 4만 원(2인 기준)

1박 2일 일정 ❷ | 양 주 여 행 대 표 5 선 즐 기 기

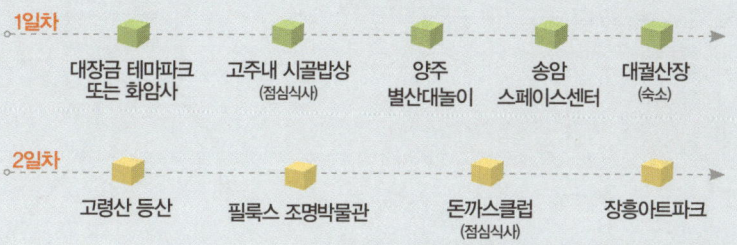

1일차
- 대장금 테마파크 또는 화암사
- 고주내 시골밥상 (점심식사)
- 양주 별산대놀이
- 송암 스페이스센터
- 대궐산장 (숙소)

2일차
- 고령산 등산
- 필룩스 조명박물관
- 돈까스클럽 (점심식사)
- 장흥아트파크

역사, 과학, 문화, 예술, 실용에 이르기까지 여행을 통해 다양한 주제를 접하면서 견문을 넓히고 즐거움도 찾을 수 있는 양주 여행 대표 5선 1박 2일 일정이다. 대장금 테마파크와 회암사 두 곳을 모두 찾으면 여섯 곳이 된다. 양주별산대놀이를 제대로 즐길 수 있는 팁 하나! 공연은 토·일요일 오후 3시에 시작하는데 미리 가서 앞자리에 자리를 잡으면 공연 전에 함께 어울려 탈춤도 추고 공연도 생생하고 흥겹게 즐길 수 있다.

🏠 강력 추천 숙소 ❷ 대궐산장

깊은 숲 속에서 보내는 맑은 하루

'숲 속에 이런 곳이 있나?' 싶을 만큼 깊은 숲 속에 규모 있게 조성된 한옥 숙박 단지다. 장흥에서 고개를 넘으면 왼쪽으로 나오는 기산유원지 내 인고령 계곡에 있는데 계곡 제일 위쪽이라 맑은 물을 떠서 식수로 사용해도 될 만큼 깨끗한 곳이다. 대궐산장은 회사나 모임의 야유회 등 단체가 이용하기에 좋다. 함께 운영하는 가든식 식당의 통돼지 바비큐는 제법 소문난 메뉴다. 숙소 뒤쪽으로는 인조잔디구장 등이 있어 체육활동도 가능하다. 전통 한옥 펜션으로 원룸과 투룸이 있으며 모두 취사시설이 있다. 방이 넓은 편이라 가족  단위의 숙박으로는 원룸이 적당하다. 깊은 산속에 있어 주변 산책로를 따라 걷는 것만으로도 삼림욕이 되며, 고령산 정상까지 왕복 두 시간 정도밖에 되지 않아 부담 없이 아침 산책 겸 산행을 다녀올 만하다.

- 연락처_031-871-8989　　• 홈페이지_www.daegwol.com
- 숙박료_12만 원(한옥 원룸, 8인기준), 15만 원(한옥 투룸, 12인기준)

양주 여행

둘러볼 곳 🔴 먹을 곳 🏠 잠잘 곳
연락처 📍 위치 🚗 찾아 가는 길
대중교통 P 주차장

자운서원

필룩스 조명박물관 ◉
☎ 031-821-8002
📍 양주시 광적면 석우리 624-8
🚗 양주시청에서 법원리 방향 360번 지방도로 → 가납 사거리를 지나 2km 더 가면 왼편으로 'FEELUX' 간판이 보임
P 무료

돈까스클럽 🔴
☎ 031-879-4235
📍 양주시 백석면 홍죽리 124-4
🚗 장흥관광지에서 기산유원지를 지나 고개를 넘어 3km 가면 39번 지방도로 갈가 오른편
P 무료

360

벽초지문화
수목원

대궐산장 🏠
☎ 031-871-8989
📍 양주군 백석읍 가신리 364-2
🚗 장흥관광지에서 39번 지방도로를 따라 말머리고개를 넘으면 기신유원지삼거리에서 좌회전 → 가산저수지를 지나며 2km 직진 → 인고령계곡 숙박단지로 오르는 길로 좌회전

367

백석읍

39

98

의정부
종합운동장

파인힐 🏠
☎ 031-879-3575
📍 양주시 장흥면 석현리 220
🚗 장흥관광지 돌고개유원지 안쪽 → 언덕을 넘고 다리가 보이면 왼편에 건물이 보임

파주
(세계문화유산)

용미리
묘지공원

78

장흥관광지

의정부시청

화룡폭포

송암 스페이스센터 ◉
☎ 031-894-6000~2
📍 양주시 장흥면 석현리 410-5
🚗 서울외관순환도로 송추 IC에서 장흥관광지로 진입 → 장흥아트파크를 지나 다리 건너기 전 왼편으로 진입로 나옴
P 유료
🚌 3호선 구파발역 1번 출구 또는 1호선 가능역 북부역 출구에서 360번 탑승 후 장흥농협 앞 하차, 장흥농협에서 15번 또는 15-1번 버스 환승 후 장흥유원지 하차, 택시 탑승

98

37

송추
I.C

송추폭포

서울외관순환고속

서울외관순환고속

100

북한산
국립공원

장흥아트파크 ◉
☎ 031-877-0500
📍 양주시 장흥면 일영리 8
🚗 서울외관순환도로 송추 IC에서 장흥관광지로 진입
P 무료
🚌 송암 스페이스센터와 동일. 장흥유원지 하차 후 도보 이동

동일로

소귀천계곡

일산
I.C

삼천사계곡

강북구

서오릉
(세계무형유산)

회암사지
- 031-865-0390
- 양주시 회암동 산14
- 양주시청에서 동부천 방향 3번 국도 → 화정삼거리에서 56번 지방도로 우회전 → 표지판 따라 4km 가면 왼쪽으로 들어가는 길
- P 무료

양주별산대놀이
- 031-840-9986
- 양주시 유양동 262
- 3번 국도 양주역을 지나 양주시청사거리에서 좌회전→ 오른편으로 양주향교, 양주 별산대놀이 공연장
- P 무료
- 1호선 양주역 2번 출구로 나와 맞은편에서 양주시청 방향 32-1, 35, 133번 버스 탑승. 양주향교, 양주별산대 놀이마당에서 하차

대장금 테마파크
- 031-849-5030, 5141
- 양주시 만송동 30
- 의정부에서 3번 국도 올라가다 양주시청사거리에서 우회전 → 표지판 참조
- P 무료

고주내 시골밥상
- 031-847-4407
- 양주시 광사동 407-2
- 대장금 테마파크에서 양주시청 방향으로 로얄CC를 지나면 나오는 삼거리에서 우회전→ 500m 직진하면 오른편
- P 무료

회암사지

베어스타운

국사봉

천마산 군립공원

별내 I.C

진건읍

퇴계원 I.C

남양주시청 1청사

물 좋고, 산 좋고, 술 좋은 곳으로 사라지다

포천은 전국의 막걸리 제조사의 절반이 모여 있는 곳이다. 산 좋고, 물 좋아 이곳에서 좋은 술이 태어난다. 깊은 계곡에서 쏟아지는 물소리, 아직 태고적 원시림을 그대로 간직하고 있는 휴양림, 숲의 생명력을 보존하고 있는 수목원들이 이곳에 산재해 있는 이유다.

08 포천 여행

| 문의 |
• 포천시청 공보관광담당관실 031-538-2069

| 홈페이지 | www.pcs21.net

| 찾아 가는 길 |
100 서울외곽순환고속도로 퇴계원 IC → 47번 국도 또는 의정부 IC →
43번 국도 → 포천시

| 지역 축제 |
• 산정호수 · 명성산 억새축제
　시기 | 매년 10월 둘째 주　장소 | 명성산과 산정호수 관광지 일대

• 운악산 단풍축제
　시기 | 매년 10월 중　장소 | 화현면 운악산 일대

• 포천백운계곡 동장군축제
　시기 | 매년 1월 중　장소 | 백운계곡 일대

포천 여행 1위

국립수목원 | 푸 른 생 명 을 가 꾸 고 이 어 가 다

광릉수목원? 여기는 국립수목원입니다

광릉수목원으로 잘 알려져 있는 이곳의 정식 명칭은 국립수목원이다. 우리
나라 삼림에 관한 연구과 교육의 장으로, 그리고 도시민들의 휴식의 공간으
로 제공되는 수도권 최대 삼림 지역으로 일반인에게 개방된 것은 1987년이

지만 그 이전으로 거슬러 올라가 이 지역은 꽤 오래전부터 임업, 수목관련 시설로 역할을 해왔다. 일제 때 조선총독부가 이곳을 임업시험지로 지정한 이후부터 (그 이전에도 그랬지만)계속해서 숲이 보호돼 왔다. '광릉수목원'은 예전 이름이다. 해방 후 임업시험장 또는 농촌진흥청 소속 기관으로 광릉출장소였으니 지금까지 그렇게 부르는 것도 틀린 것은 아니다. 그럼 왜 이곳을

광릉수목원이라 불렀을까? 광릉내라는 이 지역의 지명이기도 한데 원래의 이유는 조선의 일곱 번째 임금인 세조의 무덤이 이곳에 있고 바로 그 능의 이름이 광릉이기 때문이다. 세조는 생전에 이곳을 자신의 무덤 터로 정하고 자신이 죽어서도 이곳의 나무 하나, 풀 한 포기 뽑지 못하도록 명했다. 그리고는 500년 조선 역사 내내 이곳은 황실림으로 엄격하게 보호돼 왔으니 지금 우리가 즐기는 이 숲은 조선 초부터 지금까지 600년이 훨씬 넘는 시간 동안 관리돼 온 숲이라 하겠다. 국립수목원이라 부르든 광릉수목원이라는 이름으로 기억하든 숲이 주는 맑음과 생명력을 느끼고자 한다면 600년 시간, 아니 그 이상의 오랜 생명의 시간을 담고 있는 이곳을 찾아보자.

수목원을 더욱 재미있게 즐길 수 있는 방법? 식물도감 챙기기

특별한 목적 없이 '쉼'을 위한 방문으로 숲만한 곳도 없는 것 같다. 숲 사이로 난 길을 따라 걷다가 잠시 앉아 머물러 큰 숨 한 번 들이쉬면 숲이 품고 있는 새로운 생명력이 온몸에 가득 차는 느낌이다. 숲을 향해 조금만 관심

을 가져보자. 눈을 들고 귀를 기울여 보면 가만히 움직이지 않는 것처럼 보여도 숲은 항상 살아서 움직이고 있음을 느낄 수 있다. 풀, 나무, 꽃들은 각자의 자리에서 생명을 이어나가고 있으며 나비가 꽃들 사이를, 다람쥐는 나무 사이를 오고가며 생명의 움직임을 보여준다. 이러한 숲을 더욱 재미있게 즐기는 방법이 있으니 바로 국립수목원을 방문할 때 〈식물도감〉을 준비하는 것이다. 꽃에 관심이 있다면 꽃에 관련된 도감을, 나무에 관심이 있다면 나무도감을 준비하면 된다. 다른 수목원이나 식물원 관람에서도 도움이 되지만 특히 이곳은 식물마다 이름과 학명 등이 잘 표기돼 있어 찾기가 수월해 한 권 챙겨 오면 더욱 재미있는 숲 속 탐험을 할 수 있다. 사진으로 된 도감도 좋지만 그것보다는 '세밀화' 가 수록된 도감을 추천한다. 사진으로 된 도감보다 꽃과 나무의 특징적인 면을 더욱 잘 포착했다고 해야 할까? 실물 꽃이나 나무와 그림을 비교하는 재미도 있으니 더욱 좋다. 한마디로 정리하자면? 세밀화 도감이 더 '감성적' 이다. 아이와 함께, 가족과 함께, 연인과 함께 꽃과 나무의 이름을 찾아보고, 그 안에 담긴 재미있는 이야기를 나누다보면 백 배 더 재미있게 수목원을 즐기고 있는 자신을 발견할 수 있을 것이다.

하루 5천 명, 예약 필수!

예전에는 월~금요일까지만 관람이 가능해서 평일 날 학교나 회사에 등교, 출근하는 경우 관람이 어려웠는데 이제는 요일을 바꿔 화요일에서 토요일까지 관람이 가능하니, 토요일을 이용하면 학생이나 직장인도 수목원을 관람 할 수 있다. 단, 옛날이나 지금이나 마찬가지로 사전 예약을 받아 일일 5천명(토요일 및 개원일과 겹치는 공휴일은 3천 명)만 입장이 가능하다. 관람계획이 있다면 국립수목원 홈페이지를 통해 예약해야 한다. 수목원을 방문 하는 경우 대부분 반나절 정도를 머무르는데 그 시간 동안 수목원 전문 해설 프로그램에 참가해보자. 매시 정각 한 시간 정도 소요되는 수목원 해설을 비롯해 30분 정도에 걸쳐 산림박물관 해설이 이뤄지는데 숲 해설가의 도움을 받아 더욱 재미있게, 더욱 자세하게 수목원을 관람할 수 있다. 수목원에 들어가면서 해설봉사센터에 신청을 하면 된다. 또 하나, 이곳 수목원에서 하고 있는 중요한 일 중 하나가 멸종 위기에 처한 동물을 보존하는 일이다. 산림동물원도 하루 3차례(오전 10시 30분, 오후 1시30분, 오후 3시) 해설자의 안내를 받아 관람이 가능하니 시간을 잘 기억해 두도록 하자. 백두산 호랑이, 반달곰을 비롯해 부엉이, 올빼미 등의 맹금류, 원앙 등의 점차 사라져 가는 우리 땅의 동물들을 살펴 볼 수 있는 흔치 않은 기회가 될 것이다.

- **연락처** : 031-540-1030   • **홈페이지** : www.kna.go.kr
- **입장료** : 성인 1,000원, 청소년 700원, 어린이 500원
- **관람시간** : 09:00~17:00, 동절기 ~16:00 일 · 월요일 휴원 *예약제 운영

산사원술박물관 | 맑은 물 로 빚 은 술 향 기 에 취 하 다

좋은 물, 좋은 술

물이 좋아야 좋은 술이 만들어진다. 포천은 산이 깊어 공기도 깨끗하고 물도
맑다. 이런 천혜의 조건 때문인지 경기도에 있는 막걸리 공장의 절반이 포천
에 있을 정도로 포천은 술, 특히 막걸리 생산지로 유명하다. 백운계곡 입구

에 포천 이동막걸리 공장을 비롯해 작은 가게 들에서 이 지역에서 생산된 막걸리를 쉽게 구 매할 수 있지만 우리의 전통 술이 만들어지는 과정을 배우고 체험할 수 있는 공간은 따로 있 다. 바로 '산사원 술 박물관' 이다. 산사원 술 박물관은 배상면주가 포천공장에서 운영하는 곳으로 가양주(집에서 빚어 만드는 술)의 전통 을 알리고 체험하게 하는 전통 술 문화 박물관이다. 최근 막걸리 열풍과 함 께 우리 전통술에 대한 관심이 높아지고 있는데, 이곳을 찾아 누룩틀, 소주 고리 등 술을 빚을 때 사용했던 전통 도구들을 살펴보고 우리 술은 어떻게 만드는지, 또 어떤 맛이 나는지 직접 체험해보자.

갤러리라고 불러도 손색없는 멋진 박물관 돌아보기

전시관 입구를 들어서면 술이 익어가는 나긋한 향기가 코를 간지럽힌다. 정 문으로 들어서면 2층인데 술 향기를 전하는 곳은 전시관에 있는 와이너리로 우리 전통 백자 독에서 술이 익고 있다. 전시관에는 술을 만들 때 사용했던 옛 도구뿐 아니라 술과 관련한 다양한 정보들과 전통 술에 관련된 고서도 전 시돼 있다. 또 이곳의 주제 전시라고 할 수 있는 '김씨 부인 양주기' 를 통 하여 재료를 준비하기 전에 마음을 가다듬는 것을 시작으로, 누룩을 빚고, 술을 담그고, 발효되는 과정, 일차로 만들어진 술을 거르고 소주를 내리는 차례, 탁주를 만드는 방법에 이르기까지, 옛날 집안에서 술을 만드는 과정을 처음부터 끝까지 모형으로 보여준다. 전시관을 돌아보다 혹시 달그락 달그 락 거리는 소리가 들린다면 바로 술항아리에서 술이 익어가는 소리다. 술이 익어가며 탄산가스를 발생시키는데 소리가 크면 클수록 발효 초기 단계에서 술이 힘차게 익어가고 있는 표시라고 한다. 실제 익고 있는 술에 마이크를 설치해 술 익는 소리를 들려주고 있다.

공장에서 갓 만들어진 신선한 술을 맛볼 수 있다.

산사원술박물관 관람의 백미는 1층 시음장에 있다. 이곳 시음장에서 맛볼 수 있는 술은 특별 제작된 술이다. 시중에서 판매하는 술은 유통과정을 거쳐야 하기 때문에 가열 살균을 거친다. 하지만 그 과정에서 술이 가진 고유의 향과 맛을 일정 부분 잃게 되는데, 이곳에서 시음하는 '생주'는 그런 과정을 거치지 않은 술로 '술이 원래 이런 맛이었나?' 하며 감탄할 만큼 신선한 맛을 보여준다. 물론 현재 시중에 일반 막걸리보다 비싼 가격에 판매되고 있는 생막걸리가 이런 것이지만 산사원술박물관에서의 생주는 유통 과정이 전혀 없는 신선한 술이기에 훨씬 맛있다. 종류도 여러 가지라 원하는 것을 골라서 부탁하면 작은 잔에 시음할 수 있게 준비해 준다. 시음한 술은 구매 가능한데 냉장 보관은 필수이며 빠른 시간 내에 마셔야 한다. 시음장 옆에는 술빵, 과자와 약과, 주편 등 여러 종류의 '술지게미 음식' 맛보기 코너가 있다. 맛있어서 자꾸 손이 가는데 하나씩 맛보다 보면 살짝 취할 수도 있으니 주의할 것. 관람과 시음뿐 아니라 고두밥, 누룩, 물 등 재료를 가지고 직접 술을 빚어 보는 가양주 빚기 체험도 가능하다. 우리 술의 역사와 전통, 종류 등에 대한 강의와 함께 체험이 이뤄지는데 평일에는 단체 위주로 운영이 되지만 토요일의 경우 가족 단위로도 신청을 받아 체험을 진행하니 문의해볼 만하다.

- 연락처 : 031-531-9300
- 입장료 : 무료
- 홈페이지 : www.sansawon.co.kr
- 관람시간 : 09:00~18:00 연중무휴

국망봉 자연휴양림 | 손 닿 지 않 은 자 연 과 의 조 우

자연 그대로의 아름다움 속으로

국망봉 자연휴양림? 이름이 생소하다. 유명산 자연휴양림이나 산음 휴양림,
축령산 휴양림 등 경기도의 다른 휴양림들에 비하여 아직 덜 알려져 좋은
곳, 국망봉 자연휴양림을 소개한다. 휴양림은 운영 및 관리 주체에 따라 국

립, 도립 또는 공립 휴양림으로 나눌 수 있는데, 흔치 않게 사유림으로 산림청의 지원을 받아 휴양림으로 지정된 숲이 있다. 국망봉 휴양림이 바로 그런 사유 휴양림인데 홍보와 지원이 덜 되어서인지 '캠핑족' 등 아는 사람들만 찾는 곳이다. 휴양림이 위치한 국망봉은 태백산맥이 갈라져 서울로 이어지는 광주산맥 봉우리 중 하나로 경기도에서 세 번째로 높으며 산세가 웅장해 '경기도의 지리산'으로도 불린다. 사람의 손길이 최소한으로 닿아 있어 숲의 본래 모습과 생태가 살아 있는 국망봉 휴양림으로 몸과 마음이 건강해지는 여행을 떠나보자.

산속 호수가 있어 더욱 좋은 휴양림

한쪽으로는 쭉쭉 시원하게 뻗은 울창한 산림을 두고 반대편으로는 살짝 흔들리는 물결 속에 비치는 눈부신 햇살을 두고 걸어가는 멋진 길이 이곳에 있다. 입구 주차장에 차를 주차하고 오르막길을 한참 오르면 장암호수가 나온다. 호숫가 길을 걷기 시작하며 본격적인 휴양림 즐기기가 시작된다. 햇빛을 받아 반짝이는 은색 물결을 보며 한적하게 걷는 것만으로도 이미 기분이 좋아진다. 길가에 잣나무와 소나무 등의 침엽수가 하늘로 쭉쭉 뻗은 풍경이 보기에도 시원할뿐더러 삼림욕에도 그만이다. 호수로 모인 계곡물은 사람 손 한 번 타지 않은 깨끗함에다가 한여름에도 물속에서 5분을 견디지 못하고 뛰쳐나갈 만큼 시원함까지 더하고 있다. 호수가 내려다보이는 숲 속

의자에 앉아 아름다운 풍경을 감상해도 좋고 본격적인 삼림욕을 위해 길을 따라 숲 속 깊은 곳으로 들어가도 좋다. 무엇보다 좋은 것은 다른 휴양림들과 달리 주말에도 찾는 사람들이 많지 않아 방해받지 않고 여유롭게 숲을 즐기고 자연 속에서 휴식하는 시간을 가질 수 있다는 것이다. 사설 휴양림이다 보니 이정표가 잘 갖춰지지 않아 찾아 들어가는 것이 쉽지 않으니 길이 헷갈리면 동네 주민들에게 물어보자. 휴양림 입구에 있는 생수 공장이 멀리서부터 보여 이정표 역할을 한다.

- **연락처** : 02-2247-1753
- **입장료** : 등산객 2,000원, 관람객 4,000원
- **홈페이지** : www.kookmang.co.kr
- **관람시간** : 07:00~18:00 월요일 휴무

여행탐구생활_ 숲 속에서의 하룻밤, 오두막 이용하기

주변에 아무도 없는 숲 속 오두막에서 불을 피워 놓고 음식을 만들고, 차를 마시며, 고개를 들어 별을 보는 밤을 상상해본적 있다면 국망봉 자연휴양림 오두막을 이용해보자. 평소 꿈꿨던 숲 속에서의 하룻밤을 위해 약간의 불편함만 감수하면 된다. 여섯 채의 통나무집 숙박동이 있는데 세면시설이 외부에 있다는 것과 방 안에 취사시설이 갖춰져 있지 않다는 게 불편하다면 불편하다. 하지만 각각 야외에 바비큐 시설이 마련돼 있어 밤에 불을 피우고 둘러앉아 식사도 하고 차도 마시며 도란도란 이야기를 나눌 수 있기에 그런 불편쯤은 감수할 만하다. 오두막이 한 채 한 채 멀찍이 떨어져 있어 숲 속에 오롯이 나만, 우리만 있는 듯한 정취를 느낄 수 있다. 오토캠핑장도 운영하는데 개인 이용은 어렵고 단체나 여러 가족(다섯 동 이상)의 경우 함께 이용할 수 있다.

함께 둘러볼 곳 1

아프리카예술박물관 | 검은대륙에대한편견지우기

● 　　아프리카에 대한 관심이 점차 높아지고 있다. 아프리카예술박물관은 자연 속에서 투쟁적인 삶을 통해 인간 본성에 보다 충실한 삶의 방식과 예술을 일궜던 아프리카 문화를 소개함으로써 검은 대륙 아프리카에 관한 편견을 다시 생각하게 만드는 곳이다. 아프리카 30여 개국 150여 부족에서 모은 유물, 예술품, 박제품이 전시돼 있다. 전시물 하나하나에서 그들의 생명력을 느낄 수 있어 보는 것만으로도 흥미롭다. 공연 관람을 통해 살아 있는 아프리카를 체험할 수 있다. 주말에 하루 세 번 아프리카의 전통 춤과 음악으로 에너지 넘치는 민속 공연이 펼쳐지는데 공연을 마무리하며 함께 춤을 추며 어울려 보기도 하고 공연자들과 기념 촬영도 할 수 있다.

- 연락처 : 031-543-3600　　● 홈페이지 : www.africaculturalcenter.com
- 입장료 : 성인 5,000원, 청소년 4,000원, 어린이 3,000원 *공연관람료 별도
- 관람시간 : 10:00~19:00, 7~8월 연장 운영 10:00~20:00 연중무휴

함께 둘러볼 곳 **2**

허브아일랜드 | 허 브 의 모 든 것

● 제일 예민하면서도 빨리 둔해진다는 후각, 허브아일랜드에서 허브 향기를 맡으며 후각의 살아 있음을 느껴보자. 허브아일랜드는 수도권 최대의 허브 테마 파크로 향기로운 산책을 하며 다양한 볼거리를 볼 수 있는 공원이다. 허브아일랜드의 중심인 허브식물원에는 라벤더, 로즈마리 등 우리에게 익숙한 허브를 비롯해 100여 종이 넘는 허브가 은은한 향을 뿜내고 있다. 주방에서 바로 따서 이용할 수 있는 허브들을 키우고 있는 키친가든에서는 실제로 허브가 우리 생활에 어떻게 이용될 수 있는지 알 수 있다. 갖가지 새싹과 허브들이 신선하게 버무려진 허브비빔밥이 유명한 허브레스토랑, 허브를 재료로 매일매일 구워내는 허브빵 가게, 토피어리·허브초 등을 직접 만들어 볼 수 있는 허브공방, 다양한 허브 관련 제품들을 판매하고 있는 향기가게 등 허브와 관련된 모든 것들을 허브아일랜드에서 체험하고 즐길 수 있다.

• **연락처** : 031-535-6494
• **홈페이지** : www.herbisland.co.kr
• **입장료** : 무료
• **관람시간** : 10:00~18:30 연중무휴

산정호수와 명성산 | 억새동산에서보내는가을

●   산속 깊은 곳 우물 같이 잔잔한 산정호수는 사계절 언제 찾아도 좋은 곳이다. 그래도 가장 좋은 때를 고르라면 늦은 가을이다. 산정호수에서 시작해 명성산 억새밭까지 다녀오는 코스는 계절의 변화와 그 안에 담긴 자연의 아름다움을 즐길 수 있다. 명성산을 우리말로 풀이하면 '울음산' 인데 두가지 이야기가 전해진다. 하나는 신라 마의태자가 망국의 한을 이곳에서 울음으로 달랬다는 이야기와 왕건에게 쫓기던 궁예가 이곳에서 자신의 신세를 한탄하며 목놓아 울었다는 이야기다. 그 눈물이 씨가 된 건지 정상 부근 6만 평에 달하는 억새밭이 가을이면 멋진 풍경을 만들어낸다. 억새꽃의 개화 시기인 10월 중순이면 억새꽃 축제가 열리는데 억새군락지와 산정호수 주변에서 다양한 행사가

펼쳐진다. 산정호수 주변의 산책로는 봄이면 꽃길로, 여름이면 시원한 나무 숲으로, 가을이면 단풍 길로 변신한다. 봄부터 가을까지 명성산의 그림자를 담고 있는 산정호수도 겨울에는 꽁꽁 얼어 얼음썰매장으로 변신한다. 명성산에 오르지 않더라도 사계절 변신하며 모습을 바꾸는 산정호수를 찾아 여행하는 것만으로도 충분히 즐거운 시간을 보낼 수 있다.

- **연락처** : 포천시청 산림경영담당 031 538 3341, 2343
- **홈페이지** : www.sicdorak.com/site/sanjung • **입장료** : 없음   • **관람시간** : 종일

여행탐구생활

전통 과자 만들기

산정호수와 명성산을 여행하면서 함께 들리면 좋은 곳이 한가원이다. 한가원은 전통 과자인 한과에 대하여 배우고 또 직접 만들어 볼 수 있는 곳이다. 박물관만 관람할 셈이라면 포천의 다른 여행지를 찾는 게 낫다. 한과의 역사와 종류, 한과의 제작 과정과 제작 도구 등 한과와 관련한 다양한 전시물이 갖춰져 있지만 이곳을 찾는 진짜 이유는 바로 한과 만들기 체험 프로그램이 있기 때문이다. 약과, 강정, 다식, 과편 등 여러 종류의 한과 중에서 유과 만들기 프로그램이 가장 인기 있다. 손을 씻고 테이블로 가면 재료가 준비돼 있다. 먼저 비디오 시청으로 만드는 방법을 공부하고 본격적으로 유과를 만드는데 미리 만들어진 유과떡을 기름에 튀겨 부풀린 후 조청을 묻히고 밥풀을 발라낸다. 그러고는 해바라기씨, 건포도, 잣 등으로 예쁘게 무늬를 만들면 먹음직스러운 유과가 완성된다. 토·일요일에는 개인 또는 가족 체험이 가능하다. 미리 예약하고 방문하거나 잔여 인원이 있을 경우 현장에서도 프로그램 신청이 가능하다.

- **연락처** : 031-533-8121
- **홈페이지** : www.hangaone.com
- **입장료** : 성인 2,000원 청소년 · 어린이 1,000원

     *체험비 1만 5,000~2만 원

- **관람시간** : 10:00~18:00 월요일 휴관

한나절 일정 | 수 도 권 최 고 의 숲 을 찾 아 서

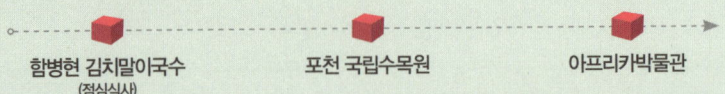

함병헌 김치말이국수   포천 국립수목원   아프리카박물관
(점심식사)

조선시대부터 최고의 숲으로 보호되고 가꿔져 왔던 국립수목원을 찾아 차분하고 자연스러운 여행을 즐겨보자. 특별한 다른 일정을 준비하지 않아도 자연 속에서 편안해질 수 있는 여행이다. 시간적인 여유가 있다면 인근에 있는 아프리카박물관도 함께 둘러보자.

🍴 강력 추천 음식점 ❶ 함병헌 김치말이국수

육수의 구수함 더해진 김칫국물의 시원함

포천베어스타운 인근 옛 47번 국도 내촌마을에는 김치말이국수로 20년 동안 장사를 해온 집이 있다. 함병헌 김치말이국수는 수도권에 여러 분점을 냈다가 맛이 본가를 따라주지 못해 철수했다고 한다. 김치말이국수는 얼핏 보면 김칫국물에 삶은 면을 얹어 간단하게 만들 수 있을 것 같지만 이곳의 시원하면서 부드러운 국물에는 비법이 있다고 한다. 하루에 두세 통씩 김칫국물을 만드는 것도 일이지만 김칫국물과 1:1 비율로 섞는 육수도 사골과 사태 등을 손질해 끓인 후 기름을 걷어내는 작업이 김칫국물을 만들 때만큼 만만치 않은 손길을 필요로 한다고. 포천을 오고가는 길에 출출한 배를 달랠 수 있는 부담 없는 한 끼 식사다.

- 연락처_031-534-0732   • 가격_김치말이국수 6,000원
- 영업시간_10:00~21:00 연중무휴

종일 일정 | 맑은 물과 맑은 공기 즐기기

 산사원술박물관   원조 파주골순두부 (점심식사)   국망봉자연휴양림

포천의 맑은 물과 맑은 공기를 찾아 떠나는 여행이다. 산사원에서 우리 전통 술과 문화에 대해 배우고, 맑은 물로 만들어진 깨끗한 술과 술 음식을 맛보자. 점심식사를 하고 국망봉 자연휴양림을 찾아 삼림욕을 즐기는데 맑은 공기 한가득 깊은 숨을 들이쉬면 도시에서 지친 몸과 마음이 건강하게 회복되는 걸 느낄 수 있다. 햇볕이 비스듬히 내려와 호수를 붉게 물들이는 휴양림의 오후 풍경은 여행의 여유와 휴식을 느끼게 해준다.

🍴 강력 추천 음식점 ❷ 원조 파주골손두부

소화가 잘 되는 부드러운 두부 요리

원조 파주골손두부는 맛뿐 아니라 푸짐한 상차림으로 소문이 자자한 곳이다. 포천과 철원에서 생산되는 콩을 갈아 가마솥에 끓인다. 끓인 콩을 삼베 주머니에 넣고 짜내면 콩물이 나오는데 이것을 다시 가마솥에 간수를 넣어 끓이면 손두부 완성. 냄비 한가득 뽀얀 연기를 모락모락 내며 담겨오는 손두부를 앞접시에 떠서 먹는데 취향에 따라 그냥 먹기도 하고 양념을 살짝 얹어 먹기도 한다. 함께 차려져 나오는 보리밥에 나물과 상추 겉절이를 얹고 참기름을 더해 비벼먹는 밥도 별미다. 두부가 맛있으니 비지가 맛있는 것도 당연하다. 소화도 잘 되는 음식들이라 손두부와 보리밥 한 그릇을 금방 쏙싹 비우게 된다.

- 연락처_031-532-6590   • 가격_손두부 5,000원, 두부전골 6,000원(2인분 이상)
- 영업시간_07:00~20:00 연중무휴

1박 2일 일정 ❶ | 몸 이 건 강 해 지 는 여 행

1일차
포천국립수목원 — 함병헌 김치말이국수 (점심식사) — 산사원 — 수림펜션 (숙소)

2일차
일동온천 — 원조 파주골순두부 (점심식사) — 허브 아일랜드

포천 여행의 테마는 '건강' 이다. 몸이 건강해지는 1박 2일 일정을 소개한다. 국립수목원에 들러 삼림욕을 즐긴 후 식사하고 산사원으로 향한다. 산사원에서 관람을 하고 '생주' 한 병 사들고 숙소 로 와서 맑고 깨끗한 술 한 잔 곁들인 저녁식사를 하면서 첫날을 마무리한다. 다음날은 일동온천 에 들러 온천욕을 즐긴 후 소화가 잘 되는 두부 요리로 식사하고 허브아일랜드에 들러 목욕으로 깨끗해진 피부가 더욱 향기로울 수 있도록 허브 향을 입혀 보자.

🏠 강력 추천 숙소 ❶ 수림펜션

넓은 잔디 마당과 옆으로 흐르는 계곡이 여유로움을 주는 곳

수림펜션은 청계산 자락 제일 꼭대기에 자리한 펜션으로 안쪽으로 들어가면 이렇게 넓은 곳이 있었나 싶을 정도로 규모 있게 지어진 곳 이다. 잔디가 깔린 마당이 여유로운데다가 한쪽으로 그네와 시소 등 의 시설이 있어 작은 공원에 온 것 같은 기분이 든다. 무엇보다 좋은 점은 희원 계곡이 바로 옆에 있어 계곡 물소리를 들으며 바비큐 식사  가 가능하다는 것이다. 봄·여름·가을·겨울 계절별로 이름이 붙여진 방은 인테리어가 깔끔하며 창을 통 해 보이는 푸른 숲의 풍경과 창을 넘어 들어오는 계곡 물소리가 시원하다. 아이들과 함께하는 가족이라면 복층으로 이뤄진 방을 추천하는데 침대가 있는 작은 다락방 분위기가 정겹다. 청계산으로 오르는 등산로 가 펜션 바로 앞으로 나 있어 한나절 정도의 시간을 내 등산을 다녀오기에도 편리하다.

• 연락처_031-535-8660 • 홈페이지_www.soolimpension.com
• 숙박료_5만~8만 원(평일), 7만~10만 원(주말), 9만~12만 원(성수기)

1박 2일 일정 ❷ | 스 트 레 스 를 벗 어 내 는 여 행

1일차

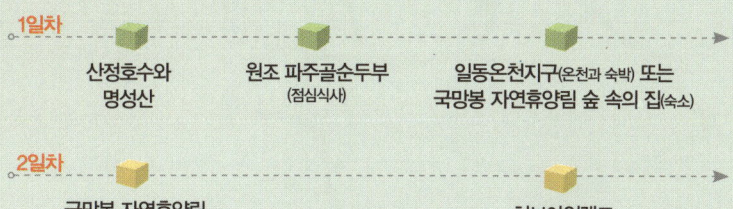

산정호수와   원조 파주골순두부   일동온천지구(온천과 숙박) 또는
명성산   (점심식사)   국망봉 자연휴양림 숲 속의 집(숙소)

2일차

국망봉 자연휴양림   허브아일랜드
                                (점심식사 & 관람)

생활 속 스트레스를 말끔히 벗어내는 포천 여행 일정이다. 등산이나 트래킹 등보다 활동적인 일정이 되겠다. 저녁에는 온천으로 산행의 피로를 풀며 다음날에는 국망봉 자연휴양림을 찾아 삼림욕을 즐겨보자. 마지막 일정은 동선을 고려해 허브아일랜드에서 관람과 함께 허브로 만든 식사를 즐겨 보자.

⌂ 강력 추천 숙소 ❷ 제일유황온천모텔

온천욕과 숙박을 한 번에

여행 중 하루의 피로를 풀기에 좋은 장소로 온천만한 곳이 있을까? 포천에도 온천욕과 숙박을 한 번에 해결할 수 있는 곳이 있다. 제일 유황온천모텔은 유황수 온천인지라 목욕 효과가 뛰어나다. 구수한 냄새가 특징인 유황온천의 경우 아토피 등 피부 질환에 뛰어난 효  과를 보이며 물속에 포함된 황이 피부 속 노폐물을 밖으로 배출시키는 역할을 한단다. 객실은 평범한 모텔 형식의 방으로 온돌방과 침대방이 있다. 객실에도 온천수가 공급되며 숙박객들에게는 온천탕 이용권을 주니 최소 두 번 이상 온천욕을 즐길 수 있다. 실속 있는 숙박을 원하는 여행자들에게 추천한다.

- **연락처**_031-541-7431
- **숙박료**_3만~5만 원

한가원 ◎
📞 031-533-8121
📍 포천시 영북면 산정리 520
🚗 산정호수에서 운천 철원 → 포천 방향 78번 지방도 이용 → 산정3교 건너기 전 좌회전
🅿 무료

재일포크

원조파주골순두부 🍴
📞 031-532-6590
📍 포천시 영중면 성동리 산1
🚗 산정호수에서 일동 방향 367번 지방도로로 계속 내려오면 372번 지방도로를 만 → 43번 국도 방향으로 좌회전 후 가다보면 오른편
🅿 무료

허브아일랜드 ◎
📞 031-535-6494
📍 포천시 신북면 삼정리 517-2
🚗 43번 국도 포천시청 지나 철원 방향 87번 국도로 좌회전 → 6km 직진 후 하심곡사거리에서 전곡 방향 369번 지방도로 좌회전 → 7km 오른편에 있음
🅿 무료
🚌 1호선 소요산역 1번 출구에서 길을 건너 신북온천 방향 58번 버스 탑승(매시간 50분~정시사이 버스 도착) 후 신북온천 지나 삼정리에서 하차

허브아일랜드

탑훼미리랜드

364

아프리카예술박물관 ◎
📞 031-543-3600
📍 포천시 소흘읍 무림리 41
🚗 광릉수목원에서 나와 좌회전 → 5km 직진하면 좌측에 위치
🅿 유료

국립수목원 ◎
📞 031-540-1030
📍 포천시 소흘읍 직동리 51-7
🚗 47번 국도 구리, 퇴계원 지나 광릉내삼거리에서 좌회전
🅿 유료
🚌 1) 1호선 청량리역 환승센터에서 707번 또는 강남역 1번 출구에서 7007번 버스 탑승 후 광릉 내 하차, 21번 버스 환승 후 국립수목원 하차
2) 1호선 의정부역 1번 출구 동부광장정류장에서 21번 버스 탑승 후 국립수목원 하차

회암사지

소흘읍

백석읍

장흥관광지

서울외곽순환고속도로

송추 I.C

의정부 I.C

북한산국립공원

진간

379

360

383

56

56

39

39

371

371

371

372

368

37

375

78

78

87

3

3

3

98

98

100

41

7

철원군청

산정호수와 명성산 🎡
- ☎ 포천시청 산림경영담당 031-538-3341, 2343
- 🚶 포천시 가산면 일대
- 🚗 47번 국도 이동교 지나 산정호수 방향 78번 국도로 좌회전 → 산정호수를 찾아감
- 🅿 산정호수 유료 주차장 이용
- 🚌 1호선 의정부역 1번 출구에서 나와 교차로에서 좌회전 의정부역 동부광장 정류장에서 138→ 6번 버스 탑승. 산정호수에서 하차. 1시간 40분 소요

산정호수

387

463

43

78

322

국망봉
자연휴양림

47

국망봉자연휴양림 🎡
- ☎ 02-2247-1753
- 🚶 포천군 이동면 장암리 산 74
- 🚗 47번 국도 이동면을 지나 이동교 나오면 바로 우회전 → 길을 따라 올라감 (길이 헷갈리면 크리스탈 생수공장을 물어보면 됨)
- 🅿 유료

제일유황온천모텔 🏨
- ☎ 031-541-7431
- 🚶 포천시 일동면 화대리 663
- 🚗 일동에서 이동으로 가는 큰길가에 있음

명지폭포

명지산
군립공원

샘터유원지

기산리

수림펜션 🏨
- ☎ 031-535-8660
- 🚶 포천군 일동면 기산7리 1-24
- 🚗 47번 국도 이용해 일동면으로 진입→ 일동초교 지나 청계저수지 방향 우회전 → 2km 들어가 필로스GC로 올라가는 삼거리에서 좌회전 → 호수를 따라 끝까지 올라감

383

37

56

47

산수유원지

수락폭포

산사원술박물관 🎡
- ☎ 031-531-9300
- 🚶 포천시 화현면 화현리 511
- 🚗 47번 국도 화현로타리에서 내려와 일동면 방향 구 도로 → 1km 가면 오른편에 배상면주가 포천공장 있음
- 🅿 무료

천리유원지

37

46

함병헌 김치말이국수 🍜
- ☎ 031-534-0732
- 🚶 포천시 내촌면 내리 248-7
- 🚗 47번국도와 87번국도 분기점에서 내촌면 구 도로 진입 → 내촌면사무소를 지나 1km 왼편에 있음
- 🅿 무료

도럭개기족
휴양지

아침고요수목원

98

천마산
군립공원

391

46

86

37

머물고 싶은 순간들

섬과 호수, 산에서 보낸 추억들이 오래도록 기억에서 사라지지 않는 곳, 도시에서 멀지 않아 가장 빠르게 자연을 접할 수 있는 곳, 산속에 숨겨진 호수를 찾아 나서고, 잘 가꿔진 한국 정원에서 느긋한 여유를 만끽할 수 있어서 자주 찾게 되는 곳이 가평이다. 머무르고 싶고, 머물러서 행복했던 순간 속으로……

09 가평 여행

| 문의 |
• 가평군청 문화관광과 031-580-2066

| 홈페이지 | www.gp.go.kr/site/tour

| 찾아 가는 길 |
100 서울외곽순환고속도로 퇴계원 IC → 46번 국도 →
남양주시 또는 60 서울춘천고속도로 설악 IC → 37번 국도 → 가평군

| 지역 축제 |
• 자라섬국제재즈페스티벌
시기 | 매년 9~10월 중   장소 | 자라섬, 가평읍 일대
홈페이지 | www.jarasumjazz.com

남이섬 | 산책하기, 자전거타기그리고머무르기

남이섬은 길로 이루어져 있다

남이섬은 '길'이 아름답다. 봄이면 잎을 틔워 여름이면 시원한 그늘을 선물

하는 메타세쿼이아길, 가을이면 공간까지 노랗게 물들이는 은행나무길, 하

얀 눈 내리는 겨울에도 녹색 빛을 잃지 않는 전나무 길 등 남이섬은 길로 이

뤄져 있으며 길로 나눠져 있다. 계절마다 각각의 길들이 각자의 아름다움을 선사하는 남이섬은 행정구역상 춘천에 속하지만 가평읍에서 진입하고, 실제 가평에 여행가며 들르는 곳이기에 가평 여행의 첫 번째로 소개한다. 남이섬이 지금처럼 유명해지게 된 것은 드라마 〈겨울연가〉때문이다. 이제는 남이섬에서 겨울연가의 흔적을 지우고, 남이섬만의 특색을 만들겠다고 하지만 욘사마와 지우히메의 흔적을 찾아 끊임없이 찾아오는 한류 관광객들을 보면 여전히 남이섬은 〈겨울연가〉의 섬이라는 생각이 든다. 사실 〈겨울연가〉 흥행 이전의 남이섬은 약간 촌스러운 느낌의 관광지였지만 이제는 주변 환경이 잘 정비되고 시설이 갖춰져 원래 아름다웠던 자연 경관이 더욱 빛을 발하고 있다. 주인공들만큼이나 드라마 때문에 성공한 곳이 있다면 바로 남이섬이다.

남이섬은 '마당'으로 이뤄져 있다.

길들이 남이섬을 이루고 있다면 길과 길 사이의 공간을 채우고 있는 것

은 '마당'이다. 길에서 조금만 벗어나 안으로 들어가면 잔디 마당이, 나무그늘 마당이, 음악당 마당이 펼쳐진다. 많은 사람들이 남이섬을 찾지만 마당에서 머무르며 공간과 시간을 즐기는 사람들이 적은 건 의외이다. 대부분의 여행객들이 길을 따라 걷거나 자전거를 대여해 타고 다니느라 한 곳에 머물러 있는 경우가 거의 없다. 돗자리를 준비하고 간단한 먹을거리를 준비해 햇볕 따사한 잔디 마당도 좋고 나무 그늘 시원한 숲 속 마당도 좋으니 한 곳에 자리를 잡고 남이섬의 여유를 즐겨보자. 남이섬에서 할 수 있는 세 가지 활동은 산책하기, 자전거타기 그리고 나머지 하나가 바로 '머무르기'다.

남이섬은 복잡하다! 남이섬을 여유롭게 즐길 수 있는 방법은?

남이섬을 처음 방문한다면 먼저 놀라게 되는 것이 바로 사람이 많다는 것이다. 주말에 가평나루에 도착하면 주차장을 가득 채운 차들과 출입하기 위해 긴 줄로 선 사람들을 보게 되는데 이는 남이섬으로 들어가서도 마찬가지

다. 남이섬을 남들보다 조금 더 여유롭게 즐길 수 있는 방법 두 가지를 소개한다. '에이 이게 뭐야~' 할 수 있는 아주 간단하고 상식적인 내용이지만 잘 기억하고 있다가 남이섬을 방문할 때 참고하도록 하자. 남이섬 여유롭게 즐기기 첫 번째 방법은 남들과 다른 길 가기! 남이섬을 찾는 대부분의 여행객들은 남이나루에 내려서 남이 장군묘까지 올라가서 오른쪽 중앙 통로로 남이섬을 가로지르는 길을 택하는데 그러지 말고 배에서 내리자마자 오른쪽이든 왼쪽이든 강변을 따라 난 길을 따라 방향을 잡아보자. 즉, 중앙 통로에서 강변으로 나오는 길이 아니라 강변을 따라 걷다 중앙 통로로 나가는 순서다. 추천하는 길은 섬의 동남쪽 메타나루에서 남쪽 끝의 창경원까지의 길. 햇살을 받아 반짝이는 강변의 아름다움을 여유롭게 즐길 수 있다. 두 번째 방법은 남들과 다른 시간에 방문하기! 시간과 여건이 허락한다면 최대한 일찍 또는 늦은 시간에 남이섬을 방문해보자. 가평나루에서 첫 배가 오전 7시40분, 남이나루에서 떠나는 마지막 배가 저녁 9시 45분에 있으니 배 시간을 잘 기

억해 두었다가 이용하면 된다. 오후 다섯 시만 넘어도 남이섬으로 들어가는 배가 한산해진다. 반면 나오는 배는 만선이다. 일찍 도착하지 못한다면 오히려 늦은 시간에 남이섬을 방문하는 편이 낫다. 특히 춥지 않은 봄, 가을 또는 여름철에는 해질녘 남이섬 여행을 추천한다. 조명으로 밝혀지는 특별한 분위기의 남이섬을 즐길 수 있다.

- **연락처** : 031-580-8114 **홈페이지** : www.namisum.com
- **입장료** : 성인 8,000원, 청소년·어린이 4,000원, *도선료 포함
- **관람시간** : 07:30~21:45(남이섬 출발 마지막 배) 연중무휴

'작은 프랑스' 로 떠나는 여행

쁘띠프랑스는 지중해의 어느 작은 마을을 옮겨 놓은 것처럼 빨간 지붕, 하얀 집들이 아기자기하게 모여 있는 이국적인 공간이다. 프랑스 문화와 생텍쥐베리의 '어린 왕자' 가 주제인 중앙광장으로 들어가면 생텍쥐베리의 생애와 그의 작품을 기념하는 기념관을 찾을 수 있다. 200년 된 프랑스의 옛집을 그대로 옮겨 놓은 주택전시관도 이곳의 대표적인 볼거리다. 길을 따라 곳곳에 작은 전시관들과 기념품 매장이 있어 구경하는 재미가 쏠쏠하며, 계단을 오르내리며 예쁜 건물을 배경으로 사진을 찍을 수도 있다. 멀리 청평 호반을 전망으로 하고 있는 식당과 숙박동도 있다. 사랑의 종과 함께 빠트리지 말고 찾아야 할 곳이 '오르골하우스' 다. 프랑스에서 수집한 다양한 종류(디스크, 실린더, 스트릿 오르골)의 오르골들을 관람할 수 있고 주말에는 매시 정각에 해설사의 안내로 수백 년의 시간을 담고 있는 오르골 연주를 감상할 수 있다. 단, 종이 악보를 넣어 소리를 내는 스트릿 오르골은 마모 문제 때문에 해설 시간에만 들을 수 있으니 참조하자.

- **연락처** : 031-584-8200   • **홈페이지** : www.pfcamp.com
- **입장료** : 성인 8,000원, 청소년 6,000원, 어린이 5,000원
- **관람시간** : 09:00~18:00 연중무휴

가평 여행 **2위**

호명호수 | 깊 은 산 속 에 숨 겨 진 호 수

30년간 닫혀 있던 숲 속의 문이 열리다

가평에는 그 동안 외부에 알려지지 않았던 비밀스러운 장소가 한 곳 있다. 바로 가평의 두 번째 여행지로 소개하는 호명호수다. 호명호수는 산속 높은 곳 (해발 535m)에 만들어진 커다란 인공호수로 청평양수발전소(전기사용이 적

은 심야에 남는 전기를 이용해 하부에서 상부로 물을 끌어올려 전기사용이 많은 낮 시간에 물을 내려 보내 발전하는 방식)의 상부 저수지 역할을 하는 곳이다. 발전소가 완성된 1980년 이후 관계자들만 출입이 가능하던 곳을 지난 2008년 공원으로 단장하고 시민들에게 개방했다. 지난 30년간 사람들의 손이 거의 닿지 않아 호명호수 주변과 오르내리는 길의 산림이 흡사 강원도의 어느 깊은 산속에 와 있는 것처럼 울창하게 잘 보존돼 있다. 호수를 따라 산책로가 잘 조성돼 있으며 전망대에 오르면 가까이로는 호명호수가, 멀리로는 북한강 청평 호반의 아름다운 풍경을 조망할 수 있다.

자가용 No, 버스 Yes

호명호수까지 오르는 길은 왕복 2차선 아스팔트 도로가 잘 닦여져 있다. 하지만 자가용은 이용할 수 없고 가평 또는 청평에서 출발해 호명호수로 오르는 순환버스(한 시간에 한 대 정도 있다. 아래 번호로 문의 또는 가평군청 홈페이지 참조)를 이용해야 한다. 자가용으로 왔다면 관리소 입구에 주차하고 순환버스에 탑승하면 호명호수까지는 10분 정도 소요된다. 관리소 입구에서 호수까지는 4km로 걸어서는 1시간~1시간 30분 정도 소요되는데 오르는 길이든 내려오는 길이든 적어도 한 번은 도보로 산책해 보자. 도로에 차들이 다니지 않아 한적한 분위기에서 걸을 수 있을뿐더러 울창한 숲이 만들어 주는 그늘과 바람, 그리고 자연의 소리를 더욱 가까이에서 함께할 수 있다.

호명호수를 찾으면 가장 좋은 세 가지 때, 반딧불이 천국

호명호수를 찾으면 좋은 세 가지 때가 있다. 첫 번째는 가을 단풍철이다. 호수를 오르내리며 주변으로 붉은색, 노란색으로 아름답게 물든 멋진 단풍을 감상할 수 있다. 두 번째는 봄·가을 맑은 날 이른 아침으로 자욱한 물안개가 햇살 속에서 순식간에 사라지며 햇살을 받아 반짝이는 호명호수를 볼 수 있다. 세 번째는 여름 저녁 시간이다. 산속 호수를 물들이는 해넘이를 감상하고 퇴장 시간이 가까워져 어둑어둑할 때 걸어서 내려가면 어둠 속에서 빛을 발하며 날아다니는 반딧불이를 지천으로 볼 수 있다. 수도권 최고의 반딧불이 서식지가 이곳이 아닐까 싶다. 가평을 여행하거나 가평을 지날 때 시간 내어 호명호수에 들러보자. 인공호수이긴 하지만 일산이나 분당 등 신도시에 만들어진 호수공원과는 또 다른 첩첩산중에 숨어 있는 멋진 호수 풍경에서 여유 있는 새로운 느낌을 받게 될 것이다.

- **연락처** : 가평군 생태레저사업소 031-580-2514, 2062
- **홈페이지** : 홈페이지 가평군청 홈페이지 참조 · **입장료** : 없음
- **관람시간** : 09:00~18:00 *3월 중순~11월 말까지 버스 운행, 도로 결빙 전까지 개방함

아침고요수목원 | 잘 가꿔진 정원 산책하기

아침고요수목원과 영화 〈편지〉, 그 아련한 기억을 찾아서

영화 〈편지〉를 보며 두 주인공의 아름답지만 슬픈 사랑이야기에 아련했던 기억이 많은 이들에게 남아 있다. 1997년에 개봉된 영화 〈편지〉의 장면이 아침고요수목원에 담겨 있다. 주인공인 환유(박신양)는 수목원에서 근무하는 식물학자로 경강역에서 또 다른 주인공인 정인(최진실)을 우연히 만나게 된다. 영화 속에는 아름다운 배경이 많이 나오는데 두 사람이 만나 자전거를 타며 데이트를 하고, 결혼식을 올리고, 또 마지막 흔적(수목장)을 남기게 되는 곳의 배경이 바로 아침고요수목원이다. 수목원의 아침광장을 찾으면 두 사람이 결혼식을 올렸고, 또 헤어졌던 환유나무를 찾을 수 있다. 영화 속 환유나무를 생각하고 간다면 조금은 실망할 수도 있겠다. 원래 환유나무는 잣나무인데 어떤 이유에서인지 시들어서 그 자리에 팻말을 세워 놓고 옆으로 작고 예쁜 소나무를 새로 심어 놓았다. 그래도 그때의 분위기는 그대로라 푸른 잔디 언덕 위에 올라서면 영화 속 장면을 추억할 수 있다. 영화 개봉 당시에는 수도권에서도 오지에 속하는 곳으로 오고가는 길도 제대로 닦여 있지 않았지만 이제는 사람들이 많이, 또 자주 찾는 수도권에서도 손꼽히는 여행지로 편의시설도 잘 갖춰져 있어 한나절 나들이 장소로 좋다.

아침고요수목원에는 한국정원이 있다

아침고요수목원은 '한국정원'의 개념으로 가꾼 수목원으로 이웃나라 일본의 인공식 정원이나 사람을 압도하는 중국의 거대한 정원과 다른 우리나라 정원만의 인위적이지 않고 자연스러운 모습을 우리나라에서 피고 지는 꽃들과 나무들을 통해서 보여준다. 고향집정원, 능수정원, 한국정원, 아침고요산책길 등 여러 구역으로 특색 있게 나뉘어져 있지만 전체가 하나인 듯 느껴지는 것은 앞서 이야기한 '한국정원'이라는 큰 틀 아래서 가꾸기 때문일 것이다. 꽃길 숲길을 산책하며 수목원을 즐기게 되는데 그 중에서도 가장 인상적인 곳을 꼽으라면 입구를 지나면 바로 나오는 고향집 정원, 하경정원과 하경전망대, 에덴계곡의 탑골이다. 물론 영화 배경으로 등장한 아침광장도 빠뜨릴 수 없다. 고향집 정원의 초가집 툇마루에 걸터앉아 주변을 돌아보면 계절마다 피고 지는 꽃들과 때때로 옷을 갈아입는 나무들이 실제 고향집 주변에 피고 지는 꽃과 나무를 보는 듯 편안함과 자연스러움을 느끼게 한다. 하경정원은 한반도 모양으로 꾸며진 정원으로 계절마다 최고의 아름다움을 뽐내는 꽃들로 우리나라를 수놓았다. 둘레를 따라 산책하며 계절의 변화와 우리 땅의 다양한 아

름다움을 느껴보고 전망대에 올라 우리나라 전체의 모습을 감상해 보자. 에덴계곡을 가로지르며 만나는 탑골은 방문할 때마다 새롭다. 관람객들이 오고가며 돌을 하나씩 올려 세운 돌탑이 지금도 계속 만들어지고 있는데 계곡에 가득찬 돌탑의 모습이 장관이다. 여러 정원들뿐만 아니라 잣나무 그늘이 시원한 산책길들도 잘 만들어져 있어 산책과 동시에 삼림욕도 즐길 수 있다. 이곳을 방문하는 관람객들은 대개 반나절 정도의 시간을 보내고 돌아오지만 읽을 책이나 가벼운 놀이거리, 도시락 등을 준비해 하루 종일 축령산 자락에 파묻혀 맑은 공기를 마시고 아름다운 정원을 즐기다 와도 좋겠다. 식당, 찻집 등 편의시설도 잘 갖춰져 있어 따로 먹을거리를 준비하지 않아도 편리하게 이용 가능하다.

- **연락처** : 1544-6703 • **홈페이지** : www.morningcalm.co.kr
- **입장료** : 성인 8,000원, 청소년 5,000원, 어린이 4,000원(토·일·공휴일 요금) *평일·동절기 요금 인하
- **관람시간** : 09:00~20:30 연중무휴

운악산 현등사 | 많 은 이 야 기 를 담 고 있 는 절

● 　　　운악산은 가평과 포천을 아우르고 있는 산으로 '경기 오악' 중 하나다. 운악산 입구에는 작은 절이지만 재미있는 옛이야기를 전하는 현등사가 있다. 이 차돈의 순교를 통해 신라에 불교를 공인한 법흥왕이 인도 승려 마라가미를 위해 지어준 절이라는 창건 설화가 전해지고 있으며, 도선국사가 고려의 수도로 송악을 정하고 주변을 둘러보니 동쪽인 이곳의 지기가 허약해 절을 중창했다는 이야기도 있다. 절 곳곳에 옛이야기들을 증명하듯 유물들이 남아 있다. 보조국사가 이곳의 지기를 누르기 위해 세웠다는 지진탑, 5층탑에서 4층탑으로 내려앉은 현등사 석탑 그리고 함허대사의 부도 등이 그것이다. 현등사가 있는 운악산은 계곡을 따라 오르는 재미가 쏠쏠하여 산을 좋아하는 이들에게 각광받고 있다. 현등사까지는 울창한 숲과 계곡을 따라 오르는 가벼운 트레킹 코스로 남녀노소 쉽게 탐방할 수 있으며, 현등사를 지나면서부터는 제대로 된 등산로가 시작된다.

• **연락처** : 031-585-0707 　　　• **입장료** : 성인 1,600원, 청소년 600원 *어린이 무료
• **관람시간** : 일출~일몰

함께 둘러볼 곳 2

코스모피아 천문대 | 깊은 숲 속 에 서 별 빛 을 찾 다

● 　　코스모피아 천문대가 있는 명지산 깊은 자락은 여름 저녁에 반딧불이가 반짝이며 날아다니는 것을 볼 수 있을 만큼 청정 지역이다. 깨끗한 환경에 광해가 없어 천문대 위치로 제격인 곳에 있기에 천문대 활동의 핵심인 '관측'을 제대로 할 수 있는 곳이다. 지구에서 가장 가까운 달에서부터 목성과 금성, 멀리서 아스라이 빛을 밝히는 성단과 성운까지 오퍼레이터들의 도움을 받아 하나씩 찾아보며 관측에 집중할 수 있다. 이는 소수의 예약된 관람객들로만 프로그램을 운영한다. 금·토·일요일 주말 저녁에 가족들을 위한 1박 2일 프로그램을 운영하는데 비용은 식사와 숙박까지 포함 1인당 6만 원 내외로 내용을 고려하면 비싸지 않다. 숙박시설은 별다른 꾸밈없이 단촐하지만 주변 환경이 좋은데다 여름이면 계곡물을 막아 수영장을 만들고, 겨울이면 자연적으로 만들어지는 눈썰매장이 있어 천문 관측 외에도 즐거운 한때를 보낼 수 있다.

- 연락처 : 031-585-0482
- 입장료 : 프로그램에 따라 다름. 홈페이지 참조
- 홈페이지 : www.cosmopia.net
- 관람시간 : 09:00~18:00 월요일 휴관

용추계곡 | 시 원 한 물 과 깨 끗 한 바 람

●   여름이면 계곡을 즐기려는 사람들로, 봄·가을이면 이곳을 기점으로 승안리 코스를 따라 연인산으로 오르려는 등산객들로 붐비는 곳이 용추계곡이다. 더우면 더울수록 계곡은 더 시원해지는 법, 한여름은 용추계곡의 바람과 물이 가장 시원한 때다. 계곡의 깨끗한 물에 발을 담그고 있으면 더위는 생각도 나지 않는다. 용이 하늘로 올라가며 와룡추, 무송암, 고실대 등 아홉 군데의 비경을 새겨놓았다고 해서 '용추구곡' 또는 '옥계구곡' 이라고 부른다. 연인산 줄기인 칼봉산 자락에서 내려오는 물길로 채워지는 계곡이라 수질이 깨끗하고 수량도 풍부하다. 깊은 골짜기에서 흘러 내려오는 바람은 시원함을 넘어 냉기를 담고 있어 피서지로 제격이다. 가평읍에서 멀지 않아 오가기가 편리하다는 것도 장점. 계곡 상류까지 길이 놓여 있어 평일에는 차량으로 계곡 입구까지 통행이 가능하지만 주말에는 아래 주차장에 차를 주차해야 한다. 단, 상류 쪽 민박이나 펜션에 숙박을 예약한 경우라면 차량 출입이 가능하다

- 연락처 : 031-580-4669   ● 입장료 : 없음
- 관람시간 : 종일

국립 유명산 자연휴양림 | 휴 양 림 으 로 떠 나 는 숲 속 나 들 이

● 　　　유명산 자연휴양림은 전국에서 가장 인기 있는 휴양림 중 하나로 최근 서울~춘천고속도로가 개통되면서 접근이 더욱 편리해졌다. 가까운 곳으로 숲 속 나들이를 원한다면 유명산 휴양림이 제격이다. 평상에 자리 잡고 쉬어도 좋고, 숲길을 따라 가볍게 걸으며 삼림욕을 즐길 수도 있으며, 해발 662m 유명산 정상 등반 등 숲에서 할 수 있는 모든 활동이 가능하다. 자생식물들을 보호하기 위해 가꿔 놓은 자생식물원도 있어 금강초롱, 개불알꽃 등 사라져가는 우리 꽃과 식물을 가까이에서 관찰할 수도 있다. 유명산 휴양림에서 유명산 정상까지 등산도 가능하지만 등산이 부담된다면 '계곡로'를 따라가는 가벼운 트레킹을 추천한다. 계곡을 따라 가는 길은 경사가 심하지 않아 아이가 있는 가족이라도 무리 없이 다녀올 수 있다. 기왕 숲 속으로 들어 갈 것이라면 숲 해설 프로그램(3~12월, 예약 후 이용)에 참가해 전문가와 함께 숲에 대한 이야기를 들으면서 숲과 더욱 가까워지는 시간을 가져도 좋겠다.

- **연락처** : 031-589-5487
- **입장료** : 성인 1,000원, 청소년 600원, 어린이 300원
- **홈페이지** : www.huyang.go.kr
- **관람시간** : 09:00~18:00 월요일 휴원

한나절 일정 │ 유 명 한 곳 vs. 유 명 하 지 않 은 곳

계량촌　　　　　　　　　　　남이섬 또는 호명호수
(점심식사)

남이섬이야 워낙 잘 알려진 여행지지만 호명호수는 그렇지 않다. 가평 여행을 계획하고 있다면 둘 중 한 곳을 우선 가보자. 가평의 숨겨진 보물 같은 여행지를 찾는다면 호명호수를, 한낮에 남이섬을 다녀온 적 있다면 오후에 방문해 늦은 시간 조명으로 밝혀지는 또 다른 분위기의 남이섬을 즐기다 와도 좋겠다. 오가는 길에 부대찌개로 점심식사를 하는데 점심 때만 문을 여니 시간을 잘 맞춰야 한다.

🍴 강력 추천 음식점 ❶ 계량촌

점심 때만 문을 여는 별미 부대찌개 집

부대찌개 하나만, 그것도 점심 반 나절만 문을 여는 집이다. 오후 6시까지는 문을 연다고 하지만 하루치 재료가 떨어지는 시간이 보통 오후 4시경이라고 한다. 단체 예약 외에는 점심 때 가야 식사할 수 있다. 콩나물이 한 움큼 들어간 부대찌개는 시원하고 자극적이지 않아 부드러운 맛을 낸다. 함께 차려져 나오는 반찬은 양념 단무지와 직접 담근 된장을 묻혀 나오는 고추 요리 단 두 개뿐이지만 맛은 좋다. 산을 좋아하는 주인은 일요일에는 문을 닫고 산행을 간다고 한다. 가평에서 산행을 계획하고 있다면 식사를 겸해 주인에게 여러 정보를 얻을 수도 있다.

• 연락처_031-582-7265　• 가격_부대찌개 6,000원, 사리 1,000원
• 영업시간_10:00~18:00 일요일 휴무

종일 일정 │ 산 과 호 수 를 따 라 가 는 환 상 의 드 라 이 브 길

| 숙이네청국장 | 환상의 | 호명호수 | 쁘띠프랑스 또는 | 청평 호반 |
| (점심식사) | 드라이브 길 | | 남이섬 | 드라이브 길 |

산과 호반을 동시에 즐길 수 있는 수도권 최고의 드라이브 길이 청평에 있다. 청평 읍내를 지나 계속 직진하다 상천역 부근 오른쪽으로 호명호수 표지판이 보이면 우회전해서 오르면 된다. '환상의 드라이브 길'은 이 지역 주민들이 붙인 이름으로 나무 그늘이 우거진 2차선 숲길이다. 중간에 호명호수로 올 수 있으니 차를 주차하고 셔틀버스를 타고 올라갔다 오면 된다. 길 아래로 내려오면 복장리다. 왼쪽 가평 읍내 방향으로 가면 남이섬, 오른쪽 청평 읍내로 방향을 잡으면 쁘띠프랑스를 찾을 수 있다. 식사는 청평댐삼거리 인근 숙이네청국장에서 해도 좋고, 시간에 따라 쁘띠프랑스에서 하는 것도 가능하다.

🍴 강력 추천 음식점 ❷ 들풀 & 숙이네청국장

가평에서 맛보는 진한 청국장 맛

가평 여행 중에 찾을 수 있는 식당 두 곳을 함께 소개한다. 메뉴는 '청국장'으로 동일하지만 각각 특색 있게 차려내는 곳이다. **들풀**은 서울 대학로에서 음식점을 운영하던 주인이 장을 담글 곳을 찾다가 아예 이곳에 자리를 잡아 만든 식당으로 청국장 특유의 역한 맛은 없애고 고소하고 부드러운 콩 본래의 맛을 잘 살리고 있다. 청국장오디쌈, 산마늘, 장아찌 등 특색 있는 반찬이 함께 나오는 정식이 주요 메뉴이다. **숙이네청국장**은 청국장 본래의 진하고 구수한 맛이다. 신선한 청국장을 이용해 보글보글 한소끔 끓여 만드는데 끝맛이 텁텁하지 않고 깔끔하다. 생

선구이, 제육볶음 등이 함께 나오는 청국장 정식 메뉴가 있지만 청국장만으로도 한 끼 든든한 식사를 할 수 있다. 들풀은 설악면에, 숙이네 청국장은 청평면에 있다. 일정에 따라 여행지에 따라 가까운 곳으로 찾아보자.

들풀　• 연락처_031-585-4322　• 홈페이지_www.dulpul.co.kr　• 가격_청국장 정식 1만 원
　　　• 영업시간_10:30~21:00
숙이네청국장　• 연락처_031-584-3249　• 홈페이지_www.chunggukjang.kr
　　　• 가격_청국장뚝배기 6,000원, 청국장정식 1만 2,000원　• 영업시간_09:00~20:00

1박 2일 일정 ❶ | 가 평 의 봄 · 가 을 즐 기 기

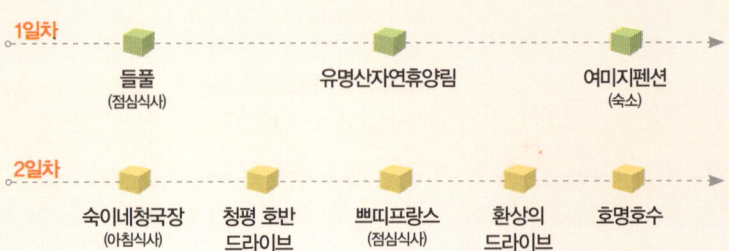

1일차
들풀 (점심식사) 유명산자연휴양림 여미지펜션 (숙소)

2일차
숙이네청국장 (아침식사) 청평 호반 드라이브 쁘띠프랑스 (점심식사) 환상의 드라이브 호명호수

강원도 '설악' 처럼 깊고 높은 산골이 바로 가평의 '설악' 이다. 가평에서도 설악은 찾아가기 쉽지 않을 정도로 외진 곳이었으나 서울~춘천 고속도로가 개통돼 설악 IC를 통하면 수도권에서도 가장 교통이 편리한 여행지 중 한 곳이 됐다. 설악에는 유명산자연휴양림이 있다. 숲 속에서 계절을 즐기고 인근에서 숙박을 한다. 식당으로는 설악 읍내에서 5분 거리로 청국장과 밑반찬을 깔끔하게 차려내는 '들풀' 을 추천한다. 다음날 일정은 앞서 한나절 일정으로 소개한 드라이브 코스다. 쁘띠 프랑스를 관람하고 가평읍 방향으로 조금 더 가다 보면 복장리가 나오는데 삼거리 표지판을 따라 왼쪽으로 방향을 잡으면 환상의 드라이브 코스가 이어진다.

🏠 강력 추천 숙소 ❶ **여미지펜션**

불빛 밝힌 펜션 단지의 아름다운 풍경

제주도의 유명한 식물원인 여미지와 이름이 같은 이곳 여미지펜션 은 청평대교를 건너 설악 방면으로 청평호를 따라 가다 보면 찾을 수 있다. 가평 내에서 규모가 꽤 큰 펜션 단지로 원룸과 투룸 형태의 방으로 구성돼 있으며 단체가 이용할 수 있는 별채 건물도 있다. 객 실 인테리어는 나무 소재를 많이 사용해 편안한 느낌을 주며 커다  란 창을 통하여 환하게 들어오는 햇볕이 화사한 분위기를 자아낸다. 펜션 앞으로는 계곡이 흐르고 있는 데 방마다 딸려 있는 테라스에서 시원하게 계곡을 내려다볼 수 있다. 내부가 깔끔하게 잘 관리되고 있다 는 점도 여행객들의 하루를 편안하게 만들어주는 요소 중 하나. 단, 청평에서 설악 가는 도로변에 있어 접 근성은 좋지만 통행량이 많을 때는 차 소리가 거슬릴 수 있다.

- 연락처_031-584-4605 • 홈페이지_www.yeomijl.com
- 숙박료_7만~10만 원(원룸, 평일), 10만~20만(주말·성수기)

1박 2일 일정 ❷ │ 가 평 의 여 름 즐 기 기

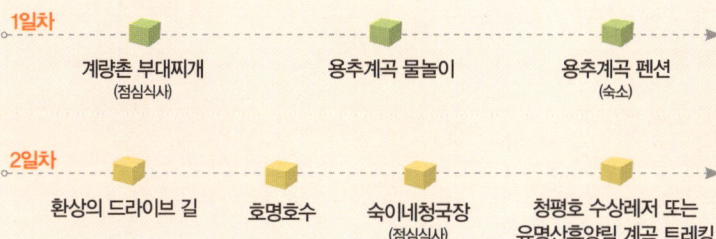

1일차

계량촌 부대찌개
(점심식사)

용추계곡 물놀이

용추계곡 펜션
(숙소)

2일차

환상의 드라이브 길

호명호수

숙이네청국장
(점심식사)

청평호 수상레저 또는
유명산휴양림 계곡 트레킹

가평은 깊고 시원한 계곡들로 유명하며, 청평은 여름 수상 레포츠의 천국이다. 가평과 청평을 오고가며 시원하게 여름을 나는 일정을 소개한다. 첫째 날은 용추계곡에서 숙박을 하며 물놀이를 하는 일정이다. 둘째 날은 오전에 조금 서두른다면 환상의 드라이브 길과 호명호수를 찾아 산속에서 불어오는 시원한 바람을 맞아보고 점심식사 후 오후에는 청평호에서 수상 레저를 즐겨보자. 식당이 있는 곳의 맞은편 방향으로 수상레저 업체들이 길을 따라 모여 있다. 가족, 친구들이 함께 즐길 수 있는 바나나보트, 플라잉피시 등은 개인당 1만5,000~2만 원선, 수상스키나 웨이크보드는 초급자의 경우 강습을 포함해 5만~6만 원 정도의 비용이 든다.

🏠 강력 추천 숙소 ❷ 용추계곡 펜션들

계곡 따라 이어지는 숙소

용추계곡 주차장을 지나면 펜션이나 민박집들이 작은 마을을 이뤄 띄엄띄엄 자리하고 있다. 그 중에서 몇 곳을 소개하면 다음과 같다. 용추계곡 가장 위쪽에 홀로 자리하고 있는 **둥지펜션**(031-581-  9500, www.123pension.com)은 노출 콘크리트 구조로 지어진 건물로 외관이 특이하며 계곡이 바로 앞이라 여름철 물놀이에 좋다. 아래쪽 마을에 **용추펜션타운**(031-582-8511, www.계곡펜션.kr)도 계곡 가까이에 지어진 깔끔한 시설의 펜션이며 방도 인근 펜션 중 많은 편이다. 위쪽 언덕에는 마치 하늘의 구름을 생각나게 할 만큼 하얀색 외관이 인상적인 **하늘그리기펜션**(031-582-4598, www.skyafter.co.kr)이 있다. 모두 하룻밤 묵기에 손색없는 곳이나 다른 계곡들과 마찬가지로 성수기 때는 요금이 많이 오르고 예약이 밀린다.

- **연락처&홈페이지**_본문참조
- **숙박료**_6만~8만 원(평일), 10만~12만 원(주말) *성수기 요금 다름

둘러볼 곳 **먹을 곳** **잠잘 곳**

연락처 **위치** **찾아 가는 길**

대중교통 **주차장**

코스모피아 천문대
- 031-585-0482
- 가평군 하면 86
- 청평에서 현리방향 37번 국도 → 하면 사무소 방향 우회전, 387번 지방도 → 썬힐 GC지나 오른쪽길로 진입

썬힐GC

코스모피아 천문대

산수유원지

매봉 수락폭

현리유원지

현등사
- 031-585-0707
- 가평군 하면 하판리 산163
- 46번 국도 청평면 지나 상면 방향 37번 국도 좌회전 → 상면 하면 현리를 지나 가평꽃동네 방향 387번 지방도로 우회전 → 5km 직진하면 왼쪽으로 입구가 나옴
- 유료

계량촌식당
- 031-582-7265
- 가평군 가평읍 승안리 60-3
- 용추계곡에서 나와 좌회전 → 제66보병사단 바로 맞은편
- 무료

37

상록수유원지

숙이네청국장
- 031-584-3249
- 가평군 청평면 청평 3리 715
- 청평댐삼거리에서 청평댐 방향으로 바로 우회전 → 오른쪽
- 무료

광릉CC

수동관광지

산장 국민관광지

깃대봉 청평면

47

397

아침고요수목원
- 1544-6703
- 가평군 상면 행현리 산 255
- 춘천 방향 46번 국도 청평면 지나 상면 방향 37번 국도 좌회전 → 7km 가면 왼쪽으로 수목원진입로 나옴 → 큰길에서 4km 들어감
- 무료
- 1호선 청량리역환승센터에서 1330, 1330-1, 1330-2 등 청평 방향 버스 탑승, 청평버스터미널 하차 후 택시 또는 마을버스 이용 (09:00, 10:20, 10:50, 11:20분 이후 1시간~1시간20분 간격 운행)

진접읍

아침고요 수목원

청평유원지

신청평대교

뽀루봉

383

98

회곡

여미지펜션
- 031-584-4605
- 가평군 설악면 회곡리 241-5
- 청평대교 건너 좌회전 → 6km 가다 오른편 GS 주유소 지나 위치

천마산 군립공원

금남

46

화도읍

양주CC

남양주시청 1청사

화도 I.C

서종 I.C

무궁화 공원묘원

용추계곡과 숙소들 🔗
- 📞 031-580-4669, 숙소 연락처는 본문 참조
- 📍 가평군 가평읍 승안리 일대
- 🚗 46번 국도 가평읍을 지나 춘천 방향 75번 국도가 갈라지는 길에서 경기도공무원휴양소 방향으로 좌회전→ 용추계곡

남이섬 🔗
- 📞 031-580-8114
- 📍 가평군 가평읍 달전리 144
- 🚗 춘천 방향 46번 국도 가평 진입 전 가평오거리에서 우회전 → 800m 후 현충탑 끼고 좌회전 후 직진 → 남이섬 선착장
- 🚌 1) 가평역 또는 가평시외버스터미널 하차 후 택시(4천~5천원) 또는 남이섬행 버스(30~50분 간격 운행) 이용
  2) 셔틀버스 이용. 인사동에서 매일 09:30에 출발. 예약제 운영. 성인 편도요금 7,500원

호명호수 🔗
- 📞 031-580-2514
- 📍 가평군 청평면 상천리
- 🚗 춘천 방향 46번 국도 청평면 지나 4km 직진 → 상천역입구 삼거리에서 우회전
- 🚌 가평터미널(08:20, 12:00, 15:00), 청평터미널(09:30, 10:30, 13:00, 14:00, 16:00, 17:30)에서 출발하는 셔틀버스 이용. 30분 소요

쁘띠프랑스 🔗
- 📞 031-584-8200
- 📍 가평군 청평면 고성리 616
- 🚗 춘천 방향 46번 국도 청평댐 입구 삼거리에서 우회전 → 75번 국도 10km 가면 왼쪽
- 🚌 경춘선 기차 또는 버스 이용 청평역 하차 후 셔틀버스 이용(10시~13시, 14시 30분~17시 30분까지 한 시간 간격으로 운행)

들풀 🔗
- 📞 031-585-4322
- 📍 가평군 설악면 창의리 420-6
- 🚗 설악 읍내 삼거리에서 서면방향 86번 지방도로 좌회전→ 설악면사무소 지나 1km 가다 오른편 입간판 보고 들어감
- 🅿 무료

국립유명산자연휴양림 🔗
- 📞 031-589-5487
- 📍 가평군 설악면 가일리 산 35
- 🚗 청평대교 건너 북한강변 37번 국도 좌회전 → 설악면으로 들어가 삼거리에서 우회전 → 팻말 참조
- 🅿 유료

다산의 추억과 삶이 오롯이 배인 곳

남양주와 구리는 과거와 현재가 공존한다. 수종사 앞마당에 자신의 흔적을 세운 세조, 긴 유배생활을 마치고 돌아와 다시 이곳에서 긴 휴식에 들어간 정약용, 커피를 모티프로 향긋한 공간을 창조한 왈츠와 닥터만 그리고 구리시의 야심 찬 자원회수시설까지 과거의 향기가 현재로 들어오는 길목인 그곳으로 발을 내딛는다.

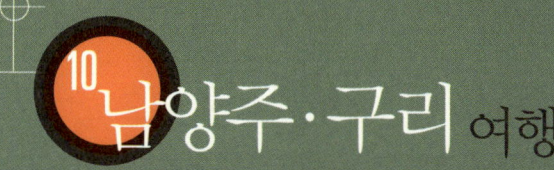

10 남양주·구리 여행

| 문의 |
• 남양주시청 문화관광과 031-590-4241

| 홈페이지 | www.nyj.go.kr/culture

| 찾아 가는 길 |
100 서울외곽순환고속도로 남양주 IC → 46번 국도 → 남양주시
100 서울외곽순환고속도로 구리 IC → 43번 국도, 46번 국도 → 구리시

| 지역 축제 |
• 다산문화제
  시기 | 매년 10월 중   장소 | 다산유적지 일대

수종사 │ 최 고 의 전 망 을 즐 기 는 차 한 잔

맑은 종소리는 떨어지는 물소리였더라…

어린 조카인 단종을 몰아내고 왕의 자리를 차지한 세조는 평소 피부병 때문
에 고생했다고 한다. 어느 날 오대산으로 치료를 위한 불공을 드리러 갔다가
돌아오는 길에 양수리 주변에서 하루를 머물게 되었는데 한밤중에 맑은 종

소리를 듣게 됐고, 다음날 소리난 곳을 찾아보니 운길산 자락에 나한이 모셔진 바위굴에서 물이 떨어지며 울리는 공명이었다고 한다. 명을 내려 그 자리에 절을 세우니 그 절이 바로 수종사다. 수종사 입구 석간수 부근이 이야기 속 석굴의 위치라고 하나 현재는 그 흔적을 볼 수 없고, 대신 수종사 앞마당에 세조가 심었다고 전해지는 500년 넘은 은행나무가 그때의 이야기를 되살리며 서 있다.

1km, 맑고 향기로운 차 한 잔을 위해 올라야 하는 거리

'淸水茶香, 바위 사이로 솟아나는 맑은 물로 차의 깊은 향을 우려낸다.' 다산 정약용, 추사 김정희, 차의 성인이라 불리는 초의선사 등 수많은 시인과 묵객들이 즐긴 수종사에서의 차 한 잔을 위해서는 수고를 감수해야 한다. 산 아래 입구에서 절까지 거리는 약 1km로 시간은 30~40분 정도 소요된다. 오르는 길이 편하지만은 않으니 신발은 운동화나 등산화가 좋겠다(주차장에서는 300여 미터). 수종사 삼정헌에서는 다실을 운영(11시 30분~16시 30분)하는데 누구나 무료로 이용 가능하다. 다실 안으로 들어가면 좌탁 위에 정갈하게 갖춰진 다기가 눈에 띄고, 다실 한쪽의 전면 통유리 창 너머로 조선시대 문인인 서거정이 동방 제일의 전망이라 극찬했던 풍경이 펼쳐진다. 삼정헌에서 따스한 온기를 품고 있는 차 한 잔을 앞에 두고 바라보는 북한강의 물길은 과연 동방 제일이라 불러도 손색없는 풍경으로 감동을 전해준다. 누구의 도움을 받는 것이 아니라 스스로 차를 우려내 마시는데 책상에 '차를 맛있게 만드는 방법'이 설명돼 있으니 초보자도 그대로 따라하면 맛있는 차를 마실 수 있다. 차를 마시고 다기를 닦아 정돈하는 것은 다음 사람을 위한 배려다. 어떻게 정리하면 되는지도 탁자에 붙은 안내를 참조하면 된다.

수종사와 정약용, 더 이상 이곳에서 즐길 수 없음을 한탄하다

수종사는 조선시대 내내 수많은 시인들이 머무르며 이곳을 찬탄하는 글을 남겼지만 그 중에서도 가장 인연이 깊은 사람은 바로 다산 정약용이다. 다산은 〈수종사 유람기〉에서 산천을 유람하는 세 가지를 이야기했는데, 어렸을 때 노닐던 곳에 어른이 되어 다시 찾아올 때의 즐거움이 첫 번째요, 곤궁할 때를 지나 성취를 이루고 찾아올 때가 두 번째 즐거움이요, 홀로 있던 곳을 친구들과 다시 찾을 때가 세 번째 즐거움이라 했다. 이 글을 쓸 때가 바로 다산이 과거에 합격하고 친구들과 함께 수종사에 들렀을 때니 세 가지 즐거움을 한 번에 즐겼다고 하겠다. 하지만 다산의 인생 역정이 순탄하지 않았듯, 오랜 귀향살이 후 고향에 돌아와 노쇠한 몸으로 다시 수종사를 찾을 수 없음을 한탄하며 '예전에 수종사를 내 정원으로 삼았지, 흥이 나면 훌쩍 가서 절문에 이르렀지'라고 회상한다. 수종사와 함께 하는 여행의 짝으로 다산유적지를 찾아 수종사를 즐겼던 젊은 다산과 늙어 수종사를 회상하던 다산을 함께 만나보자.

- **연락처** : 031-576-8411
- **입장료** : 무료
- **홈페이지** : www.sujongsa.com
- **관람시간** : 일출~일몰, 다실 운영 시간 11:30~16:30

왈츠와 닥터만 커피 박물관

악 마 처 럼 검 고 , 지 옥 처 럼 뜨 거 우 며 , 사 랑 처 럼 달 콤 한 커 피

커피 좋아하시나요? 남양주에 커피박물관이 있습니다

점심 식사 후 커피 한 잔, 일상화된 우리의 모습으로 점심을 먹고 삼삼오오
무리를 지어 커피를 마시는 직장인들의 풍경을 쉽게 볼 수 있다. 믹스 커피
가 커피의 전부인 줄 알았던 때도 그리 오래전의 이야기가 아니다. 이제는 추

출기에서 바로 뽑아내는 에스프레소와 아메리카노, 우유를 섞고 크림을 얹어 만드는 라테와 모카 커피까지 우리가 고르고 마시는 커피의 종류가 다양해졌다. 커피를 좋아하고 즐기는 사람이라면 한 번쯤 찾아보아야 할 박물관이 남양주에 있다. 북한강을 바로 앞에 둔 경치 좋은 곳에 있는 '왈츠와 닥터만 커피박물관'이다. 커피의 역사와 씨앗에서부터 우리 식탁에까지 이르는 제조 과정, 커피 문화와 관련된 다양한 내용을 전시하고 있다. 커피를 보관하는 포대, 커피를 원하는 크기로 가는 핸드밀, 뜨거운 물을 내려 커피를 만들어내는 추출기구 등 커피 관련 도구들이 오래된 것에서부터 지금 것까지, 그리고 우리나라 것에서부터 세계 각국의 잔과 기구들이 작은 전시장을 꽉 채우고 있다.

"커피, 수천 번의 입맞춤보다도 달콤하다."
바흐의 〈커피 칸타타〉 중에서

커피박물관의 전시는 단순한 관람에 그치지 않고 다양한 체험 거리를 제공한다. 다양한 산지의 생두를 만져보고 향기를 느껴본다든지, 로스팅 단계에 따라 커피의 향과 색이 어떻게 변하는지 살펴볼 수 있게 해놓은 코너도 있고, 박물관 한쪽에 설치된 터치스크린을 누르면 다른 나라 사람들은 '커피'를 어떻게 발음하는지도 들어 볼 수 있다. 커피 애호가였던 베토벤은 60알의 원두를 직접 세어서 만든 커피를 즐겼으며 바흐의 커피 사랑은 〈커피 칸타타〉라는 곡을 쓸 정도였다고 한다. 이처럼 떼려야 뗄 수 없는 커피와 예술가들의 에피소드들도 한쪽 벽에 정리돼 있다.

악마처럼 검고, 지옥처럼 뜨거우며, 사랑처럼 달콤한 커피 체험하기

볼거리와 체험거리 다양한 곳이지만 커피박물관의 관람 포인트는 커피 재배 온실 관람과 커피 만들기 체험이다. 전시관 관람을 마치면 옥상으로 안내해 주는데, 옥상에는 국내 최초로 만들어진 커피 재배 온실이 있다. 커피나무는 우리나라 기후에 맞지 않지만 계속 적응시키며 개량 중이라고 한다. 커피 온실을 구경하고 다시 내려와 갓 볶은 원두를 바로 갈아 적당한 온도의 물을 부어 내리는 커피 한 잔을 마시며 커피박물관에서의 체험을 마무리한다. 바리스타의 도움을 받아 신선하고 향기로운 커피를 직접 만들어 마시는데 '악마처럼 검고, 지옥처럼 뜨거우며, 사랑처럼 달콤하다.' 라고 말한 작가 다테랑의 커피 예찬이 바로 이곳에서 이뤄진다. 커피박물관 관장과 지원자 중에 선발된 이들이 함께 커피의 기원과 전파 경로를 찾아가는 여행인 '커피기행'이 멀티미디어실에서 상영되며 이곳에서 커피를 마시면 된다. 박물관 아래 카페가 있는데 최고급 커피를 내놓는 만큼 가격 또한 비싼 편이다. 박물관 앞쪽으로는 바로 북한강변이라 관람을 마치고 잠시 산책하며 바람을 쐬기 좋다.

- **연락처** : 031-576-0020
- **입장료** : 성인·청소년 5,000원, 어린이 3,000원
- **홈페이지** : www.wndcof.com
- **관람시간** : 10:30~18:00 월요일 휴관

몽골문화촌과 몽골 민속 공연

같 은 듯 다 른 나 라 몽 골 을 찾 아 떠 나 는 여 행

같은 듯 다른 나라 몽골을 찾아 떠나는 여행

중국인이나 일본인은 생김새를 보고 금방 알 수 있지만 아시아 여러 나라의
사람들 중에서도 유독 몽골인은 우리나라 사람과 외모가 비슷해 구별하기
어렵다. 하지만 살아온 방식은 전혀 다른데 우리 민족은 농경민족으로 한 곳

에 정착하는 생활을 해온 반면 몽골 민족은 유목 민족으로 넓은 초원을 옮겨 다니며 생활하는 민족이다. 이렇게 같은 듯 다른 몽골을 체험할 수 있는 곳이 남양주에 있다. 몽골문화촌은 남양주시와 몽골공화국 울란바토르시와의 협력을 통해 세워진 마을로, 나무와 가죽(요즘은 보통 천막 만드는 천을 쓴다) 등을 이용해 조립하는 몽골의 전통 집인 게르(Ger) 안에 몽골의 전통의상과 생활도구, 악기 등을 전시하고 있어 몽골을 보다 가깝게 볼 수 있다. 실제 몽골 가정 그대로의 모습을 만들어놓은 겔이 있어 그들의 실제 생활을 보여주며 야외에는 불경을 넣고 기도를 할 때 쓰는 후르드와 우리의 서낭당과 유사한 오보가 있어 몽고인들의 종교 세계도 엿볼 수 있다. 몽골문화촌을 찾아 한때 세계를 호령했으나 다시 유목민의 삶으로 돌아간 몽골, 그들의 삶과 문화를 체험해 보자.

현지에서도 볼 수 없는 수준 높은 몽골 민속공연이 펼쳐진다

몽골문화촌에서 펼쳐지는 민속공연은 이곳 탐방의 백미이다. 몽골 현지에서도 보기 힘들 만큼 수준 높은 예인들이 나와 몽골의 전통 노래와 춤, 기예, 악기 연주 등 공연을 펼치는데 공연 한 시간이 금방 지나갈 만큼 관람객들의 시선을 집중시킨다. 아슬아슬하게 펼쳐지는 소녀들의 기예도 마음을 졸이며

보게 되지만 몽골 악기로 연주하는 전통 음악, 특히 마두금의 현악기 선율이
우리 정서와 어울려 감동을 준다. 하루 두 번(11시, 14시 30분) 공연하지만
공휴일과 7~8월 주말은 오후 공연(16시 30분)이 한 번 더 진행된다. 이곳을
남양주의 세 번째 여행지로 꼽은 이유는 몽골 민속예술공연 때문이다. 몽골
문화촌을 방문한다면 시간에 맞춰 꼭 공연을 관람하도록 하자.

- **연락처 :** 031-590-2793 ● **홈페이지 :** www.cafe.naver.com/khishgee
- **입장료 :** 성인 2,000원, 청소년 1,000원, 어린이 500원 *공연 관람료 별도
- **관람시간 :** 09:00~19:00(3~10월), 09:00~18:00(11~2월) 월요일 휴관

몽골 전통 음식 맛보기

현지에 가지 않아도 다른 나라의 특색 있는 음식을 먹어볼 수 있다면 그 맛을 즐기지 않더라도 경험 삼아 한 번 찾아가 볼만하다. 몽골문화촌에는 몽골 요리사가 직접 몽골 음식을 요리해 차려내는 식당이 있다. 인류학적으로 몽골 민족과 우리 민족은 그 뿌리가 가깝다고 하나 오랜 세월 다른 땅에서 다른 방식으로 살아와서인지 음식의 재료나 만드는 방식에 제법 차이가 있다. 몽골 음식의 주 재료는 양고기로 양갈비 숯불구이, 양갈비찜, 양고기 만두 등 다양한 양고기 요리를 맛볼 수 있다. 보통 양고기 특유의 냄새 때문에 꺼리는 사람들이 많은데 의외로 걱정했던 것만큼 냄새가 나지 않는다. 몽골문화촌 인근 지역 주민들도 종종 이용할 만큼 우리 입맛에 그다지 거슬리지 않으니 새로운 음식 문화를 체험하는 셈치고 한번 도전해보자. 비교적 간단한 메뉴로는 고기와 채소, 면을 함께 볶아서 만드는 볶음국수인 초이방도 괜찮다.

• 몽골문화촌 음식점 : 031-592-0749
• 몽골전통음식점 옛고향 : 031-592-8801

동구릉 | 처 음 부 터 이 름 이 동 구 릉 이 었 을 까 ?

●   고양에 서오릉과 서삼릉이 있지만 한 곳에 가장 많은 왕릉이 모여 있기로는 구리의 동구릉이 조선시대 아홉 명의 왕과 열일곱 명의 왕비, 후비가 모셔져 있어 조선 왕릉 중에서도 최다 규모다. 처음부터 이름이 동구릉은 아니었다. 이곳이 왕릉으로 조성된 것은 조선을 건국한 태조 이성계의 건원릉이 만들어지면서고, 그간 능이 늘어나면서 동오릉, 동칠릉으로 부르다 1849년 24대 임금인 헌종의 무덤인 경릉이 이곳에 만들어지면서 동구릉으로 불리게 됐다. 500년 동안 온전히 잘 보존돼 조선 500년 역사에서 최고의 문화재라 일컬을 수 있는 왕릉을 답사하며 왕릉 사이로 난 길을 따라 산책을 즐기기에 좋다. 한두 기씩 모여 있는 다른 왕릉과 달리 여러 기의 왕릉이 있어 시대별 왕릉의 변천 모

습과 단릉, 쌍릉, 합장릉, 동원이강릉, 삼연릉 등 다양한 형식의 왕릉을 살펴볼 수 있다. 문화재해설사의 안내를 받으면 태조의 무덤인 건원릉은 왜 지저분하게 보이는지, 왕릉 중 유일한 삼연릉은 누구의 무덤인지 등등 흥미롭게 왕릉을 관람할 수 있다.

- **연락처** : 031-563-2909 **홈페이지** : www.donggu.cha.go.kr
- **입장료** : 성인 1,000원, 청소년·어린이 500원 **관람시간** : 06:00~18:30(3~10월), 06:30~17:30(11~2월)

여행탐구생활

조선 왕릉, 그 안이 궁금하다

조선 왕릉이 유네스코 세계유산으로 등재된 것은 2009년 6월이다. 한 왕조의 왕릉이 500년 이상 훼손 없이 남아 있는 것은 세계적으로 유례가 없는 일이라고 한다. 뿐만 아니라 조선 왕릉이 세계유산으로 등재되기 이전까지 제대로 된 왕릉 전시관이 없었다는 것도 놀랍다. 다행히 최근 태릉에 조선왕릉전시관이 개관돼 왕이 승하하면서부터 왕릉에 묻히기까지의 국장 절차, 시대에 따라 변화하는 왕릉 조성 방식, 왕릉 관리 등 왕릉에 관한 모든 내용을 유물과 모형, 영상 자료를 적절히 전시해 왕릉에 대한 이해를 돕고 있다. 시대에 따른 왕릉 조성 과정도 보여주는데, 왕릉이 축조되고 재궁이 자리를 잡게 되는 과정이 매우 흥미롭다. 태릉은 제11대 왕인 중종의 비인 문정왕후의 능이며, 함께 있는 강릉은 문정왕후의 아들인 제13대 명종과 명종비의 능이다.

- **연락처** : 02-972-0370
- **홈페이지** : www.royaltombs.cha.go.kr
- **입장료** : 성인 1,000원, 청소년·어린이 500원
- **관람시간** : 06:00~18:30(3~10월),
  06:30~17:30(11~2월)

함께 둘러볼 곳 2

남양주 종합촬영소 | 세트장도 둘러보고 영화원리도 체험하고

● 　　남양주 종합촬영소는 영화에 관한 모든 것을 배우고 체험할 수 있는 곳이다. 영화 촬영이 이뤄지고 난 세트를 관람객에게 개방해 더욱 생생한 영화 현장으로 초대하는데, 가장 유명한 장소는 2000년에 개봉해 한국영화 열풍을 이끌었던 영화 〈공동경비구역 JSA〉에서 사용된 판문점 세트다. 그 밖에도 민속마을 세트와 지하철 세트 등을 관람할 수 있다. 제일 위쪽에 있는 전통한옥 세트 운당은 원래 종로에 있던 유명한 바둑 대국장으로 이곳에 옮겨와 복원했는데 영화 〈왕의 남자〉에서 남사당패가 양반가에서 줄을 타는 장면을 촬영했던 장소이기도 하다. 야외 세트뿐 아니라 실내 세트도 마련돼 있다. 편집, 음향, 조명 등의 기술을 직접 체험해 볼 수 있는 영상원리체험관이 있으며, 배경과 인물을 합성하는 매직박스 코너가 있는 영상체험관에서는 영화 제작과 관련한 다양한 기술을 직접 체험해 볼 수 있다. 애니메이션 〈원더풀 데이즈〉촬영 때 이용했던 미니어처들이 전시돼 있는데 영화를 먼저 보고 간다면 더 흥미롭게 살펴볼 수 있다. 소품실도 흥미진진하다. 실제 영화에서 사용됐고 지금도 대여되는 물품들이라고 한다. 입장만 하면 좋은 영화 한 편을 무료로 관람할 수도 있다. 매월 영화 한 편을 선정해 평일과 토요일에는 1회(13시 30분), 일요일과 공휴일에는 2회(13시, 15시) 촬영소 내 시네극장에서 상영한다.

- 연락처 : 031-5790-605
- 홈페이지 : www.studio.kofic.or.kr
- 입장료 : 성인 3,000원, 청소년 2,500원, 어린이 2,000원
- 관람시간 : 10:00~18:00, 동절기 ~17:00 월요일 휴관

축령산 자연휴양림 | 깊은 숨으로 내 몸 청소하기

● 　　나무는 피톤치드(Phytoncide)라는 물질을 뿜어 주변의 미생물이나 유해물질로부터 자신을 방어한다. 피톤치드는 '피톤—식물, 치드—죽이다' 는 뜻과는 달리 사람에게는 매우 유익한 물질이다. 숲 속 공기와 함께 피톤치드를 피부에 접촉시켜 몸과 마음을 깨끗이 하는 활동이 바로 삼림욕이다. 우리가 여행 중 숲을 찾는 이유가 바로 삼림욕을 통해 몸의 회복과 더불어 푸른 숲 속에서 마음을 편안히 가지는 것이다. 축령산 자연휴양림은 수동계곡을 끼고 있으며, 시원하게 흐르는 물소리를 들으며 삼림욕을 즐길 수 있어 효과가 배가된다. 삼림욕하기에 가장 좋은 시간은 나무가 피톤치드를 가장 왕성하게 뿜어내는 오전 10시에서 12시 사이며, 최대한 복장을 간소화해 몸과 공기의 접촉면을 늘리고 통풍이 잘되는 옷을 입는 것이 요령이다. 가만히 머물러 있기보다 산책이나 가벼운 몸풀이운동을 통해 몸이 활동하면서 자연스럽게 호흡하는 것도 중요하다. 축령산 휴양림 인근 동네는 고로쇠마을(www.wellbeing.invil.org)로 봄에 방문하면 칼슘과 철분 등 무기물이 풍부해 몸에 좋다고 알려진 고로쇠 수액을 쉽게 구매할 수 있다.

• 연락처 : 031-592-0681
• 입장료 : 성인 1,000원, 청소년 600원, 어린이 300원
• 홈페이지 : www.chukryong.net
• 관람시간 : 일출~일몰

구리시 자원회수시설 | 구 리 타 워 에 서 한 강 을 바 라 보 다

깨끗하고 창의적인 자원회수시설

●　　　자원회수시설을 보다 직접적으로 설명하면 쓰레기 소각장이다. 하지만 구리시 자원회수시설은 여느 도시의 그것과 다르다. 쓰레기를 모아 소각하는 본래의 역할에도 충실하지만 잘 꾸며진 공원과 흥미로운 전시물, 내용을 갖춘 전시관들 그리고 한강을 멋지게 조망할 수 있는 구리 타워가 있어 가족이나 친구들의 한나절 나들이 장소로 좋다. 발상의 전환을 통해 님비(NIMBY-Not In My Back Yard)시설에서 핌피(PIMFY-Please In My Front Yard)시설로 바뀐 구리시 자원회수시설을 찾아 자원의 소중함과 미래 에너지에 대해 배우고 체험해보자. 엘리베이터를 타고 80m 높이의 전망대에 올라가면 한쪽에는 한강의 시원한 물줄기를, 반대쪽으로는 외곽순환 고속도로 구리 요금소를 오가는 많은 차들과 함께 그 너머로 아파트촌 풍경을 시원하게 조망할 수 있다. 전시관은 신·재생 에너지 홍보관과 곤충생태관으로 나뉜다. 한겨울에도 훨훨 날아다니는 나비를 볼 수 있는데 이유는 자원회수시설에서 남는 열을 이용해 사철 따뜻하게 실내온도를 유지하기 때문이란다. 이곳에 함께 있는 수영장과 사우나, 축구장 등의 시설도 남는 열을 활용하기 때문에 이용료가 저렴하다.

- 연락처 : 031-550-2472
- 입장료 : 무료
- 홈페이지 : www.guritower.guri.go.kr
- 관람시간 : 10:00~22:00(구리 타워), 10:00~17:00(전시관)

다산유적지와 실학박물관 | 긴 유 배 , 더 긴 휴 식

● 　마재마을은 다산 정약용이 어릴 때 태어나 자란 곳이자, 젊음을 보냈던 곳이며, 18년에 이르는 긴 유배를 마치고 돌아와 자신의 학문 세계를 마무리한 곳이기도 하다. 다산유적지 내에는 다산기념관과 문화관이 있어 다산의 학문과 생애를 살펴볼 수 있게 하는데, 최근 새로 만들어진 실학박물관과 비교하면 낡았다는 느낌이 드는 건 어쩔 수 없다. 실학박물관은 다산유적지 옆에 만들어져 다산과 함께 조선후기에 꽃을 피웠던 실학에 대해 알 수 있다. 유적지에서 박물관까지의 길은 '다산 문화의 거리' 라는 이름이 붙여져 있는데, 길가로 늘어선 기둥에 다산의 저술 중 좋은 구절을 뽑아서 새겨놓았다. 천문과 지리를 주제로 전시하고 있는 제3전시실에 가서야 전시물들이 눈에 들어오기 시작하는데, 최근 만들어진 박물관답게 애니메이션으로 재탄생한 〈자산어보〉(정약용의 형인 정약전이 흑산도 유배생활 동안 지은 우리나라 최초의 어류학서)를 비롯해 디지털 북 등 다양한 멀티미디어 시설이 관람의 이해를 돕는다.

• 연락처 : 031-590-2481, 2837　• 홈페이지 : www.nyj.go.kr/dasan
• 입장료 : 무료　• 관람시간 : 09:00~19:00, 동절기~18:00 월요일 휴관

한나절 일정 | 금 강 산 도 식 후 경 일 정

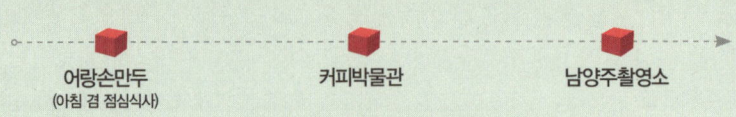

어랑손만두
(아침 겸 점심식사)

커피박물관

남양주촬영소

"여행도 배가 든든해야 하지!" 무엇을 보는 것만큼이나 여행 중엔 어떤 것을 먹을지, 또 언제 먹을지
가 중요하다. 먼저 든든하게 식사를 하고 떠나는 일정이다. 남양주시청 맞은편 언덕으로 들어가면
음식점을 찾을 수 있다. 식사를 든든히 했다면 커피박물관과 남양주촬영소로 방향을 잡는데 커피
박물관은 규모가 작은 곳이라 주말 관람 예정이면 그 전에 예약해야 제때 관람이 가능하니 잊지 말
도록 하자. 남양주촬영소는 언제든 찾아도 된다.

🍴 강력 추천 음식점 ❶ 어랑손만두

고소한 만둣국과 담백한 만두

만두를 좋아하는 사람이라면 한 번쯤 이름을 들어봤을 곳이다.
찬바람 쌩쌩 부는 한겨울에도, 이마에 송글송글 땀이 맺히는
한여름에도 이 집의 만둣국이 종종 생각나는 이유는 시원하고
깔끔한 육수와 속이 꽉 찬 만두의 절묘한 어울림 때문일 것이
다. 두부를 많이 사용해 약간은 텁텁한 느낌의 만두속이 만두
를 좋아하는 사람들에게는 호불호가 갈리는 집이기는 하지만
손으로 직접 빚어 만든 제대로된 이북식 손만두 맛본다고 생각
하면 여느 동네 만두집과는 차원이 다르다는 것을 느낄 수 있
다. 고기와 과일을 이용해 만드는 만둣국의 육수가 또한 포인트
다. 만두 5개가 들어간 만둣국 외에도 만두 2개를 풀어 고기, 버

섯 등 양념과 함께 끓인 얼큰한 어랑뚝배기 단골 고객들이 계
속 주문하는 인기 메뉴다. 4인 내외가 방문했다면 버섯, 파, 잘게 찢은 양지머리를 함께 끓여 만드는 전골
도 푸짐하게 먹을 수 있는 메뉴다.

> • 연락처_031-592-2959 • 가격_만둣국 6,000원, 어랑뚝배기 6,000원, 어랑전골 2만 5,000원
> • 영업시간_07:00~24:00 연중무휴

종일 일정 | 다 산 정 약 용 제 대 로 알 기

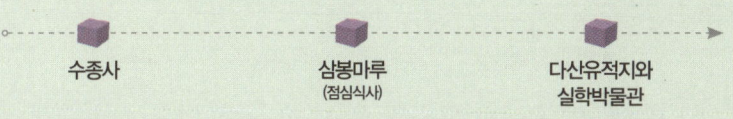

수종사   삼봉마루   다산유적지와
               (점심식사)   실학박물관

특별한 목적 없이 발길 닿는 대로 다니는 여행도 좋지만 때로는 하나의 주제를 선택해 그에 맞는 여행을 계획해 떠나는 것도 흥미롭다. 이 일정의 주제는 인물 탐구 '다산 정약용' 이다. 다산유적지도 그렇지만 수종사도 다산의 추억이 서린 곳이며, 실학박물관은 여행의 깊이를 더해준다. 주제를 더욱 발전시키면 정약용이 거중기 발명 등으로 건축에 참여했던 수원 화성을 찾아도 좋겠고, 유배지였던 강진의 다산 초당을 찾아 멋진 마무리를 계획해도 좋겠다.

🍴 강력 추천 음식점 ❷ 기와집순두부

보들보들, 야들야들 먹기도 좋고 소화에도 좋은 우리 음식

아마도 서울 인근에서 가장 손님이 많은 두부집이 바로 이 집이 아닐까 싶다. 이름 그대로 기와지붕 올린 한옥집을 식당으로 사용하는데 지어진지 60년이 넘은 꽤 오래된 건물이다. 식당은 그렇게 오래되지는 않았지만 1990년에 문을 열어 올해 21년째로 개업과 폐업을 반복하고 이사도 잘 가는 도회지의 음식점들과는 확연히 차별이 되는 내력을 갖춘 집이다. 순두부와, 생두부제육, 파전 등 음식 하나하나 모두 수준급이다. 무엇보다 순두부는 잡내 없이 콩이 가지는 고소한 맛을 잘 살리고 있는데 20년 넘게 식당을 하면서 질 좋은 국내산 콩을 확보할 수 있는 좋은 거래처가 있다는 것이 맛의 비결이라면 비결이겠다. 정약용생가, 수종사, 영화촬영소 등 방문지에서 멀지 않아 여행 동선 상 편하다는 점도 이점이다.

• 연락처_031-576-9009 • 가격_순두부 6,000원, 생두부제육 1만 6,000원, 파전 1만 원
• 영업시간_09:30~21:30 연중무휴

1박 2일 일정 ❶ | 부 담 없 는 1 박 2 일

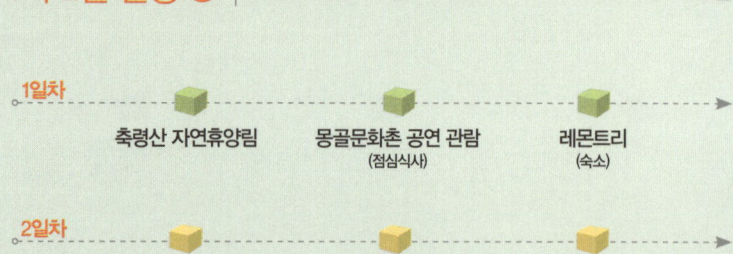

1일차
축령산 자연휴양림　　몽골문화촌 공연 관람　　레몬트리
　　　　　　　　　　　(점심식사)　　　　　　(숙소)

2일차
동구릉　　　　어랑손만두　　태릉 조선왕릉
　　　　　　　(점심식사)　　　전시관

오가는 길이 부담스럽지 않은 남양주, 구리 1박 2일 여행이다. 첫째 날은 축령산 자연휴양림 아래에서, 둘째 날은 시내로 들어오면서 동구릉에 들렀다가 함께 짝을 이루는 여행지인 서울 태릉의 조선왕릉전시관을 돌아보는 일정이다. 첫째 날은 이국 문화를, 둘째 날은 우리 문화를 체험하는 여행이다. 부담 없는 일정을 원한다면 이 정도 일정이 알맞다.

🏠 강력 추천 숙소 ❶ 고로쇠마을의 숙소 소개

맑은 계곡 vs 예쁜 방

고로쇠마을 숙소 두 곳을 소개한다. **산마루집민박**은 산속 깊은 곳에 있어 찾아가기 힘들고 시설도 보통의 민박집에 불과하지만 이곳 앞을 흐르는 계곡은 수도권에서는 좀처럼 보기 힘든 아름다움과 깨끗함을 자랑한다. 특히 수량이 풍부한 여름철이라면 힘들게 찾아간 노력을 충분히 보상하는 곳이다.

레몬트리는 길가에 불을 환하게 밝히고 있는 예쁜 펜션이다. 마을에서 가장 고급 숙소로 펜션 주변에 따로 건물이 있지 않아 주변이 여유로워 좋고 실내 인테리어도 잘 꾸며져 있다. 2층은 둘로 나눠져 있는데 필요한 경우 하나로 사용할 수 있어 모임이나 여러 가족이 이용하기에 좋다. 방과 방 사이 창이 놓인 작은 거실이 예뻐 이곳에 앉아 창밖을 내다보며 티타임을 가지면 숙소에서의 휴식도 여느 여행지 부럽지 않다.

산마루집민박　• 연락처_031-591-3186　• 숙박료_5만 원(주말), 8만 원(성수기)
레몬트리　• 연락처_031-592-3925　• 홈페이지_www.golemontree.co.kr
　　　• 숙박료_8만~16만(평일), 10만~18만 원(주말), 12만~20만 원(성수기)

1박 2일 일정 ❷ | 부 지 런 한 1 박 2 일

1일차

남양주종합촬영소　왈츠와 닥터만　삼봉마루　수종사, 다산유적지와　둥지펜션
(점심식사)　　　　　　　　　　　(점심식사)　실학박물관　　　(숙소)

2일차

축령산 자연휴양림　몽골문화촌 민속공연 관람　구리시 자원회수시설
　　　　　　　　　　(점심식사)

남양주는 땅이 넓기도 하지만 특히 가운데 산이 있어 동과 서의 경계가 뚜렷한 편이다. 첫째 날은 북한강을 따라 가며 남양주 동쪽 편을 여행하고, 둘째 날은 남양주의 서쪽 지역인 축령산 자락에 머물며 여행하는 일정이다. 오는 길에 구리 타워에도 올라 동서남북으로 시원한 전망을 감상하며, 그 아래 전시관을 관람해도 좋고, 수영 등 체육 활동으로 몸을 움직여주는 것도 여행과 함께 피로를 풀 수 있는 좋은 방법이다.

🏠 강력 추천 숙소 ❷ **그린둥지펜션**

축령산 계곡 소리 시원한 곳

축령산 자연휴양림 바로 아래에 있는 곳으로 숙소 앞을 흐르는 계곡의 물줄기가 시원한 곳이다. 방은 국내산 소나무와 잣나무를 사용해 만들었는데 나무 향기가 코를 시원하게 한다. 원룸 형태의 방이 여러 개 있으며, 복층 구조도 있어 몇 가족이 함께 숙박하기에도 좋다. 계곡이 내려다보이는 평상에서 바비큐를 먹는 재미도 이곳의 장점이며, 여름철에는 언제든지 계곡으로 내려가 물놀이를 즐길 수 있다.

 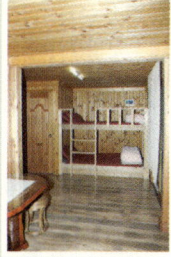

- 연락처_031-593-9218 • 홈페이지_www.doongjipension.com
- 숙박료_6만~8만 원(평일), 8만~12만 원(주말·성수기)

탐구생활 지도 ✱ 여행지 표시하기

- ◉ 둘러볼 곳　㉦ 먹을 곳　㊅ 잠잘 곳
- 🚗 연락처　📍 위치　🚩 찾아 가는 길
- 🚌 대중교통　🅿 주차장

그린동지펜션 ㊅
🚗 031-593-9218
🚩 남양주시 수동면 외방 2리 313-1
📍 축령산 자연휴양림 바로 아래쪽

몽골문화촌 ◉
🚗 031-590-2793
🚩 남양주시 수동면 내방리 250
🚌 춘천 방향 46번 국도 마석에서 수동면 방향 387번 지방도로 좌회전→ 수동면 지나 축령산 휴양림방향 5.3km→ 휴양림 오르는 삼거리에서 4km 직진하면 왼쪽으로 몽골문화촌
🅿 무료
🚌 1호선 청량리역 2번 출구 현대코아 버스정류장에서 비금리행 330-1번 버스 이용

동구릉 ◉
🚗 031-563-2909
🚩 구리시 인창동 산 2-1
🚌 외곽순환도로 구리 IC 인근
🚌 1) 1호선 청량리역 2번 출구 현대코아 버스정류장에서 88, 202번 버스 탑승
　　2) 중앙선 구리역에서 마을버스 2, 6번 이용

구리시 자원회수시설 ◉
🚗 031-553-2282
🚩 구리시 토평동 9-1
🚌 100번 외곽순환도로 토평IC 진출 또는 강변북로에서 강동 대교를 지나 수석교 전 좌회전

기와집 순두부 ㉦
🚗 031-576-9009
🚩 남양주시 조안면 조안1리 169-3
🚌 팔당대교 건너 6번 경강국도 → 양수, 서종, 청평방 향 이정표를 보고 내려옴 → 500m 정도 지날 때쯤 기와집순두부 간판 보임
🅿 무료

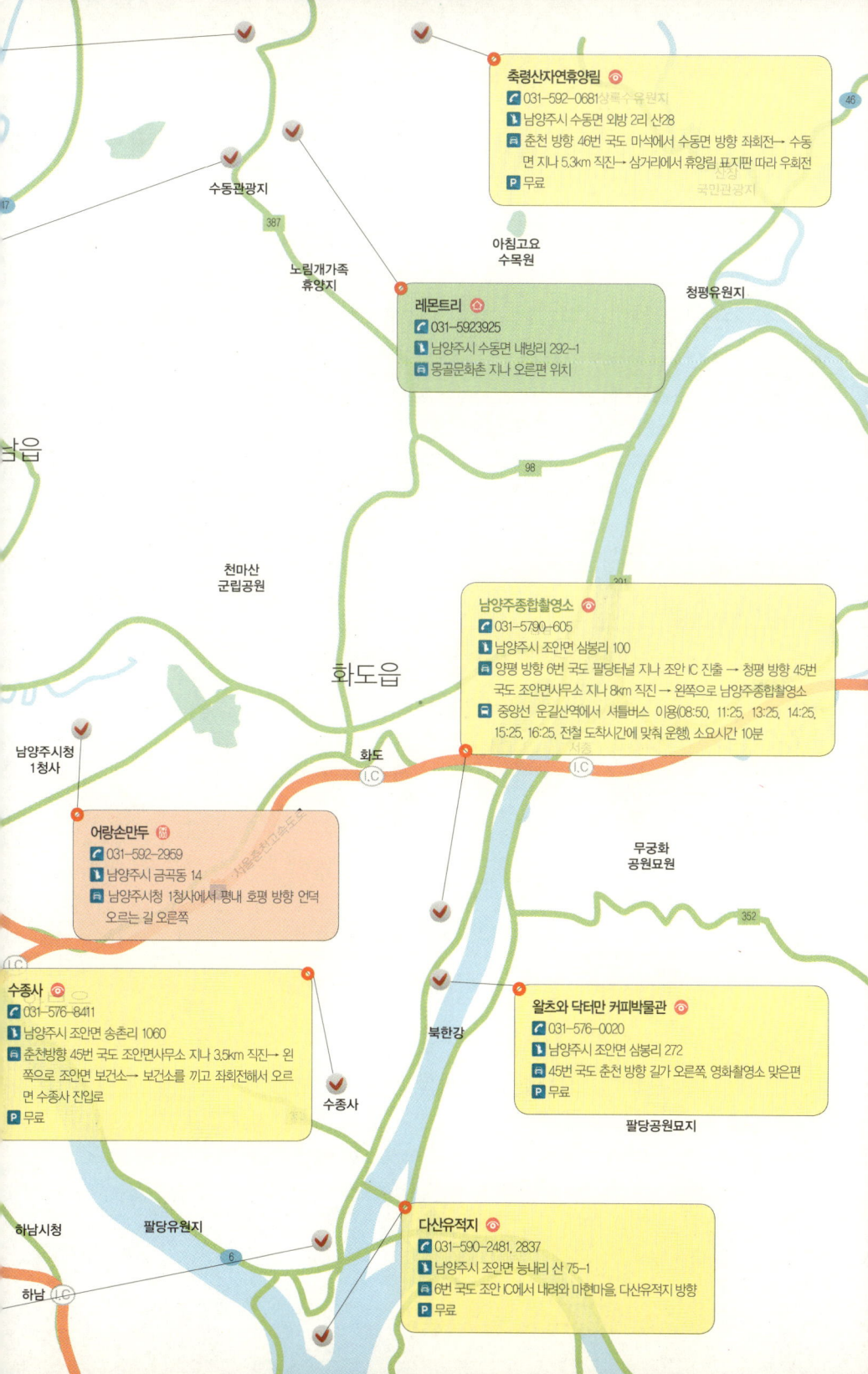

축령산자연휴양림 🎡
- ☎ 031-592-0681 상록수유원지
- 🚶 남양주시 수동면 외방 2리 산28
- 🚌 춘천 방향 46번 국도 마석에서 수동면 방향 좌회전→ 수동면 지나 5.3km 직진→ 삼거리에서 휴양림 표지판 따라 우회전
- 🅿 무료

46

47

수동관광지

387

노림개가족
휴양지

아침고요
수목원

청평유원지

레몬트리 🏠
- ☎ 031-5923925
- 🚶 남양주시 수동면 내방리 292-1
- 🚌 몽골문화촌 지나 오른편 위치

98

천마산
군립공원

남양주종합촬영소 🎡
- ☎ 031-5790-605
- 🚶 남양주시 조안면 삼봉리 100
- 🚌 양평 방향 6번 국도 팔당터널 지나 조안 IC 진출 → 청평 방향 45번 국도 조안면사무소 지나 8km 직진 → 왼쪽으로 남양주종합촬영소
- 🚃 중앙선 운길산역에서 셔틀버스 이용(08:50, 11:25, 13:25, 14:25, 15:25, 16:25, 전철 도착시간에 맞춰 운행), 소요시간 10분

화도읍

남양주시청
1청사

화도
I.C

어랑손만두 🎡
- ☎ 031-592-2959
- 🚶 남양주시 금곡동 14
- 🚌 남양주시청 1청사에서 평내 호평 방향 언덕 오르는 길 오른쪽

무궁화
공원묘원

352

수종사 🎡
- ☎ 031-576-8411
- 🚶 남양주시 조안면 송촌리 1060
- 🚌 춘천방향 45번 국도 조안면사무소 지나 3.5km 직진→ 왼쪽으로 조안면 보건소→ 보건소를 끼고 좌회전해서 오르면 수종사 진입로
- 🅿 무료

수종사

북한강

왈츠와 닥터만 커피박물관 🎡
- ☎ 031-576-0020
- 🚶 남양주시 조안면 삼봉리 272
- 🚌 45번 국도 춘천 방향 길가 오른쪽, 영화촬영소 맞은편
- 🅿 무료

팔당공원묘지

하남시청

팔당유원지

6

하남 I.C

다산유적지 🎡
- ☎ 031-590-2481, 2837
- 🚶 남양주시 조안면 능내리 산 75-1
- 🚌 6번 국도 조안 IC에서 내려와 마현마을, 다산유적지 방향
- 🅿 무료

지역 전체가 거대한 복합문화공간

양평은 군 전체가 하나의 거대한 복합문화공간이다. 곳곳에 갤러리와 박물관들이 지나가는 여행자들의 발목을 잡고, 넘치지도 모자르지도 않은 맛집 별미집의 요리들은 모두 오랜 유서 노하우를 간직한 채 저마다 개성 있는 음식으로 프랑스 <미슐랭 가이드>에 오른 스타급 레스토랑 부럽지 않은 레서피와 명성을 자랑하고 있다. 자연과 역사와 미각 속으로 들어가보자.

11 양평 여행

| 문의 |
• 양평군청 문화관광과 031-770-2067

| 홈페이지 | www.tour.yp21.net

| 찾아 가는 길 |
35 중부고속도로 하남 IC → 362번 지방도로 → 6번 국도 → 양평군

| 지역 축제 |
• 양평 산수유 개군한우축제
  시기 | 매년 4월 초   장소 | 개군면 내리 일대

• 양평 너븐여울 민물고기축제
  시기 | 매년 7월 말~8월 초   장소 | 용문면 광탄리 일대

들꽃수목원 | 보 석 처 럼 빛 나 는 산 책

화창한 주말, 어디로 나들이 갈까 고민하시나요?

날씨 화창한 봄, 가을의 어느 휴일, 가족과 친구와 애인과 사랑하는 사람과 좋은 곳을 찾아 여유로운 시간을 보내고 싶다면? 고민하지 말고 양평의 들꽃수목원을 찾아보자. 남한강을 벗 삼고 있는 이곳은 꽃과 나무들이 남한

강 흐르는 물에 반사되는 빛을 받아 더욱 아름답고 싱싱하게 느껴지는 멋진 수목원이다. 수목원은 장미정원, 허브 및 야생화정원, 손바닥정원 등 작고 아기자기한 정원들로 꾸며져 있다. 미로정원이 있어 숨바꼭질놀이를 해도 좋고, 길찾기 시합을 할 수도 있다. 허브 온실도 있어 사계절 내내 허브 향을 내 몸에 덧입힐 수 있다. 작은 정원 사이로 난 길을 따라 가다가 규모는 작지만 꽤 볼거리가 있는 전시시설을 발견 할 수 있다. 자연생태박물관인데 1급수에서만 서식한다는 금강모치 등을 볼 수 있는 민물고기 전시장, 살아 있는 장수풍뎅이를 볼 수 있는 곤충생태관 등으로 꾸며져 있어 아이가 있는 가족이라면 함께 둘러 볼만하다.

살랑살랑 불어오는 강바람을 맞으며 즐기는 피크닉~

햇살 반짝이는 넓은 잔디밭 한 쪽에 자리를 깔고 준비해온 피크닉 가방에서 도시락, 과일, 음료수를 펼쳐놓고 가벼운 이야기를 나누는 그림 같은 모

습을 상상해 본 적 있다면 바로 이곳 들꽃수목원에서 실현 가능하다. 들꽃
수목원은 남한강변을 따라 조성되면서 다른 수목원들과 달리 가로로 긴 형
태의 모양을 가지고 있는데, 그런 지리적 특성을 잘 살려 동쪽과 서쪽에 각
각 피크닉장을 조성해 놓았다. 싱그러운 녹색의 잔디밭이 넓게 펼쳐져 있으
며 큰 나무가 그늘도 만들어주고, 무엇보다 좋은 것은 살랑살랑 불어오는
강바람을 맞을 수 있다는 것이다. 피크닉을 위한 특별한 음식을 준비하지
않아도 된다. 집에 있는 것 몇 가지만 챙겨 와도 이곳의 풍경과 분위기는 충
분히 즐겁고 신나는 피크닉을 가능하게 하니까 부담 없이 찾아보자. 단, 돗
자리는 꼭 챙겨와야 한다.

떠드렁 섬을 찾아가는 강변 산책로

수도권 여행지 중에서도 가장 많은 사람들이 찾는다는 양평. 양평의 여러
보석 같은 여행지 중에서도 들꽃수목원을 첫 번째로 꼽은 이유는 바로 남
한강변을 따라가는 멋진 산책로가 있기 때문이다. 입구로 들어가 오른쪽,
왼쪽 어느 쪽으로 방향을 잡아도 강을 따라 길이 이어진다. 햇볕을 머금어
반짝이는 물결을 바라보고 걷는 순간은 정말 기분이 황홀하다. 여행 중 느
낄 수 있는 최고의 기분이라고 할까? 산책로 곳곳에 의자가 놓여 있어 유유

히 흐르는 강을 바라보며 쉴 수 있다. 동쪽, 즉 상류 쪽 산책로 끝에는 무인
도인, 떠드렁 섬이 있다. 어디선가부터 떠 내려와 이곳에 자리 잡은 듯, 작은
섬이지만 다리를 건너 들어가면 모험하는 기분이 들어 여행의 기분을 더욱
특별하게 해준다. 숲이 우거져 있고, 안에는 곳곳에 테이블과 의자가 놓여
있어 여유 있는 휴식이 가능하다. 들꽃수목원의 가장 끝에 있어 방문객들
이 그냥 놓치고 오는 경우가 많지만, 산책을 즐긴다 생각하고 조금 더 걸어
꼭 찾아보도록 하자. 허브와 아로마 제품을 판매하는 향기가게도 있어 관
람을 마치고 구경도 하고 필요한 물품이 있으면 구매해도 된다. 조금 더 활
동적인 체험을 원한다면 주말에 운영되는 사계절 레일 썰매와 양궁체험 프
로그램에 참가하면 되겠다.

황순원문학촌 소나기마을

소 년 과 소 녀 의 슬 픈 사 랑 이 야 기 에 눈 물 흘 리 다

처음으로 읽고 눈물을 흘린 이야기, 황순원의 〈소나기〉

언제인지는 정확하게 기억나지 않지만, 중학교 때인 거 같다. 다음 학기에
배울 국어 책을 보고 있었는데 이야기 하나가 눈에 띄었다. 황순원의 〈소나
기〉였다. 눈에 띄는 순간부터 읽기 시작해 마지막에 이르러서는 나도 모르

게 눈물이 났다. 황순원문학촌이 생겼다는 이야기를 듣고 그때의 기억이 떠올라 이곳을 찾기 전에 다시 한 번 책을 읽기 시작했다. 소녀는 여전히 잔망스러웠고, 죽거든 자기가 입었던 옷을 그대로 입혀서 묻어달라고 했다. 소년과 개울물을 건너면서 입었던 검붉은 진흙물이 물든 분홍색 스웨터를.

황순원문학촌은 단편소설 〈소나기〉와 작가인 황순원의 문학을 주제로 꾸민 문학공원이다. 옥천의 정지용문학관, 영양의 조지훈문학관 등 그 지역을 대표하는 문인의 문학관이 만들어졌지만, 황순원의 고향은 양평이 아니다. 고향은 이북이며 23년 동안 경희대학교 국문과에 재직하면서 많은 작품을 쓰고, 많은 제자를 길러낸 게 그의 일생이다. 황순원문학촌이 다른 지역이 아닌 양평에 만들어진 계기는 〈소나기〉에 나오는 짧은 단락 때문이다. '어른들의 말이, 내일 소녀네가 양평읍으로 이사 간다는 것이었다. 거기 가서는 조그마한 가겟방을 보게 됐다고 한다.' 이 내용으로 소나기의 배경은 양평군 어딘가로 추정하게 되었고, 황순원의 제자들이 나서서 양평군과의 결연을 통해 소나기마을이 만들어졌다.

이야기 속 소년, 소녀가 되다

소나기마을로 들어가면 가장 먼저 눈에 띄는 것이 마당에 늘어선 수숫단이다. 이야기 속에서 수숫단은 소년과 소녀가 함께 비를 피했던 바로 그곳이다. 비좁은 수숫단 안으로 들어가 소년과 소녀가 그랬던 것처럼 서로 어깨를 이고 앉아 이야기 속 주인공이 되어 보자. 게다가 들어가 앉아 있으면 한 번씩 소나기가 내려 소설의 사실감을 더해준다. 황순원문학촌의 가장 큰 특징은 이러한 체험이나 전시를 통해 이야기와 관객과 교감할 수 있다는 것이다. 전시관의 〈소나기〉를 재구성한 이야기에 4D효과를 더한 애니메이션도 볼거리이지만 넓은 대지 위에 꾸며진 야외전시를 좋은 점으로 꼽고 싶다. 수숫단이 세워진 소나기광장을 돌아가며 산책로가 조성되어 있는데, 길을 걸으며 소년과 소녀가 처음으로 비를 피했던 원두막, 소년과 소녀가 만났던 시냇물과 징검다리를 찾아보고, 소년과 소녀가 따던 도라지꽃과 마타리꽃 등의 야생화도 찾아 볼 수 있다. 그 밖에도 황순원의 소설인 〈카인의 후예〉, 〈일월〉 등을 주제로 만들어놓은 숲이 있어 그 안에서 휴식을 취하며 문학의 향기를 느낄 수 있다. 전시관 관람은 한 시간으로 충분하다. 하지만 야외에서 보내는 시간은 한나절로도 부족하다. 이야기 속 감성을 내 안에 채워가며 즐길 수 있는 황순원문학촌 소나기마을, 아직은 널리 알려지지 않아 여유롭게 즐길 수 있는 이곳을 양평의 두 번째 베스트여행지로 소개한다.

- **연락처** : 031-773-2299 • **홈페이지** : www.sonagivillage.kr
- **입장료** : 성인 2,000원, 청소년 1,500원, 어린이 1,000원
- **관람시간** : 09:00~18:00, 동절기 09:00~16:00 월요일 휴관

두물머리와 세미원 │ 물의 정원, 자연과 인간의 만남

두물머리? 세미원? 세미원을 먼저 찾아가 보자!

남한강과 북한강의 커다란 두 물줄기가 하나로 합쳐지는 곳인 두물머리는

양평의 최고 명소 중 한 곳이다. 특히 이른 아침 물안개가 자욱할 때 이곳에

서 바라보는 한강의 풍경과 정취는 특별하다. 하지만 드라마나 CF 등에 워낙

자주 나오는 곳이라 약간 식상한 느낌이 들 수 있는데, 이는 두물머리 바로 건너편에 만들어진 물과 꽃의 정원, 세미원을 찾아보자. 세미원에서는 크게 야외 연못에 심어진 연꽃과, 실내 온실에서 가꿔지는 석창포 두 종류의 수생식물을 감상할 수 있다. 둘 다 우리 선조들이 가까이 두고 아꼈던 식물이다. 길을 따라 가며 시비가 놓여 있고, 정병분수, 자성문 등 상징 조형물들이 세워져 있다. 하나하나 보다보면 자연스레 연과 석창포, 그 안에 담긴 우리 조상들이 즐겼던 아름다움과 정서를 공유할 수 있게 된다. 이곳의 볼거리 중 하나가 석창원에 있는 고려 때 문인인 이규보의 사륜정이다. 이규보가 설계만 하고 실제로는 만들지 못한 것을 800년이 지난 지금에 만들어 놓았다. 이동 가능한 정자로 그 안에 문방사우를 비롯해 거문고, 술병, 술잔을 갖춰 놓고 자연을 벗 삼아 다닐 수 있는 작은 집이다. 지금과 비교하면 캠핑카라고 하면 될까? 이런 작은 집 하나 있어 발길 닿는 대로 다니며 우리나라의 아름다운 자연을 마음껏 즐길 수 있으면 어떨까 하고 상상해본다.

물을 보면서 마음을 씻고, 꽃을 보면서 마음을 아름답게 하라!

세미원은 만들어진 아름다움만 찾는 곳이 아니다. 세미원이 만들어지기까지의 과정을 살펴보고, '세미원'이라는 이름 석자에 담긴 뜻을 한 번 더 살펴볼 수 있을 때 이곳을 제대로 찾았다고 할 수 있을 것이다. 세미원이

란 이름은 장자에 나오는 한 구절인 '관수세심 관화미심'에서 따온 이름으로 '물을 보면서 마음을 씻고, 꽃을 보면서 마음을 아름답게 하라'는 의미를 담고 있다. 이곳은 원래 상수원 보호구역이긴 했지만 깨끗한 환경은 아니었다고 한다. 강을 따라 떠내려 온 쓰레기들이 강가 철조망을 따라 늘상 지저분하게 모여 있던 곳을 지역 주민

들이 청소하기 시작했고, 민원을 제기해 철조망을 제거했다고 한다. 그 후, 수질 정화와 미관을 위해 정화 능력이 뛰어나고 커다란 꽃이 아름다운 연을 심었는데 이것이 바로 세미원의 시작이었다. 아래로부터 시작해 시민들과 지역환경단체의 노력으로 이제는 경기도의 지원을 받는 어엿한 여행지이자 환경교육의 장으로 역할하게 됐으니 그 과정을 한 번 새겨볼 일이다. 최근 양평 양수리 일원에도 '4대강 사업'과 관련한 토지출입 공고가 났다. 공사를 시작하면 지금과 또 다른 모습으로 변하겠지만, 그 변화된 모습을 보면서 마음을 씻고 마음을 아름답게 할 수 있을지는 의문이다. 부디, 세미원과 두물머리가 지금까지 그랬던 것처럼 지금의 모습 그대로 남아 이곳을 찾는 사람들이 '자연'의 원래 모습이 전해주는 감동을 온전히 느낄 수 있는 공간으로 남게 되길 소망해본다.

- **연락처** : 031-775-1835 　 • **홈페이지** : www.semiwon.or.kr 　 • **입장료** : 무료 *단체는 예약 필수
- **관람시간** : 09:00~18:00, 동절기 09:00~16:00 월요일 휴관 *여름철 야간 개장

용문사 | 천 년 세 월 을 지 키 는 은 행 나 무

● 　양평을 지나는 중앙선 전철 '용문역'이 개통되면서 용문사가 더욱 가까워졌다. 용문사는 신라 말에 세워진 절이다. 이곳의 역사를 증명하고 있는 유일한 문화재가 우리나라에서 가장 큰 은행나무이다. 신라의 마지막 왕자인 마의태자가 나라 잃은 슬픔을 안고 속세를 떠나 금강산으로 들어갈 때 심었다는 전설도 있고, 신라 의상대사가 꽂아 놓은 지팡이가 자라서 만들어졌다는 이야기도 전한다. 어느 것이 사실이든 한국전쟁 때 이곳을 두고 벌어졌던 치열한 전투 가운데서도 죽지 않고 생명을 이어오고 있는 걸 보면 내력이 꽤 깊은 나무임에는 분명하다. 용문사 경내는 근래에 새로 지어진 건물들이라 옛 절이 전하는 운치는 덜하지만 10월 말~11월 은행나무가 노랗게 물들 때 이곳을 찾으면

고목의 정취를 감상하는 것만으로도 충분한 보상이 된다. 일주문을 지나 새로 난 길을 따라 경내까지 올라갈 수 있지만 옆으로 난 오솔길을 이용하면 조금 더 수고한 만큼 자연을 더욱 가까이에 두고 발걸음을 옮길 수 있다. 내려오는 길에 다원에 들러 전통차 한 잔으로 용문사 관람을 마무리하는 것도 좋겠다.

- **연락처** : 031-773-0088 • **홈페이지** : www.yongmunsa.org
- **입장료** : 성인 1,600원, 청소년 1,050원, 어린이 700원(용문사 관광지 입장료) • **관람시간** : 일출~일몰

여행탐구생활

작은 허브 공방, **풀향기허브나라**

규모는 그리 크지 않지만 100여 종의 야생화와 30여 종의 허브가 아담하게 가꿔져 있는 향기로운 정원이다. 용문사 부근이어서 용문사를 오고가는 길에 들르기 쉽고 입장료도 무료라 부담 없다. 허브 앞에 있는 팻말에는 각각의 이름과 효능이 붙어 있어 하나씩 알아가는 재미가 있으

며 손을 대고 살짝 흔들며 아로마 향을 맡다 보면 어느새 기분이 좋아진다. 이곳은 허브를 이용한 다양한 상설 체험 프로그램이 준비돼 있어 원하는 향을 골라 체험할 수 있다. 허브 비누 만들기, 허브 치약 만들기, 허브 양초 만들기 프로그램 등을 통해 재미있으면서도 생활에서 쓸 수 있는 실용적인 제품을 만들어 볼 수 있다. 허브차 마시기가 포함된 패키지 구성도 있으니 원하는 대로 골라서 체험해보자.

- **연락처** : 031-771-1809
- **홈페이지** : www.cafe.daum.net/pul→pul
- **입장료** : 무료 *체험비 4,000~8,000원
- **관람시간** : 10:00~18:00

민물고기생태학습관

우 리 땅 , 우 리 강 에 살 고 있 는 물 고 기 보 러 가 기

● 　　민물고기생태학습관은 우리 땅, 우리 강에 사는 민물고기들을 보고 배울 수 있는 전시관이다. 경상북도 울진의 민물고기연구소 전시관과 함께 가장 많은 사람이 찾는 곳이 바로 이곳이다. 1층은 수족관탐험, 2층은 민물고기 놀이터라는 주제로 전시하고 있는데, 1층에서는 천연기념물로 노란빛이 특징인 황쏘가리를 비롯해 잉어의 한 종류로 민물에 사는 철갑상어 등을 수족관에서 볼 수 있다. 2층은 체험공간이다. 철갑상어의 피부를 직접 만져보는 코너가 있으며, 베스 등의 외래어종을 낚시로 낚아보는 코너는 아이들이나 어른들이나 할 것 없이 모두에게 인기이다. 둥근 원형 수조 안에 들어가 사진을 찍을 수 있는 포토 존도 아이들이 들락날락거리며 좋아하는 전시물이다.

- **연락처** : 031-772-3480
- **홈페이지** : www.fish.gg.go.kr
- **입장료** : 무료
- **관람시간** : 10:00∼18:00(봄·가을) 월요일 휴관 *하절기 연장 운영, 동절기 단축 운영

보릿고개 마을과 연수리 계곡 | 보 릿 고 개 체 험 마 을

● 　　　보릿고개마을은 양평의 농촌체험마을이다. 비록 힘들었지만 서로 의
지하며 한 가족처럼 살았던 그때를 추억할 수 있는데, 손으로 조물조물 빚어
만드는 '보리개떡 만들기 체험' 이 대표적인 프로그램이다. 쌀이 나기 전 보리가
수확되면 없는 살림에도 기쁜 마음으로 함께 만들어 서로 나눠 먹었던 개떡 이
야기를 이곳의 할머니, 할아버지께 들으며 만들어보자. 단체의 경우 일정에 맞
게 프로그램 진행이 가능하지만 가족 단위의 경우에는 일정을 정해서 진행하
는 경우도 있고, 단체와 함께 체험이 가능할 때도 있으니 체험 가능 여부와 시
간을 마을에 미리 문의하자. 마을에서 상원사로 이어지는 길은 양평에서도 물
맑고, 물놀이하기 좋은 곳으로 소문난 연수리 계곡으로 이어진다.

• 연락처 : 031-774-7786, 011-326-3020　　　• 홈페이지 : www.borigoge.invil.org

바탕골예술관 | 원 스 톱 문 화 공 간

● 　　바탕골예술관은 다채로운 주제로 개최되는 전시회, 수준 높은 공연, 다양한 예술 체험을 한자리에서 즐길 수 있는 문화공간이다. 전시와 공연이 일정에 따라 계속 진행되며, 도자기 가게, 미술 가게 등 공방에서 상설 체험이 가능하다. 공방에서 전문가의 지도를 받아 꽤 근사한 작품을 만들 수 있는데 가족, 연인 가리지 않고 이곳에서 가장 인기 있는 프로그램은 자신이 그린 그림을 판화로 새기고, 판화로 티셔츠에 찍어보는 '나만의 티셔츠 만들기' 체험이다. 이런 예술 체험을 위해서는 개별 이용권보다 할인된 가격에 세 가지 체험이 가능한 프리패스 티켓을 구매하는 것이 경제적이다. 공연이 있는 날이면 바탕골예술관에 입장한 사람이면 누구나 무료로 참가할 수 있는 '설명하는 미술관' 프

로그램이 운영된다. 미술관에서 열리는 기획 전시와 예술극장에서 열리는 공연을 연계해 설명하는 프로그램이기 때문에 방문하기 전에 미리 시간을 확인해 보고 시간에 맞춰 도착하자. 전망 좋은 찻집에서는 차와 쿠키를 셀프서비스로 판매하는데 가격은 1,000~2,000원이다. 매일매일 이곳에서 직접 굽는 커다란 쿠키는 바탕골에서 놓치지 말고 꼭 맛봐야 할 아이템이다. 맛있다!

- **연락처** : 031-774-0745 ● **홈페이지** : www.batangol.co.kr
- **입장료** : 성인 3,000원, 청소년·어린이 2,000원, 프리패스 티켓 2만8,000원 *체험 티켓 별도
- **관람시간** : 11:00~17:00(수·목), 금·일·공휴일~18:00, (토)~19:00 월·화요일 휴관

여행탐구생활

늘 그 자리에 서 있는 정겨운 간이역, **구둔역**

기차 여행이 주는 낭만이 있다. 정해진 길을 간다는 것. 정해진 시간대로 움직인다는 것. 늘 정해진 그 자리에 있다는 것. 여행은 일상의 변화를 위한 것이지만 때로는 언제나 그 자리에서 맞아주는 곳을 찾고 싶을 때가 있다. 중앙선 구둔역은 오가는 기차는 많지만 하루에 역에 서는 열차는 열대가 채 되지 않는 작은 역으로 2006년 대한민국 근대문화유산으로 지정됐다. 1940년에 역이 개통됐고, 목조와 시멘트를 이용한 건물은 몇 번의 보수만 거쳤을 뿐 옛 모습 그대로다. 작은 대합실에는 오가는 사람의 흔적이 그대로 남아 있다. 승강장으로 나가면 역사와 함께 한 커다란 나무 한 그루가 서 있고 그 뒤로 선로와 플랫폼을 오가는 기차들을 머무르게 했다가 떠나보낸다. 그나마 내년(2012년 말)에 원주까지 복선화 공사가 완료되면 볼 수 없는 풍경이다. 선로가 이전하면서 역사도 함께 이전된다고 한다. 청량리역에서 아침 7시 10분에 출발하는 열차를 타고 와서, 구둔역에서 12:17분에 다시 청량리로 떠나는 기차를 이용하면 된다. 구둔역 인근에는 마땅한 먹을거리가 없으니 간단한 간식이나 음료는 준비해야 한다.

- **연락처** : 031-773-7733
- **홈페이지** : www.korail.com

한나절 일정 | 기 차 타 고 떠 나 는 3 색 여 행

두물머리와 세미원   용문사·풀향기허브나라   구둔역

기차를 타고 떠나는 3색 여행이다. 두물머리와 세미원은 양수역, 용문사는 용문역 그리고 구둔역을 찾아가면 된다. 두물머리와 세미원은 물안개 아른거리는 이름 아침에, 용문사는 은행잎 노랗게 물들어 가는 깊은 가을에, 구둔역은 햇살 좋고 바람 좋은 봄·가을 오전 시간이 좋다. 각각의 색과 분위기를 즐길 수 있다. 식사는 각각 가까운 장소에서 하는 것이 편리하며, 구둔역은 간식 정도는 챙겨야 한다.

🍴 강력 추천 음식점 ❶ 장골영양탕

어머니의 손맛, 김치만둣국과 영양 백숙

물어서 찾아간 곳이었지만 '영양탕'이라는 간판 때문에 들어가기가 꺼려졌지만 음식 맛을 보고는 그런 고민을 싹 날려 버렸다. 이름과 달리 이 집의 주 메뉴는 김치만둣국과 영양 백숙이다. 음식점 주인의 부모님이 직접 재배하는 배추와 야채로 김치를 담가 저온 창고에서 1년 동안 발효시킨 김치로 손만두를 빚고, 잘 우린 사골국물에 넣어 만둣국을 만든다. 만두 한 입 베

어 물면 퍼져 나오는 김치의 감칠맛이 옛날 집에서 해주시던 어머니 손맛 그대로다. 엄나무와 두충나무를 진하게 달인 물에 황기, 밤, 인삼, 감초, 검은콩, 은행, 대추와 유황오리를 넣어 진하면서도 개운한 국물의 오리백숙도 이 집의 별미다. 어느 정도

먹은 후에 누룽지를 넣어 끓여먹는데 시중에서 판매하는 누룽지가 아니라 찹쌀을 재료로 매일매일 가게에서 직접 만든 것이다. 누룽지의 쫄깃함과 고소함 때문에 찾아오는 손님들도 많다.

- 연락처_031-774-0799   • 가격_시골손만둣국 5,000원, 유황오리엄나무백숙 3만 5,000원
- 영업시간_10:00~22:00 연중무휴

종일 일정 | 여유와 낭만의 양평여행

들꽃수목원

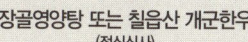
장골영양탕 또는 칠읍산 개군한우
(점심식사)

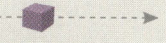
바탕골예술관

여유와 낭만이 넘치는 하루 여행 일정이다. 들꽃수목원과 바탕골예술관은 차례를 바꿔 찾아도 상관없지만 이왕이면 '설명하는 미술관' 프로그램에 참여 할 수 있는 오후에 바탕골예술관을 찾으면 좋겠다. 피크닉을 계획한다면 들꽃수목원에서 식사까지 마치고 나오면 되고, 아니면 양평 읍내에서 가까운 장골영양탕을 이용하면 된다. 이왕 나왔으니 특별한 식사를 하고 싶다면 칠읍산 개군한우식당을 찾아보자. 들꽃수목원에서 바탕골예술관, 칠읍산 개군한우식당을 오고가는 길은 한적한 시골길로 드라이브를 즐기기에 좋다.

🍴 강력 추천 음식점 ❷ 칠읍산 개군한우

믿고 먹는 최고급 한우

농장을 직접 운영하는 칠읍산 개군한우식당은 육질 등급에서 '1⁺' 이상의 한우만 선별해서 판매하는 곳으로 질 좋은 한우를 믿고 먹을 수 있는 식당이다. 최근 다시 유행 붐이 일고 있는 정육점 형식의 식당들은 대부분 '1등급' 한우를 강조하는데 실제로 1등급은 다시 '1⁺⁺, 1⁺, 1' 세 등급으로 나눠진다. 전체 한우 가운데 1등급 이상이 60% 이상이라니 1등급과 1⁺등급은 구분할 필요가 있다. 식당에서 손님들이 제일 많이 찾는 메뉴는 등심. 앞뒤로 한 번씩 살짝 뒤집어 구워 소금을 치고 한 입 베어 물면 정말 '입에서 살살 녹는다.' 는 표현이 딱 들어맞는다. 평소 자극적인 음식에 길들여져서 그런지 약간은 싱거운 듯한 육즙이 조금 심심하지

만 그것이 바로 신선한 맛이다. 안창살, 토시살 등 소 한 마리를 잡아도 1kg이 채 나오지 않는 특수 부위 모둠도 인기 메뉴. 또 다른 추천 메뉴는 갈비탕인데 고기가 좋은 만큼 갈비탕 국물도 진국이며 갈빗살도 큼지막해 먹음직스럽다. 정육 코너가 마련돼 있어 매장 판매가격보다 저렴하게 구매할 수도 있다.

• 연락처_031-772-8142 • 가격_한우특수부위 모둠 3만 5,000원(180g 기준), 등심 3만 원,
버섯생불고기 1만 원, 갈비탕 7,000원 • 영업시간_10:00~21:00 연중무휴

1박 2일 일정 ❶ | 양 평 베 스 트 여 행

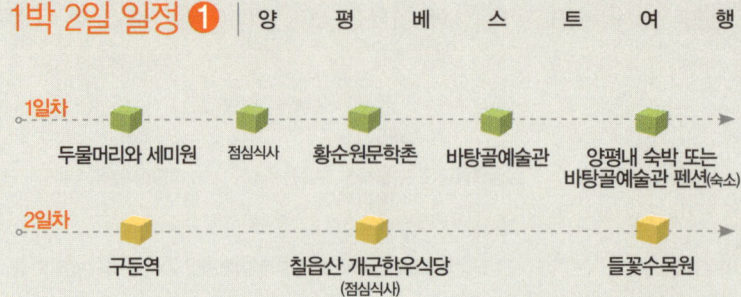

1일차
두물머리와 세미원 · 점심식사 · 황순원문학촌 · 바탕골예술관 · 양평내 숙박 또는 바탕골예술관 펜션(숙소)

2일차
구둔역 · 칠읍산 개군한우식당 (점심식사) · 들꽃수목원

보석 같이 빛나는 양평의 베스트 여행지를 찾아보는 1박 2일 일정이다. 두물머리는 이른 아침 또는 해질녘에 방문해야 이곳의 정취를 제대로 느낄 수 있다. 전체 일정상 이른 아침에 방문하는 것으로 구성했다. 세미원을 비롯해 첫째 날 황순원 문학촌, 바탕골예술관, 둘째 날 구둔역과 들꽃수목원 모두 양평의 멋과 여유를 즐길 수 있는 최고의 여행지들이다. 숙박은 양평 지역 펜션 중 한 곳을 골라 이용하거나 바탕골예술관 펜션을 이용하는 것도 방법이다. 특히 바탕골 펜션은 외부와 차단돼 있어 조용한 분위기 속에서 하룻밤 휴식을 취하려는 사람들에게 인기 있다. 널리 알려지지는 않았지만 그래도 알음알음 찾는 사람들이 꽤 있어 이용하려면 조금 일찍 예약해야 한다. 홈페이지에 들어가면 펜션에 대한 자세한 정보를 찾을 수 있다.

1박 2일 일정 ❷ | 시 원 상 쾌 통 쾌 한 여 행

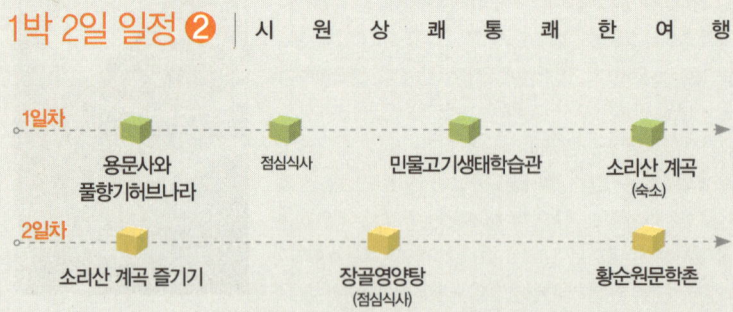

1일차
용문사와 풀향기허브나라 · 점심식사 · 민물고기생태학습관 · 소리산 계곡 (숙소)

2일차
소리산 계곡 즐기기 · 장골영양탕 (점심식사) · 황순원문학촌

상쾌한 여행, 시원한 여행을 즐기는 1박 2일 양평 여행으로 소리산에 있는 계곡 숙소 중에서 한 곳을 골라 머무는 일정이다. 졸졸졸 흐르는 계곡물에 바짓단 걷어 올리고 발을 담그면 일상의 스트레스를 깨끗하게 씻어 보낼 수 있다. 황순원문학촌에는 하루에도 몇 번씩 소나기가 온다. 이야기 속 소년, 소녀가 되어 수숫단 속으로 소나기를 피해보자. 민물고기생태학습관은 최근 새롭게 단장했으며 계곡에 어떤 물고기들이 사는지 알 수 있다.

마을길 따라 이어지는 좋은 숙소들

단월면 소리산 계곡은 소금강이라 불릴 만큼 빼어난 경치와 맑은 물을 자랑하는 곳이다. 양평에서도 위쪽으로 한참 올라가야 나오는 동네라 오가는 길이 가깝지는 않지만 그래도 찾아간 보람을 충분히 느낄수 있으니 맑고 깨끗한 곳을 찾아 떠나보자. 소리산마을(www.sorisan.invil.org) 계곡을 따라 숙소들이 이어지는데 몇 군데를 소개하면 다음과 같다.

소리산팜빌리지

• **연락처** : 031-773-0667   • **홈페이지** : www.yppark.co.kr

소리산 계곡 입구에 있으며 제법 규모가 있는 숙소다. 17평 원룸 형태와 방이 딸려 있어 두 가족 이상 이용할 수 있는 25평형이 있으며, 가격은 17평형 기준으로 주말 가격이 10만 원선이다. 자체 식당도 운영하고 있으며 체육활동을 할 수 있는 넓은 마당과 펜션 옆 계곡 물놀이터가 근사하다.

석산계곡펜션

• **연락처** : 031-771-0487   • **홈페이지** : www.dolsanvalley.com

펜션 옆으로 바로 계곡이 흐르며, 펜션 내부는 아주 깔끔하고 청결하다. 1층에 3개, 2층에 2개의 방이 있으며 객실은 꽤 넓은 편. 가족들이 이용하는 작은 방의 경우 비수기에는 5만 원, 성수기에는 6만~7만 원선으로 가격대비 만족스럽다.

계림원 영순민박   • **연락처** : 011-977-0663

민박이지만 취사시설을 비롯해 내부 화장실과 샤워실을 갖춰 불편함 없이 이용할 수 있다. 황토로 만들어진 방이라 하룻밤 자고 나면 가뿐한 느낌이 좋은 곳이다. 주인에게 부탁하면 이곳 계곡에서 잡은 잡어로 끓인 매운탕을 맛볼 수 있다. 서울 근교에서 시골을 느끼고 싶은 여행자들에게 추천한다.

• **연락처·홈페이지·숙박료**_본문 내용 또는 마을 홈페이지 참조

탐구생활 지도 ✳ 여행지 표시하기

🔍 둘러볼 곳 🍴 먹을 곳 🏠 잠잘 곳
📞 연락처 📍 위치 🚌 찾아 가는 길
🚌 대중교통 🅿 주차장

서울춘천고속도로
화도 I.C
서종 I.C

황순원 문학촌 소나기마을 🔍
📞 031-773-2299
📍 양평군 서종면 수능리 산74
🚌 양수리에서 서종면 방향 또는 서울춘천고속도
로 서종IC에서 서종면방향 → 문호리에서 소나기마
을 팻말 따라 이동
🅿 무료

무궁화
공원묘원

덕소상패 I.C
미사 I.C
강일 I.C

북한강
수종사
45
352

두물머리와 세미원 🔍
📞 031-775-1835
📍 양평군 양서면 용담리 632
🚌 6번 국도 양수 IC에서 내려와 양서면 방향 →
   1km 가면 왼편에 체육공원과 함께 세미원 있음.
   두물머리는 조금 더 가서 다리 건너 좌회전
🅿 무료
🚌 중앙선 양수역 하차, 도보 10분 또는 택시 이용

상일 I.C

하남시청
하남 J.C
하남 I.C
팔당유원지
6

바탕골예술관 🔍
📞 031-774-0745
📍 양평군 강하면 운심2리 368-2
🚌 양평시내에서 나와 양평대교 넘어 우회전
   → 강가 도로를 따라 9km 가면 왼면
🅿 무료

팔당

제2중부고속도로
35

산곡 J.C

대하섬
바탕골예술관
6
45
88
333

광주 I.C
338
342

광주시청
325
338

장지
389

86
98

소리산 숙소 🏠
- ☎ 031-773-0667
- 📍 양평군 단월면 석산리 일대
- 🚗 6번국도 홍천방향 용문터널 지난 후 13km직진 → 70번국지도 단월면방향 이정표 따라 오른쪽으로 빠진후 좌회전→ 단월면사무소 지나 2.5km 진행 후 328번지방도 산음면 방향 좌회전 → 10km 직진 후 산음자연휴양림 지나 더 들어가면 됨

비발디파크

산음자연휴양림

494

70

345

유명산자연휴양림

문례봉

산음양림

용문사 ⛩
- ☎ 031-773-3797
- 📍 양평군 용문면 신점리 625
- 🚗 8번 국도 마룡로타리에서 내려와 용문사 방향
- 🅿 무료
- 🚌 중앙선 용문역 하차, 용문사행 버스 이용, 15~20분 소요, 전철 도착 시간에 맞춰 운행

|조트

37

보릿고개마을과 연수리계곡 🎯
- ☎ 031-774-7786, 011-326-3020
- 📍 양평군 용문면 연수리 41-2
- 🚗 6번 국도 용문터널 지나 용문 IC로 나와 삼거리에서 좌회전, 사거리에서 좌회전 → 6번 국도 아래를 지나 올라가다 왼쪽으로 마을표지판
- 🅿 무료

용계계곡

중원계곡

용문산관광단지

풀향기허브나라 🎯
- ☎ 031-771-1809
- 📍 양평군 용문면 덕촌리 14-1
- 🚗 용문사로 올라가는 길 오른편에 위치
- 🅿 무료

백운봉

민물고기생태학습관 🎯
- ☎ 031-772-3480
- 📍 양평군 용문면 광탄리 235-1
- 🚗 6번국도 홍천방향 → 용문터널지나 용문방향 사거리 지나 지평·광탄방면 용문초등학교 맞은편
- 🅿 무료

양평군청

들꽃수목원 🎯
- ☎ 031-772-1800
- 📍 양평군 양평읍 오빈리 365-5
- 🚗 6번 국도 양평 시내 들어가기 전
- 🅿 무료
- 🚌 2호선 강변역에서 2000-1, 2000-2번 버스 이용, 들꽃수목원 앞 하차, 20~30분 간격 배차

장골영양탕 🍲
- ☎ 031-774-0799
- 📍 양평군 양평읍 도곡리 594-2
- 🚗 양평 시내 양평군청사거리에서 양평시외버스터미널 방향 → 버스터미널을 지나 삼거리에서 지나 1km 직진 → 오른편으로 간판 보임
- 🅿 무료

칠읍산개군한우 🍲
- ☎ 031-772-8142
- 📍 양평군 개군면 부리 450-1
- 🚗 양평에서 여주 방향 37번 국도→ 개군면 진입 전 개군중학교 방향으로 좌회전(양평군청 기준 10km)→ 개군중학교 맞은편
- 🅿 무료

구둔역 🎯
- ☎ 031-773-7733
- 📍 양평군 지평면 일신리 1337
- 🅿 무료

여행 감성 높이기 프로젝트

여행이 주는 즐거움도 있지만 여행은 각성과 후회, 아쉬움을 남기는 등 다양한 감정의 교류가 이뤄진다. 새하얀 쌀의 고장, 도자기의 고장, 왕릉과 역사가 숨 쉬는 여주와 이천에서는 여행자의 감성지수가 올라간다. 사랑하는 이들과 함께 나의 여행 감성을 업그레이드해 보자. 일명 여행 감성 높이기 프로젝트!

12 여주·이천 여행

| 여주시 문의 |
• 여주군청 문화관광과 031-887-2868
• 신륵사 관광안내소 031-887-2868

| 홈페이지 | www.yj21.net

| 찾아 가는 길 |
영동고속도로 여주 IC → 37번 국도 → 여주군

| 지역 축제 |
• **여주도자기축제**
  시기| 매년 4월말~5월 초   장소| 신륵사 일대

| 이천시 문의 |
• 이천시청 문화공보담당관실 031-645-3282
• 이천관광안내소 031-644-2019~2020

| 홈페이지 | www.tour.iCheon.go.kr

| 찾아 가는 길 |
50 영동고속도로 이천 IC 또는 35 중부고속도로 서이천 IC →
3번 국도 → 이천시

| 지역 축제 |
• **이천도자기축제**
  시기| 매년 4월말~5월 초   장소| 설봉공원, 도예촌 일대
  홈페이지| www.ceramic.or.kr

• **이천백사산수유축제**
  시기| 매년 4월초   장소| 백사면 일대
  홈페이지| www.2104sansooyou.com

신륵사 │ 정 자 에 서 옛 풍 경 을 그 리 워 하 다

〈추노〉에 나왔던 아름다운 강변 정자가 있는 곳

시험 문제로 다음의 문제를 받아본 적이 있다. '남한강변에 있는 문화유적 다섯 곳을 쓰시오.' 오래전 일이라 제대로 기억나지는 않지만 다섯 개 모두 쓰지는 못하고 서너 개를 썼는데 그 중 정확하게 기억나는 곳이 바로 여기

주의 신륵사다. 최근 TV 드라마 〈추노〉
를 보며 신륵사를 다시 떠올리게 됐다. 여
행을 좋아하는 사람이라면 〈추노〉를 보면
서 '아! 거기.' 하고 신륵사를 떠올렸을 것
이다. 좌의정과 대길이 추노질을 가지고 팽
팽하게 협상하던 강변의 정자가 바로 신륵
사 강월헌이다. 신륵사의 강월헌에서 바라
보는 남한강 풍경은 여주 최고라 해도 과
언이 아니지만 드라마를 떠올리거나 신륵

사의 명성만 듣고 찾아간다면 실망할지도 모른다. 바로 지금 벌어지고 있
는 '4대강 사업' 때문이다. 햇볕을 받아 반짝이던 강변의 금모래는 포크레인
삽질로 파헤쳐져 있고, 둑을 쌓아 물을 가두고, 사이길로 덤프트럭이 오가
고 있다. 드라마는 방송 이전 사전 촬영 분이라 아름다운 옛 모습 그대로 나
왔지만 지금은 그렇지 못하다. 이 책에 실린 사진도 이제는 옛 모습이 됐다.

그럼에도 여주·이천 여행의 1위로 꼽은 까닭은?

예전 같지도 않고 분위기도 어수선한데 왜 여주·이천 여행의 첫 번째 여행
지로 꼽았냐고 묻는다면 두 가지 이유가 있다. 첫 번째로는 4대강 사업을 통
하여 우리 땅이 오랜 시간 동안 자연스럽게 형성해온 환경을 사람이 인위적
으로 변화시켰을 때 과연 어떨 것인지에 대하여 생각해 보았으면 하는 이유
에서다. 개발과 관련하여 다양한 견해가 있을 수 있겠지만 여행을 좋아하고
좋은 여행지를 소개하고픈 여행가의 입장에서는 있는 그대로 보존하는 것이
제일이라는 생각이다. 조금 불편하거나 조금 정리가 안 돼 있어도 자연을 즐
기며 얻는 여유와 휴식이야말로 여행 중 최고로 얻을 수 있는 기쁨이리라.

4대강 사업을 통해 강변이 정리될 수는 있겠지만(또 다른 목적을 달성할 수도 있겠지만) 예전 강월헌에서 바라보며 즐기던 남한강의 정취와 여유를 그대로 느끼기는 어려우리라.

신륵사에서 보물 찾기

두 번째 이유는 꼭 한 번 찾아봐야 할 만한 문화재들이 신륵사에 여럿 있기 때문이다. 신륵사는 원효대사가 창건했다는 이야기가 전해지는 유서 깊은 사찰이지만 절이 지금의 모양을 갖추게 된 것은 조선시대다. 특히 세종대왕 영릉이 여주로 옮겨 오면서 제대로 중건된다. 보통의 다른 절들이 깊은 산속에 자리한 데 비해 강변을 따라 자리한 입지도 특이하다. 극락보전 앞마당에 있는 다층석탑도 우리나라 탑의 재료로는 흔치 않은 대리석인데다 탑신에는 구름 속을 헤쳐 오르는 용이 아름답게 장식돼 있는데 이 또한 우리나라 석탑에서 그 예를 찾기 어려운 경우다. 절의 뒤쪽에는 신륵사에서 가장 오래된 건물로 알려진 조사당이 모시고 있는 세 분의 영정은 고려 말~조선 초 불교를 대표하는 인물들이다. 그 중 무학은 조선 건국에 직접적으로 영향을 미쳤으며 지공과 나옹은 무학의 스승이니 조선 건국과 관련한 불교계의 중요 인물들이 모두 이곳에 모셔진 것이다. 무학대사의 부도가 양주 회암사에 멋지게 만들어져 있듯 이곳에는 나옹화상의 사리를 모신 석종부도가 조사당 뒤편 언덕 기슭에 세워져 있다. 석종부도와 함께 이곳에 부도가 만들어지는 과정에 대해 목은 이색이 글을 지은 석종비, 섬세한 조각이 인상적인 석등 모두 보물로 지정된 문화재다. 부도, 부도비, 석등 중 하나라도 빠져 있는 경우가 많은데 이곳에는 모두 있어 그 어울림과 분위기를 그대로 느낄 수 있다. 강변으로 내려오다 보면 강월헌 입구 언덕에 우리나라에 극히 드문 다층전탑도 볼 수 있다. 벽돌을 쌓아 만든 탑으로 강 맞은편에서 보면 이 절을 지키고 있는 수문장처럼 신륵사의 상징과도 같은 탑이다.

움직이지 않는 황포돛배와 오르면 가슴 아픈 영월루

경상도에서 올라온 물자들이 충주에서 배로 옮겨져 남한강을 따라 수도인 한양까지 올라가는데 여주는 그 가운데 위치한 중요한 교통로다. 지금은 댐이 지어져 물길이 막히고 육상 교통이 발달해서 옛 물길을 이용하지 않게 됐지만 조선의 4대 나루로 불리던 이포와 조포가 있던 이곳 여주에서 옛 배를 재현해 놓고 옛날 사람과 물자를 실어 날랐던 그 물길 위를 오고 가는 체험이 가능하다. '누런 돛이 달린 배' 란 뜻의 황포돛배타기 체험이었으나 지금은 4대강 사업 때문에 더 이상 운행하지 않는다.

신륵사 인근의 영월루는 예부터 여주에 가면 항상 들리는 곳이다. 신륵사 강월헌 못지않으며 해질녘이면 더 멋진 풍경을 보여주는 곳이 바로 이곳이지만 요즘은 파헤쳐진 남한강의 모습이 오히려 가슴 아프게 하는 곳이 되었다. 4대강 사업이 끝나면 황포돛배는 운행이 재개될 것이고 영월루에도 다시 오르겠지만 분명 예전의 모습이 그리울 것 같다.

- **연락처 :** 031-885-2505 • **홈페이지 :** www.silleuksa.org
- **입장료 :** 어른 2,000원, 청소년 1,500원, 어린이 1,000원 • **관람시간 :** 일출~일몰

여주·이천 여행

테르메덴 온천 | 단아한분위기에서좋은물과만나다

조선의 임금들이 행차하던 이천, 최신 시설의 온천이 들어서다

조선의 임금들이 이곳으로 행차해 온천수로 피부병을 다스렸다는 기록이 있

을 만큼 이천은 온천에 관한 한 유서가 깊고 그 효능이 널리 알려진 곳이다.

테르메덴 온천은 이 지역 온천 전통에 현대적인 시설을 더하여 만든, 온 가족이 함께 즐길 수 있는 종합 온천 리조트이다. '독일식 온천'이라 광고하는데 다른 지역의 온천과 비교되는 독일식 온천의 특징은 바로 '숲'이라고 한다. 원래 테르메덴 주변은 산림욕장으로 이용하기 위해 가꿔진 곳으로 주변을 병풍처럼 둘러싸고 있는 울창한 숲이 좋은 물에 맑은 공기를 더해준다. 독일식 온천이라는 광고가 전혀 손색없다.

물놀이철인 여름도 좋지만 추우면 더욱 진가를 발휘하는 곳

수도권에서 하루 일정으로 다녀 올 수 있는 휴양시설로 용인의 캐리비안베이나 홍천의 아쿠아월드가 있다. 테르메덴이 이곳들과 비교하여 단연 우세한 점은 질 좋은 온천수를 사용하는 온천휴양시설이라는데 있다. 수영복을 착용하고 즐기는 바데풀과 야외 온천 수영장에서 수영과 물놀이를 즐길 수 있다는 점은 앞의 두 곳과 비슷한 성격이지만 테르메덴의 온천 수질은 자타가 공인하는 최상이다. 물놀이를 생각한다면 여름철이 시즌이지만 온천, 특히 야외 온천은 날씨가 쌀쌀할 때 즐기면 더욱 그 진가를 알 수 있다. 아무래도 단순한 물놀이 시설보다는 온천이 그 효능면에서 뛰어남은 누구도 부인할 수 없다. 시설은 크게 실내 시설인 대온천탕과 바데풀, 실외 온천풀로 나눌 수 있다. 대온천탕은 남녀가 각각 수영복 없이 온천욕을 즐기는 곳으로 이곳에도 노천탕을 비롯한 다양한 탕이 있다. 비싼 비용을 지불하고 수영복까지 갈아입고 온천을 즐기는 것보다 동네 사우나 비용으로 온천욕을 즐기려는 이들도 충분히 만족할 만한 온천탕이다. 대온천탕에서 수영복을 갈아입고 들어가야 하는 실내바데풀은 직경 30m에 이른다. 수압을 이용한 마사지 시설이 갖춰져 있어 하나씩 체험하다 보면 피로가 풀리고 개운해진다. 야외에는 작은 워터슬라이드가 갖춰진 미지근한 온천수의 대형 수영장과 다양한 입욕제를 첨가한 따뜻한 온천탕, 찜질가마 등이 있어 남녀가 함께 모여

온천욕과 물놀이를 즐길 수 있다. 야외 온천수영장 위쪽으로는 테르메덴이
몇 년 전 초창기에 유명해지는데 톡톡히 한몫한 '닥터 피시' 체험장이 있다.
닥터 피시를 우리나라에서 최초로 도입한 곳이 이곳인 만큼 제대로 된 관리
속에 닥터 피시의 효과를 체험할 수 있다. 톡톡톡 발을 쪼고 가는 그 느낌
때문에 처음에는 깜짝깜짝 놀라고 간지럽지만 참고 가만히 있어보면 마사지
하듯 시원한 느낌을 받는다.

- **연락처** : 031-645-2000 ・ **홈페이지** : www.termeden.com
- **입장료** : 성인 8,000원~2만 9,000원, 어린이 5,000원~2만 1,000원
  *이용시설과 입장 요일 및 시간에 따라 각각 다름
- **관람시간** : 09:00~19:00(평일), 08:00~20:00(토・일・공휴일)

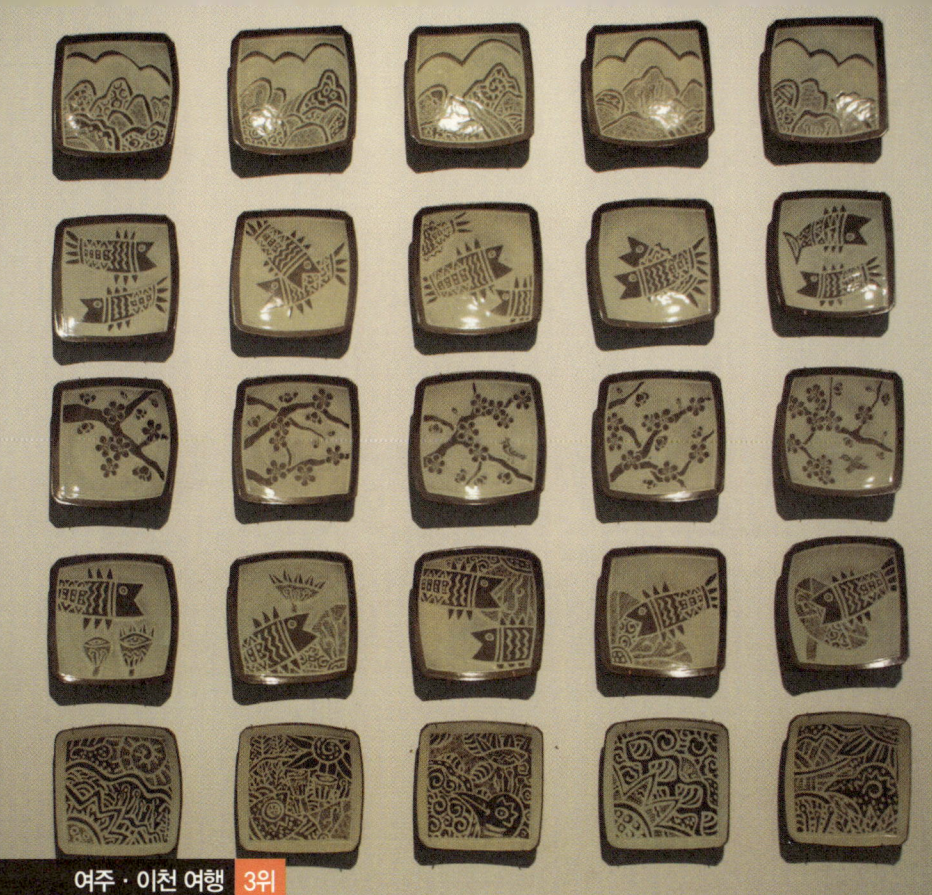

이천 세계도자센터,
여주 세계생활도자관,
광주 경기도자박물관 | 도 자 안 목 높 이 기 프 로 젝 트

청아한 음색과 빛깔이 전해주는 도자의 세계

'도자'라는 테마로 여행지 세 곳을 엮어서 소개한다. 경기도 남부의 광주,

여주, 이천은 우리나라 도자 문화를 이끌어가는 메카와도 같은 곳이다. 특히 도자 분야와 관련한 최대의 국제행사라 할 수 있는 세계도자비엔날레가 개최되는 장소기도 하다. 비엔날레는 홀수 해 4월에서 5월 사이에 한 달간 개최된다. 주 행사장은 이천 설봉공원 내 세계도자센터 일대지만 여주의 세계생활도자관과 광주의 경기도자박물관에서도 다채로운 전시와 다양한 체험활동이 펼쳐진다. 비엔날레가 개최되지 않는 해에도 각각의 지역에서 도자기축제를 개최하니 굳이 '해'를 기억하지 않고, 매년 4~5월 시기만 기억하면 되겠다. 경기도 광주 지역의 경우 이 책에서 따로 소개되지는 않았지만 이천, 여주와 연계해 다녀올 수 있기에 함께 소개한다. 계획을 세우고 틈나는 대로 모두 찾아본다면 전통 도자에서 현대 도자까지 감상 안목을 높일 수 있을 것이다. 또 전시만 있는 것이 아니라 도자와 관련된 체험도 가능하고 산책할 만한 공원도 함께 꾸며져 있어 한나절 여행지로 손색없다.

이천 세계도자센터, 2007개의 도자종에 바람의 소리를 담다

이천 세계도자센터는 사실 전시관 관람보다 야외 공원을 돌아보며 사진도 찍고 휴식도 가질 수 있어 매력적이다. 물론 전시관에는 최고수준의 국제적 예술 작품들이 출품되는 도자비엔날레에서도 특별히 선정된 우수한 작품들을 전시하고 있다. '도자(Ceramic)' 는 우리가 일상에서 흔히 사용하는 '도자기' 를 포괄하는 개념이다. 즉, '흙을 빚어 만드는 예술 및 상업활동 또는 작품' 을 도자라고 하는데, 그 중에서도 특히 식생활에 필요한 도구가 바로 도자기인 것이다. 이천 세계도자센터에서 가장 기억에 남는 작품을 하나 꼽으라면 야외에 있는 2007개의 도자 종으로 바람의 소리를 담은 대형 작품인 '소리나무' 이다. 도자기로 만든 2007개의 물고기 모양 풍경이 흐르는 바람을 담아 '찰랑찰랑' 소리를 내는데 정말 환상적인 도자종의 합주가 펼쳐진다. 전시관 앞으로는 비엔날레의 마스코트인 토야의 이름을 딴 '토야랜드' 가 있어 알록달록 타일로 만든 예쁜 도자 조형물들과 함께 사진도 찍고 구경도 할 수 있다. 전시관 옆으로 아이들이 흙을 묻히며 놀 수 있는 흙 놀이공원이 있지만 새로 단장해 2011년에 다시 문을 열 계획이다. 도자센터 앞 토야교육관에는 흙에서부터 도자기가 만들어지기까지의 과정을 어린이들의 눈높이에 맞춰 재미있게 꾸며 놓고 있다.

여주 세계생활도자관, 도자의 현대적인 적용을 볼 수 있는 곳

이천과 마찬가지로 여주는 예부터 좋은 흙과 좋은 나무가 있어 많은 도공들이 터를 잡고 도자기를 만들던 곳이다. 여주에는 이천과는 또 다른 내용과 분위기의 도자 작품을 전시하고 있는 여주 세계생활도자관이 있다. 전통 도자가 현대적으로 어떻게 이용될 수 있는지 그 예를 보여주는데 기능뿐 아니라 디자인에서도 현대적인 감각을 살려 만든 작품들을 전시하고 있다. 도자의 활용 가능성이 무궁무진하다는 생각과 흙으로 만든 도자를 가까이 두고 생활에 이용하면 환경적으로 또 정서적으로 좋겠다는 생각이 드는 곳이다. 전통 도자뿐만 아니라 현대 생활 도자에도 관심을 갖는 계기가 될 것이다. 신륵사 관광단지 내에 있어 신륵사를 방문하면서 함께 들리면 좋겠다.

광주 경기도자박물관, 우리 도자 역사의 처음부터 지금까지

경기도 광주는 조선시대 왕실에서 필요한 도자기를 제작하던 관요가 있던 곳이다. 원래 '조선관요박물관'이란 이름이었으나 경기도 전체의 도자 문화와 도자 역사를 소개하기 위한 공간으로 역할을 확대하면서 '경기도자박물관'으로 이름을 바꾸었다. 여주와 이천의 전시관과는 달리 '박물관'으로서 도자기란 무엇인지, 개념에서부터 발전, 우리 도자기의 역사 등을 유물과 전시 설명을 통해 차분하게 전시하고 있다. 이천의 도자센터를 방문하든 여주의 생활도자관을 방문하든 경기도자박물관까지 함께 탐방한다면 관람 효

과가 배로 커질 것이다. 박물관 뒤로는 산책로가 잘 가꿔진 조각공원이 조성되어 있으며 한국정원과 전통 가마도 두 기가 만들어져 있다. 봄에서 가을까지 매주 토요일 오후에는 가족이나 연인을 위한 교육 프로그램을 운영하며 단체 프로그램은 예약을 통해 상시 운영한다. 도자 역사에서부터 도자기의 재료, 도자기에 쓰이는 문양에 대한 이해 등 도자에 대한 모든 것을 '제대로' 배울 수 있는 흔치 않은 기회다. 이왕 방문할 계획을 세웠다면 프로그램에도 관심을 가져보자.

이천 세계도자센터
- **연락처** : 031-631-6507   • **홈페이지** : www.wocef.com   • **입장료** : 무료
- **관람시간** : 09:00~18:00 월요일 휴관

여주 세계생활도자관
- **연락처** : 031-884-8644   • **홈페이지** : www.wocef.com   • **입장료** : 무료
- **관람시간** : 09:00~18:00 월요일 휴관

광주 경기도자박물관
- **연락처** : 031-799-1500   • **홈페이지** : www.ggcm.or.kr   • **입장료** : 무료
- **관람시간** : 09:00~18:00 월요일 휴관

여주 고달사지 | 아름다운 고달사지 부도

●   여주 시내에서도 제법 떨어져 있는 고달사지는 고려시대 전성기 때는 사방 30리가 절터였다고 전해지지만 지금은 외롭게 서 있는 유물들만이 옛 영화를 전할 뿐이다. 커다란 석불대좌를 지나면 원종대사부도비가 보인다. 비석의 윗부분이 파손돼 아랫부분과 귀부, 이수만 남았지만 사실적이고 생동감 넘치는 조각은 입을 다물지 못하게 한다. 이건 맛보기에 불과하다. 나무 사이로 감춰진 길을 따라 위로 오르면 굵직한 패임과 섬세한 선의 조화로 우리나라 최고의 부도라는 명성을 가진 '고달사지부도' 와 만나게 된다. 그 크기와 장중함에 압도되고 화려함에 감탄하게 되는 고달사지 부도는 국보로 지정된 문화재다. 거북이 한 마리를 가운데 두고 용 네 마리가 구름 속을 헤치고 있는 화려한

조각의 받침돌에 먼저 시선이 가고, 고개를 들면 몸돌에 새겨진 사천왕상과 비천상의 섬세한 조각이 부도의 품격을 말해준다. 불교 문화를 꽃피웠던 고려전기에 만들어진 것으로 조선 초에 만들어진 회암사 무학대사 부도와 함께 국내 최고의 부도로 손꼽는다.

• **연락처** : 031-887-3566~7　　　• **관람시간** : 일출~일몰

여주 목아박물관 | 조 각 에 담 긴 장 인 의 혼

● 목아박물관은 불교 조각의 명장인 목아 박찬수 선생이 수집한 불교 유물과 선생의 대표적인 작품을 전시하고 있는 불교 문화 박물관이다. 실내전 시관에는 우리가 불교 사찰에 갔을 때 볼 수 있는 다양한 조각들과 상징에 관한 설명을 하고 있는데, 우리 역사에서 중요한 문화적 위치를 차지하고 있는 불교를 이해하는 데 도움이 될뿐더러 장인의 정성과 혼이 담긴 작품들은 종교를 떠나 예술 작품으로서도 감상해 볼 만하다. 야외 전시장은 전통에서 현대에 이르는 다양한 불교 조각들이 곳곳에 놓여 있는 공원으로 한쪽에 현대적 이미지로 새롭게 디자인된 미륵삼존불이 시선을 끈다. 건물 하나하나가 우리 전통의 미를 담고 있으며 잘 가꿔진 정원 사이에는 여유가 담겨 있다. 사찰 음식을 판매

하는 걸구쟁이식당과 전통찻집인 무
애산방이 있어 식사도 가능하고 차
를 마시며 쉬어 가기에도 좋다.

• **연락처** : 031-885-9952   • **홈페이지** : www.moka.or.kr
• **입장료** : 성인 3000원, 청소년 1500원, 어린이 1000원
• **관람시간** : 09:00~18:00, 09:00~17:00(동절기) 연중무휴

여행탐구생활

근대사 비극의 주인공, 명성황후를 만나다

명성황후는 조선 제26대 고종황제의 비로 근대
사 비극의 주인공이다. 여주는 명성황후의 고향
으로 태어나서부터 여덟 살까지 살았던 곳이다.
안채만 남아 있던 곳을 행랑채와 사랑채, 초당
등을 복원해 생가 본래의 모습을 갖췄다. 생가
옆에 명성황후탄강구리비가 서 있는 자리는 명
성황후의 공부방이 있던 자리다. 생가보다 흥미
로운 건물은 '감고당'이다. 명성황후가 여덟 살
에 여주에서 한양으로 올라가 열네 살에 왕비가

되기 전까지 머물렀던 집이다. 원래 대원군이 살
았던 운현궁과 가까운 종로구 안국동(지금의 덕
성여고 자리)에 있었으나 해방 후에 도봉구 쌍문
동으로 옮겼다가 그 자리에 학교를 지으면서 지
금의 자리로 이전 복원한 건물이다. 고종과 명성
황후의 영정을 비롯해 다양한 역사적인 유물들
과 기록들이 전시돼 있으며 외세 침입을 둘러싸
고 벌어졌던 역사적 사건들이 시간의 흐름대로
설명돼 있어 우리 근대사에 대한 이해를 돕는다.

• **연락처** : 031-887-3575~6
• **홈페이지** : www.empressmyeongseong.kr
• **입장료** : 성인 500원, 청소년 400원,
  어린이 200원
• **관람시간** : 09:00~18:00,
  09:00~17:00(동절기) 월요일 휴관

여주 · 이천 여행

여주 영릉 | 성 군 , 세 종 대 왕 과 의 만 남

●   우리나라 사람들이 가장 존경하는 역사 속 인물을 꼽아보라면 항상 첫 번째로 꼽히는 인물이 세종대왕이다. 세종대왕의 리더십이 현대적으로 재해석되며 많은 사람들에게 통찰력을 제공하는 것이다. 그 세종대왕의 무덤이 바로 여주 영릉이다. 원래는 지금 서울 서초구 내곡동에 있는 헌릉 서쪽 편에 자리하고 있었으나 자리가 좋지 않다는 이유로 여주로 옮겨왔다. 때문에 강원도 영월에 있는 단종의 무덤인 장릉을 제외하고는 한양에서 가장 멀리 떨어진 왕릉이 됐다. 야외에는 세종시대에 만들어졌던 측우기, 자격루, 혼천의 등의 유물들이 복원돼 있지만 세종대왕이 어떤 부분에서 업적을 남겼는지 간단하게 살펴볼 수 있는 정도다. 영릉은 조선의 왕릉 조성 양식을 가장 잘 지켜 만든 무덤

중 하나로 위로 올라가 가까이에서 상석, 망주석, 장명등, 문·무인석 등의 모양과 배치를 살펴볼 수 있다. 영릉 주변으로 노송이 우거진 산책로가 가꿔져 있어 고즈넉한 분위기 속에서 산책을 즐길 수 있다는 점도 영릉을 가볼 만한 여행지로 꼽는 이유 중 하나다.

- **연락처** : 031-885-3123
- **입장료** : 성인 500원, 청소년·어린이 무료
- **홈페이지** : www.sejong.cha.go.kr
- **관람시간** : 09:00~18:00, 09:00~17:00(동절기) 월요일 휴관

여행탐구생활
서울에서 **세종대왕 배우기**

서울 광화문광장 지하에 '세종이야기' 전시관이 문을 열었다. 최근 바로 옆으로 '충무공이야기' 도 개관되면서 우리 역사 속 인물에 대해 배울 수 있다. 저녁 10시까지 개관하므로 평일 저녁에도 관람이 가능하다. 세종이야기는 한글 창제, 과학 기술, 영토 확장 등으로 주제를 나눠 모형과 영상, 복제 유물을 사용하여 스토리텔링 형식으로 전시하고 있다. 전시된 차례대로 관람하다 보면 하나의 주제에 하나의 이야기를 찾을 수 있다. 한쪽에 대형 앙부일구가 있고 그 위로

는 세종이 관심을 기울였던 천문도가 천장에서 빛을 내고 있다. 다양한 멀티미디어와 첨단 전시 기법이 사용된 전시관 자체도 흥미롭다. 영릉이 여주로 옮기면서 원래 영릉 터에 있던 석물들은 모두 땅속에 묻었는데 그것들을 발굴해 기념관에 전시하고 있다. 특히 세종의 아들이자 당대의 명필로 소문난 안평대군이 쓴 신도비가 전시돼 있으니 세종대왕에 관심이 있다면 꼭 한 번 찾아볼 곳이다.

세종이야기
- **연락처** : 02-399-1111
- **홈페이지** : www.sejongpac.or.kr

세종대왕기념관
- **연락처** : 02-969-8851
- **홈페이지** : www.sejongkorea.org

여주·이천 여행

이천 산수유마을 │ 황 금 꽃 이 상 춘 객 을 유 혹 하 는 곳

●   산수유는 개나리나 진달래보다 더 부지런히 봄을 알리는 꽃이다. 이천시 백사면 일대에는 수령이 100여 년이 넘는 산수유들이 군락을 형성하고 있어 이른 봄이면 만개한 산수유 꽃으로 장관을 이룬다. 조선 중종 때 기묘사화를 피해서 낙향한 여섯 명의 선비들이 지금도 볼 수 있는 '육괴정' 이라는 정자 주변에 각자 한 그루씩 나무를 심은 것이 이천 산수유마을의 시초라 한다. 수령이 500년 가까이 된 나무까지 약 1만 7,000여 그루가 모여 있는 백사면은 수도권 최대의 산수유 생산지자 축제의 장이다. 매년 3월 말~4월 초 사이에 산수유축제가 개최된다. 축제 분위기를 느끼고자 한다면 일정에 맞춰 가도 좋고 조금 더 한가로운 분위기를 즐기려면 축제 한 주 전에 찾아도 좋다. 봄에만 볼거리가 있는 게 아니라 가을의 빨간 산수유 열매도 봄의 노란 꽃에 결코 뒤지지 않는다. 마을에서 나와 백사면사무소로 가는 길에는 하늘로 날아오를 채비를 하고 있는 용의 모습을 한 천연기념물 반룡송이 있으니 함께 둘러봐도 좋겠다.

• 연락처 :031-633-0100   • 홈페이지 : www.2104sansooyou.com
• 입장료 : 무료   • 관람시간 : 일출~일몰

이천 영월암 │ 둥 근 마 애 불 이 빙 긋 웃 어 주 는 곳

● 세계도자센터가 있는 설봉공원에 들렀다면 잠시 시간을 내 등산을 해 보자. 평일에는 차를 운전해 올라갈 수도 있지만 주말에는 도보로 이동하는 편이 낫다. 40~50분 정도 트레킹하듯 올라가면 영월암에 닿을 수 있으니 넉넉하게 다녀올 만하다. 영월암 입구의 600년이 넘은 은행나무도 인상적이고, 작은 부지 내에 건물과 유물들이 오밀조밀 모여 있는 풍경도 좋지만 가장 기억에 남는 것은 절 뒤편 커다란 바위에 새겨진 마애불이다. 둥근 얼굴에 빙긋 웃고 있는 모습이 다른 곳에서 좀처럼 볼 수 없는 분위기를 풍긴다. 조사 또는 나한의 얼굴을 본떠 만들었다고 하는데 그것보다는 마음씨 좋은 이웃 아저씨의 얼굴을 그대로 옮겨놓은 듯하다. 마애불로 오르는 길 중간에는 연화 좌대에 앉아 있는 불상이 있는데 가만히 보면 생김새에서 좌대가 먼저 만들어진 것인지 불상이 먼저 만들어진 것인지 알 수 있으니 어느 것이 유물로 지정돼 있는지도 맞춰 보자.

• **연락처** : 031-633-6779　　• **입장료** : 무료
• **관람시간** : 일출~일몰

여주·이천 여행

종일 일정 ❶ | 역 사 의 깊 이 를 찾 아 가 다

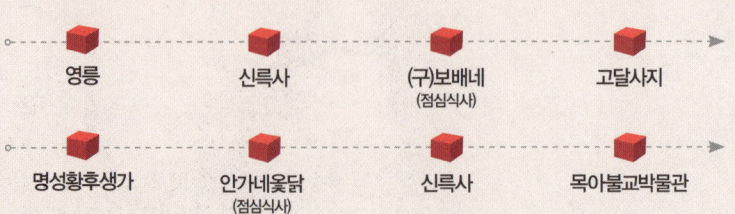

영릉　　　신륵사　　　(구)보배네　　　고달사지
　　　　　　　　　　　(점심식사)

명성황후생가　　안가네옻닭　　　신륵사　　　목아불교박물관
　　　　　　　(점심식사)

여주를 여행하는 하루 일정 두 가지다. 두 번째 일정에서 점심식사 장소를 목아불교박물관 내의 사찰 음식 전문점 걸구쟁이로 바꿔도 좋다. 그렇게 하려면 신륵사보다 목아불교박물관을 먼저 탐방하는 편이 낫다.

🍽 강력 추천 음식점 ❶ 안가네옻닭 & (구)보배네

영양식과 토속음식이 주는 별미

안가네옻닭은 식약청의 식품허가를 받은 옻액기스를 육수로 사용해 옻이 오를까 걱정하지 않아도 된다. 옻을 주재료로 하여 당귀, 숙지황, 녹각, 녹차 등 13가지의 한약 재료를 배합해 만든 액기스로 끓여 나오는 토종닭과 진하고 개운한 국물은 먹어본 사람이라면 또 찾게 만드는 매력이 있다. 찹쌀, 수수, 조, 흑미를 함께 넣어 옻 국물에 끓여주는 영양죽도 한 끼 식사를 든든하게 해주는 별미다. 여주 외곽에 자리하고 있는 **(구)보배네**는 이름도 특이하다. '보배네'란 이름 앞에 붙어 있는 '(구)'자는 20년 전에 이곳에서 장사를 시작했는데 장사가 잘 돼서 아는 사람에게 '보배네'라는 간판을 내주고 자신은 '구'자를 붙였다고 한다. 만두와 만둣국이 이름난 메뉴이지만 두부, 묵밥, 보리밥 등도 별미다. 한 해 2만 포기 이상의 김장을 하고 매일 만드는 두부로 속을 채워 김치만두를 만들며, 도토리묵과 메밀묵도 매일 직접 만든다. 만두를 시키면 1인분에 13개가 나오는데 한 끼 식사로 충분하다.

안가네옻닭　● 연락처_031-884-8549　● 가격_한방옻토종닭 3만 5,000원, 한방옻오리 3만 7,000원, 한방옻삼계탕 1만 원　● 영업시간_10:00~22:00 연중무휴
(구)보배네　● 연락처_031-884-4243　● 가격_만두 5,000원, 두부·도토리묵·메밀묵 4,000원, 보리밥 5,000원　● 영업시간_11:00~21:00 연중무휴

종일 일정 ❷ │ 휴 식 여 행 v s . 체 험 여 행

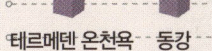

테르메덴 온천욕 ---- 동강 ----▶ 세계도자센터 ---- 동강 또는 ---- 여주 세계생활도자관 또는
(점심식사)   (저녁식사)   원조주막칡냉면   광주 경기도자박물관
                                      (점심식사)

휴식과 체험 중에서 여행 테마를 선택하면 된다. 테르메덴을 찾아 온천을 즐기고 저녁에는 푸짐하
고 맛있는 쌀밥 식사로 여행을 마무리하면 수도권에서 즐길 수 있는 최고의 휴양 여행이 된다. 체
험이 포함된 여행을 원한다면 '도자 여행'을 떠나보자. 세계도자센터에서는 어린이도자센터와 야
외 흙놀이터가, 경기도자박물관에는 공원을 겸한 야외전시장이 잘 꾸며져 있다. 물론 전통 도자에
서부터 현대 도자까지 감상하는 안목도 한 단계 높일 수 있다. 생활에 응용된 현대적인 세련된 도
자를 감상하고 싶다면 여주 생활도자관을 찾으면 된다.

⑪ 강력 추천 음식점 ❷ 동강 & 원조주막칡냉면

이천 쌀밥과 이천 냉면

이천은 임금님 수랏상에 오를 쌀을 진상하던 곳으로 기름진 땅에서 생산되
는 쌀이 유명한 지역이다. 이천 시내 곳곳에는 '쌀밥'이라는 이름을 달고 상
을 차려내는 식당들이 즐비한데 한정식 **동강**도 그 중 한 곳이다. 쌀은 이천
의 농사꾼에게, 야채류 등의 다른 재료는 직접 밭에서 가꾸고 취나물, 명이
등의 마른 나물은 울릉도에서 가져온다. 된장찌개와 생선구이를 포함해 20
여 가지가 넘는 반찬이 한상에 오른다. 특히 계절별로 차려지는 매실, 참외,
토마토, 마늘, 산초 등의 장아찌는 이 집의 손맛을 알게 하며 밥 한 그릇 싹
싹 비우게 하는 숨은 재주꾼이다. 이천에는 냉면으로 유명한 식당도 있다.
원조주막칡냉면은 여름이면 한 시간씩 줄을 서는 식당이다. 면을 만드는 공장을 따로 운영하고 있으며 방
부제를 섞지 않아 만든 즉시 먹어야 하는 이곳의 냉면은 혼자 먹기에 벅찰 정도로 양이 푸짐하며 고명으
로 수박, 키위, 배, 딸기 등 다양한 계절 과일이 얹어지는 것도 특징이다. 여름에는 재료가 떨어져 일찍 마
감하는 경우가 있으니 저녁식사보다 점심식사로 좋겠다.

동강   • 연락처_031-631-2888 • 가격_쌀밥 1만 원, 추가 요리 1만 원
         • 영업시간_10:00~22:00 연중무휴
원조주막칡냉면   • 연락처_031-637-4942 • 가격_주막칡냉면 6,000원, 수육 1만 2,000원
             • 영업시간_11:00~20:00 연중무휴

1박 2일 일정 ❶ | 여 주 의 참 맛 느 끼 기

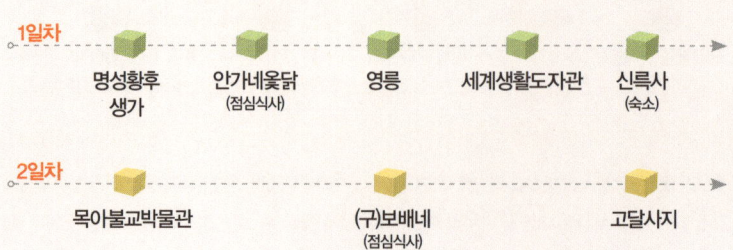

1일차
명성황후
생가 — 안가네옻닭
(점심식사) — 영릉 — 세계생활도자관 — 신륵사
(숙소)

2일차
목아불교박물관 — (구)보배네
(점심식사) — 고달사지

여주의 집중 탐방 일정이다. 이천으로 옮겨가지 않고 여주 내에서 충분한 여유를 가지고 탐방을 진행한다. 아이들이 동행한다면 1일차에 역사를 이해하는 데 집중하고, 고령자들이 동행한다면 2일차에 힘을 실어주는 것도 현명한 선택이 될 것이다.

🏠 강력 추천 숙소 ❶ 쟈스민 & 주록마을

깔끔한 모텔 vs. 시골 마을 집

쟈스민은 남한강가에 있어 최고의 전망을 자랑하는 모텔이다. 객실의 커다란 통유리 너머로 남한강이 굽이 도는 최고의 전망을 볼 수 있다. 외관부터 신경 써서 지은 건물임을 알 수 있으며 내부도 깔끔하다. 주차장에서 언덕길을 따라 조금만 올라가면 영월루가 나오니 해질녘이나 아침 일찍 올라가면 좋다. 한국관광공사의 굿스테이 인증을 받은 곳이며 워낙 위치가 좋고 깔끔한 곳이라 주말 숙박이라면 미리 예약해야 한다. 또 시골마을처럼 자연 속 숙소를 원한다면 **주록마을(사슴마을)**을 찾으면 된다. 사슴마을 휴양센터는 1층에 단체가 이용할 수 있는 큰 방이 있고 2층에는 가족이 이용할 수 있는 원룸 구조의 방이 있다. '산막' 또는 '사슴보금자리' 라고 부르는 숙소도 있는데 이곳은 자연휴양림의 통나무집과 비슷한 시설이다. 황토방 2동과 통나무집 3동이 독채로 지어져 있으며 마을을 내려다보는 작은 산 위에 있어 고즈넉하고 시원한 전망을 자랑한다. 또 주민들이 운영하는 황토 민박집들도 있으니 홈페이지를 참고하자.

쟈스민	• 연락처_031-881-5200 • 숙박료_일반실 4만 원, 특실 5만 원
주록마을	• 연락처_031-884-5161 • 홈페이지_www.julokfarm.com
	• 숙박료_휴양센터 원룸 5만 원, 황토방·통나무방 8만 원 등(마을에 문의)

1박 2일 일정 ❷ | 휴 식 과 건 강 을 위 한 실 속 여 행

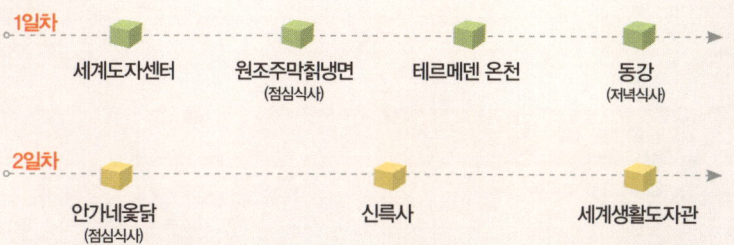

1일차

세계도자센터 — 원조주막칡냉면 (점심식사) — 테르메덴 온천 — 동강 (저녁식사)

2일차

안가네옻닭 (점심식사) — 신륵사 — 세계생활도자관

1일차를 이천에서 즐기고 2일차에 여주로 옮겨가는 일정이다. 테르메덴 온천에서 건강과 즐거움을 합친 온천욕과 유익한 탐방지들이 섞여 있어 아이들과 함께하는 가족 단위 여행자들에게 자신 있게 추천할 수 있는 일정이다.

🏠 강력 추천 숙소 ❷ 미란다호텔

펜션보다 경제적인 숙소

미란다호텔은 이천 시내에 있는 최고 시설의 숙소이자 온천시설이다. 온천과 함께 찜질방, 워터파크가 갖춰져 있어 주말이면 많은 사람들이 찾는다. 고급 호텔이라 숙박가격이 만만치 않지만 한여름 또는 연말 성수기를 제외하고는 인터넷 호텔 예약 사이트나 쇼핑몰 등을 통해서 호텔 패키지 권을 구매할 수 있다. 2인 기준으로 숙박권에 조식과 온천 시설인 스파플러스 자유이용권까지 모두 합쳐 15만 원선이다. 이 정도 가격이면 수도권의 웬만한 펜션을 이용한 것보다 낫다. 온돌, 트윈, 더블 형태의 스탠다드 룸이 있으며 객실에서도 온천을 즐길 수 있다. 이왕 온천을 독립된 시설에서 제대로 즐길 계획이라면 일종의 가족탕 객실인 웰빙 하우스를 이용하는 것도 방법이다. 낮에는 3시간 단위로 이용이 가능하지만 저녁 10시 이후에는 다음날 아침까지 숙박하며 월풀 욕조가 있는 개인 목욕탕에서 온천욕을 즐길 수 있다.

- 연락처_ 031-639-5118~20 ● 홈페이지_ www.mirandahotel.com
- 숙박료_ 스탠다드 룸 20만 원 내외

여주 · 이천 여행

남한강

◉ 둘러볼 곳   🍴 먹을 곳   🏠 잠잘 곳
📞 연락처   📍 위치   🚗 찾아 가는 길
🚌 대중교통   P 주차장

주록마을 🏠
📞 031-884-5161
📍 여주군 금사면 주록리 일대
🚗 여주 시내에서 양평 방향 37번 국도 → 이포대교가 나오면 좌회전해 건너 직진 → 이포초교, 오일뱅크 지나면 나오는 삼거리에서 직진 → 금사교 다리 건너기 전에 우회전해서 계속 들어가면 마을이 나옴

333

경기도자박물관 ◉
📞 031-799-1500
📍 경기도 광주시 실촌읍 삼리 72-1
🚗 중부고속도로 곤지암IC 나오면 바로
P 무료

곤지암
I.C

산수유마을 ◉
📞 031-633-0100
📍 이천시 백사면 도립리 일대
🚗 3번 국도에서 우회전 해 이천 시내를 가로 질러 백사면 방향 70번 지방도로 이용
P 주변

70

영릉 ◉
📞 031-885-3123
📍 여주군 능서면 왕대리 산 83-1
🚗 여주 시내에서 용인 방향 42번 국도로 가다 흥천면 방향 333번 지방도로
P 무료

42

영월암 ◉
📞 031-633-6779
📍 이천시 관고동 438
🚌 설봉공원 내
P 설봉공원주차장

서이천 I.C

동강 🍴
📞 031-631-2888
📍 이천시 관고동 503-5
🚗 광주 방향 3번 국도 이천 시내 지나 설봉공원 바로 전 오른편
P 무료

이천시청

이천세계도자센터 ◉
📞 031-631-6507
📍 이천시 관고동 산69-1
🚗 영동고속국도 이천 IC → 3번 국도 이천 시내를 지나면 왼쪽에 설봉공원
P 무료

마장
I.C

호법
J.C

원조주막칡냉면 🍴
📞 031-637-4942
📍 이천시 갈산동 87-10
🚗 이천 IC에서 나와 이천 시내 진입 전 진리삼거리에서 우회전 → 왼편으로 이천제일고교를 지나면서 삼거리에서 좌회전에서 올라감
P 무료

덕평 I.C   덕평자연휴게소

미란다호텔 🏠
📞 031-639-5118~20
📍 이천시 안흥동 408-1
🚗 이천 IC에서 나와 이천 시내로 진입하다 보면 바로 외곽에 있음

지산리조트

테르메덴 ◉
📞 031-645-2000
📍 이천시 모가면 신갈리 372-1
🚗 이천 IC에서 이천 시내 들어가지 전 복하교사거리에서 광주 방향 42번 국도 좌회전 → 2km 후 장록로터리에서 70번 지방도로 우회전 → 표지판을 따라 6km
P 무료

341

한얼
테마박물관

여주고달사지

고달사지 👁
- ☎ 031-887-3566~7
- 🧭 여주군 북내면 상교리 411-1
- 🚗 여주대교 건너 37번 국도로 6km 오르다 도예단지를 지나면서 8번 군도 우회전 → 블루헤런GC를 가로질러 언덕을 넘으면 왼쪽으로 고달사지
- 🅿 주변

스노우파크

인가네옻닭 🍲
- ☎ 031-884-8549
- 🧭 여주읍 여주동 홍문리 284-6
- 🚗 여주버스터미널 뒤쪽 블록, 신륵사에서 여주대교를 건너 큰길을 까라터미널사거리로 오다 보면 오른쪽 길가에 보임
- 🅿 무료

(구)보배네 🍲
- ☎ 031-884-4243
- 🧭 여주군 여주읍 오금리 405-2
- 🚗 여주 시내에서 양평 방향 37번 국도로 올라가다 오른쪽으로 오금주유소가 나오면 오른쪽으로 간판에 주의 → 도예마을 전에 있어 언덕길을 올라가야 함
- 🅿 무료

자스민 🏠
- ☎ 031-881-5200
- 🧭 여주군 여주읍 상리 67
- 🚗 강변유원지에서 여주대교로 가는 길가 오른편 영월루 뒤편

345

운악
I.C

영녕릉
세종대왕유적지구
(세계문화유산)

여주군청

신륵사

마감산
산림욕장

목아불교
박물관

목아박물관 👁
- ☎ 031-885-9952
- 🧭 여주군 강천면 이호리 396-2
- 🚗 문막 방향 42번 국도에서 이호대교를 건너 이호로터리에서 내려와 345번 지방도로 신륵사 방향 좌회전 1km
- 🅿 무료

여주세계생활도자관 🏺
- ☎ 031-884-8644
- 🧭 여주군 여주읍 천동리 30-1
- 🚗 영동고속도로 여주 IC 나와 우회전 → 여주 시내 지나 여주대교를 건너 우회전(신륵사 관광단지 내 위치)
- 🅿 유료

여주
I.C

여주
J.C

영동고속도로

신륵사 👁
- ☎ 031-885-2505
- 🧭 여주군 북내면 천송리 282
- 🚗 영동고속국도 여주 IC 나와 우회전 → 여주 시내 지나 여주대교를 건너 우회전
- 🅿 무료
- 🚌 여주 읍내 또는 버스터미널에서 택시 이용(4000원 내외, 5~10분 소요)

명성황후생가 👁
- ☎ 031-887-3575~6
- 🧭 여주군 여주읍 능현리 250-2
- 🚗 여주 IC 나와서 우회전 → 바로 나오는 사거리에서 다시 우회전 1km 직진
- 🅿 유료

84

531

관광농원

그곳에 가면 항상 다르다

여행에도 테마가 있다. 건강, 휴식, 체험, 트레킹, 미식 순례 등 다양한 테마에 따라 감성과 느낌이 달라진다. 용인과 안성에서는 내 입맛대로, 내 발길이 가고 싶은 대로 여행하면서 나만의 맞춤 여행이 가능하다. 그저 생각 나면 떠나서 구하면 될 뿐. 빛깔마다 달라지는 여행의 묘미를 느낄 수 있는 곳으로 떠나자.

13 용인·안성 여행

| 용인시 문의 |
- 용인시청 문화관광과 031-324-2067~8
- 한국민속촌 관광안내소 031-287-1332

| 홈페이지 | www.tour.yonginsi.net

| 찾아 가는 길 |
50 영동고속도로 용인 IC → 45번 국도 또는 양지 IC →17번 국도 → 용인시

| 안성시 문의 |
- 안성시청 문화체육관광과 031-678-2471~5
- 안성시 관광정보센터 031-673-0824

| 홈페이지 | www.tour.anseong.go.kr

| 찾아 가는 길 |
1 경부고속도로 안성 IC 또는 35 중부고속도로 일죽 IC →
38번 국도, 40 평택 → 충주고속도로 서안성 IC → 45번 국도 → 안성시

| 지역 축제 |
- 안성남사당 바우덕이축제
  시기 | 매년 9월 중   장소 | 안성 시내 강변공원
  홈페이지 | www.baudeogi.com

남사당놀이, 바우덕이 토요상설 공연

옛 것 을 찾 아 떠 나 다

남사당, 바우덕이, 그리고 안성

남사당놀이는 조선시대 자연적으로 발생한 민중놀이다. 각각의 지역마다 연고가 있는 남사당패가 있었지만 그 중에서도 안성의 남사당패는 특별했다. 바로 '바우덕이'가 있었기 때문이다. 열다섯 살 어린 나이에 남사당패의 우

두머리인 꼭두쇠가 된 여인으로 천민이었음에도 정삼품의 벼슬을 얻었던, 전에도 없었고 이후에도 없었던 특별한 인물이다. 흥선대원군이 경복궁을 중건할 때 공사 현장에서 공연을 펼치며 공역에 지쳐 있던 백성들에게 힘을 주었는데 그 공로로 벼슬을 얻었고 그 징표로 얻은 옥관자를 남사당패 깃대에 걸고 나서면 전국의 사당패가 그 아래 고개를 숙였다고 한다. 우리나라 최초의 연예인이자 전국구 스타라고 해야 될까? '바우덕이가 왔다' 고 하면 그 얼굴과 몸짓을 보려고 구름 같이 인파가 모였다고 한다. 바우덕이가 이끌던 남사당패의 근거지가 바로 삼남의 모든 물자들이 모였다 흩어진다는 안성이다. 굴곡진 역사 속에서 한참동안 잊혀졌던 안성 남사당놀이가 다시 이름을 얻게 된 계기가 있다. 바로 영화 〈왕의 남자〉 때문이다. 극중 장생과 공길이 연산군 앞에서 아슬아슬한 재담과 놀이를 펼쳤는데 그 놀이가 바로 안성 남사당놀이다. 영화 1천만 관객의 돌풍은 안성 남사당 바우덕이 놀이를 유명하게 만들었고, 공연을 보고자 하는 사람들을 안성으로 오게 만들었다. 남사당 전용 공연장에서 봄부터 가을까지 매주 토요일 하루 두 번 상설 공연이 펼쳐진다.

줄타기만 아신다고요? 아슬아슬 신명나는 남사당 여섯 마당

영화에서도 보았겠지만 남사당놀이의 하이라이트는 바로 줄타기, 어름이다. 오른손에 잡은 부채 하나를 유일하게 의지하며 줄 위를 살금살금 또 성큼성큼 걸었다, 앉았다, 일어섰다, 그러다가 줄을 튕기며 높이 하늘로 날아오를 때면 구경하는 사람들은 손에 땀이 절로 나며 '아' 하며 나도 모르게 탄성을 낸다. 남사당놀이는 풍물놀이, 버나(접시돌리기), 살판(땅재주), 어름(줄타기), 덧뵈기(탈놀이), 덜미(꼭두각시놀음) 모두 여섯 마당으로 구성되어 있다. 어름만큼이나 재미있는 놀이는 버나, 접시돌리기다. 끝이 뾰족한 막대기

를 이용해 버나를 돌리는데 대접을 혼자 돌리는 것만이 아니라 서로 주고받으면서도 돌리고, 다리를 들어 그 아래에서도 돌리고, 또 머리를 이용해서 돌리는데 그 사이사이 재담이 오고가며 관람을 더욱 재미있게 만들어준다. '잘하면 살판이요, 못하면 죽을 판'이라는 살판은 지금과 비교하면 텀블링과 유사하지만 재담과 흥겨운 가락이 함께 어울린다는 점에서 더욱 종합예술적인 면모를 보인다. 다른 공연들도 마찬가지지만 이곳에서만 특별히 볼 수 있는 것이 바로 덜미, 꼭두각시놀음이다. 목덜미를 쥐고 노는 인형놀이라는 뜻으로 덜미인형이라 부르는데 산받이의 대사에 맞춰 대잡이가 입과 몸짓을 놀리는데 그 모습이 흥미롭다. 여섯 마당 중 어느 것이 가장 재미있는지 비교할 수 없다. 눈으로 보는 것만으로 따진다면 어름이 재미있지만 귀로 듣는 이야기를 생각한다면 덜미 공연도 재미있고 함께 박수치며 장단을 맞춰보는 풍물놀이도 몸을 흥겹게 한다. 결론은? 남사당 여섯 마당 모두를 흥겹게 즐기는 것이다.

낮 공연을 볼까? 저녁 공연을 볼까? 체험은 재미있을까?

낮에 한 번, 저녁에 한 번, 하루에 두 번 공연이 열리는데 여섯 마당을 모두 즐기려면 저녁 공연을 관람해야 한다. 낮 공연은 주를 번갈아가며 한 종목만을 공연하기 때문이다. 특히 관람객들이 가장 재미있어 하는 줄타기는 낮시간 프로그램에 포함돼 있지 않다. 저녁 공연은 풍물놀이를 시작으로 살판,

버나놀이, 상모놀이, 줄타기와 함께 관객이 참여하는 뒷풀이 공연이 마련돼 있다. 이왕 남사당놀이를 제대로 즐기려면 저녁 공연 관람 계획을 잡아보자. 여름에는 괜찮지만 봄·가을 저녁은 제법 쌀쌀하니 옷을 따뜻하게 입고 가야 관람에 불편함이 없다. 무릎 담요도 하나 챙기면 유용하다. 낮 공연과 저녁 공연 사이에 전통문화체험교실이 열리는데 아이가 있는 가족이라면 프로그램에 참여해보자. 단원들이 직접 아이들을 가르친다. 서로 처음 보지만 아이들은 금방 친구가 돼 어울리는데 그 모습도 보기 좋고, 엄마, 아빠 옆에 있는 것도 잊고 놀이에 열중하는 모습을 보고 있으면 어른들을 위한 프로그램도 있었으면 하는 바람이다.

한택식물원 | 바 오 밥 나 무 와 어 린 왕 자 를 만 나 다

철마다 각자의 아름다움을 뽐내는 서른 다섯 개의 테마 정원

한택식물원은 우리나라에서 가장 큰 사립 식물원이다. 다양한 식물 종을 보유·연구하고 우리 고유의 식물을 보호하는 식물원 본래의 기능도 충실하지만, 도시인들에게 자연의 아름다움 속에서 휴식을 선사하는 좋은 역할도 담

당하고 있다. 7만평 35개의 테마정원은 철
마다 아름다움을 뽐내며 언제 가도 자연의
생명력을 느낄 수 있게 해 준다. 서른 다
섯 개의 정원 중에서도 가장 기억에 남는
곳을 고르라면 바로 '호주온실'이다. 온실
한쪽에서 〈어린 왕자〉에 등장하는 진짜 바
오밥나무를 볼 수 있다. 그 아래 의자에는
어린 왕자가 함께 사진을 찍자고 하듯 포
즈를 취하고 있다. 혹, 온실의 풍경이 낯익

다면 제법 오래전 기억이긴 하지만, 드라마 〈궁〉에서 채경의 집으로 나왔던
곳이기 때문일 것이다. 흥미로운 정원을 찾는다면 허브&식충식물원이다. 파
리지옥, 벌레잡이제비꽃 등 1백여 종의 식충식물이 전시돼 있는데, 방문한
때만 잘 맞으면 식충식물들이 어떻게 벌레를 잡는지 직접 볼 수 있다. 아이
들이 가장 좋아하는 곳은 어린이정원이다. 아이들은 눈으로 가만히 관찰하
는 것보다 온몸을 움직이며 배우는 것에 더 익숙하다. 오감으로 배우는 식
물 배움터이자 체험장으로 이곳의 모든 것은 플라스틱이나 쇠가 아닌 나무
로 만들어져 있어 자연의 촉감을 느낄 수 있다.

사랑하는 가족, 친구에게 주는 멋진 선물, 한택식물원 연간회원권

서른 다섯 개 테마정원을 하나씩 모두 소개하기에 지면이 부족하듯, 식물원
을 방문해서 한 번에 모두를 즐기는 것도 절대적으로 시간이 부족하다. 게다
가 식물원은 사계절 옷을 갈아입는데 한 번의 방문으로는 그때의 모습만 볼
수 있을 뿐 매번 새로운 모습을 보여주는 식물원의 다양한 모습을 볼 수 없
다. 한택식물원을 백 배 잘 이용할 수 있는 방법이 있다. 바로 연간회원권을

이용하는 것! 용인 지역에 있는 놀이공원 에버랜드의 경우 연간 이용권이 4인 가족을 기준으로 했을 때 각종 할인 혜택을 동원해도 40만 원 이상인데 비해, 이곳의 연간이용권은 4인 가족 기준으로 4분의 1가격인 10만 원에 불과하다. 7만평 식물원을 우리 집 정원 삼을 수 있는 방법이다. 휴일에 '이번에는 어디로 가야 하나?' 고민하지 않아도 된다. 찾을 때마다 매번 달라지는 자연의 생명력을 느낄 수 있다. 사랑하는 가족, 친구에게 줄 수 있는 멋진 선물이 아닐까? 아이들에게는 멋진 자연체험장으로, 연인과 친구들에게는 꽃과 나무와 함께하는 분위기 좋은 데이트장이 될 것이다. 한택식물원에서 진행하는 자연생태체험 프로그램은 내용이 좋고, 또 재미있기로 소문났다. 예를 들면 올해 5월에 진행한 '풋풋 산나물 여행' 프로그램은 산나물에 대해 공부도 하고 맛있는 산나물주먹밥도 만들어 보는 프로그램이다. 프로그램은 계절에 맞춰 매번 바뀌는데 방문할 때마다 하나씩 골라 참여하는 것도 한택식물원을 제대로 즐길 수 있는 방법이다.

• 연락처 : 031-333-3558　　• 홈페이지 : www.hantaek.co.kr
• 입장료 : 성인 8500원(토·일·공휴일), 청소년 6,000원, 어린이 5,000원 *평일·동절기는 입장료 인하
• 관람시간 : 09:00~일몰 시 연중무휴

너리굴 문화마을 | 세상에 하나뿐인 나만의 것 만들기

비봉산 높은 자락 안 넓은 골, 너리굴 돌아보기

'너리굴' 은 안성토박이들이 쓰는 말로 '넓은 골짜기' 라는 말이다. 너리굴문
화마을은 비봉산 자락 높은 곳에 있는 문화체험마을이다. 거의 칠부 능선에
자리하고 있는데, 높이만큼 이곳에 오르면 안성 땅 너른 평야를 시원하게 조

망할 수 있다. 너리굴문화마을은 수도권 최고 시설과 프로그램을 자랑하는 청소년수련시설이다. 하지만 청소년 수련시설은 청소년만의 공간이 돼서는 안 된다는 모토 아래 성인과 어린이들도 함께 즐길 수 있는 프로그램과 공간을 제공한다. 청소년을 중심으로 누구나 찾아도 좋은 공간이 바로 너리굴문화마을이다. 너리굴에 도착했다면 먼저 이곳을 천천히 돌아보도록 하자. 시원한 경치를 즐기며 휴식을 갖는 것도 좋겠고, 미술관과 조각공원을 둘러보면서 예술적 감성을 자극하는 것도 괜찮겠다.

금속공방, 양초공방, 도자기공방, 천연비누공방, 원하는 공방을 찾아서!

먼저 너리굴을 산책하듯 둘러보았다면 다음으로 공방을 다니며 작품을 감상하고, 원하는 작품을 직접 만들어보는 체험을 해보도록 하자. 대부분의 수련시설 혹은 체험시설이 단체 위주로 운영되는 데 비해 이곳은 개인과 가족 단위로 찾아도 언제든지 프로그램에 참여할 수 있다. 칠보공예, 금속공예, 양초공예, 도자기공예, 천연비누공예 등 다양한 공방이 있으니 서두르지 말고 한 곳씩 둘러보면서 원하는 것을 선택하면 된다. 공방 작가들의 도움을 받아 체험을 하는데 실용적이면서도 꽤 근사한 '세상에 단 하나뿐'인 나만

의 작품을 만들 수 있다. 공방에서의 체험활동 외에도 뒤로 올라가면 산 정상까지 올라가는 길이 있어 조금만 오르면 비봉산 정상에 닿을 수 있다. 직접 담근 장과 산속 지하에서 뽑아낸 물로 음식을 만드는 식당도 있고, 차 한 잔 즐길 수 있는 전통찻집도 있다. 여름이면 수영장을 운영하는데 수영복을 준비해 가면 된다.

- **연락처** : 031-675-2171
- **입장료** : 무료 *체험별 비용 있음
- **홈페이지** : www.culture21.co.kr
- **관람시간** : 10:00~18:00 연중무휴

여행탐구생활_ 너리굴에서 하룻밤

너리굴은 청소년수련시설로 평일에는 학생들을 대상으로 운영하지만 주말에는 일반인들도 시설로 쓸 수 있다. 회사에서 MT나 워크숍 장소로 사용하기 좋은데 제법 소문이 나서 미리 계획을 세우고 예약해야 이용 가능하다. 펜션 형태의 숙소도 있어 가족 단위 혹은 친구들과 이용해도 좋다. 옥청당, 태청당, 상청당이라 이름 붙은 펜션은 최고급 시설에 좋은 전망을 가지고 있다. 세 건물 외에도 흙집 한 동과 별채 한 동, 펜션형 객실 두 동이 더 있다. 가격이 조금 비싼 것이 흠이지만 특별한 날에 이용하면 좋다.

경기도박물관 & 백남준아트센터
경 기 최 고 의 박 물 관 이 한 자 리 에

경기도박물관이 경기도지역 박물관들의 맏형 노릇을 한다면, 최근 개관한 백
남준아트센터는 맏언니 노릇을 한다고 하면 될까? 용인은 경기도박물관 문화
의 중심지이다. 박물관의 규모와 종류에서 다른 지역보다 훨씬 많은 자원을 가
지고 있다. 그 중에서 경기도를 대표하는 박물관 두 곳을 본문에서 소개하고,
여행탐구생활을 통하여 용인지역에서 찾을 만한 알찬 박물관들을 함께 소개
한다.

경기도민의 필수코스!, 경기도박물관

● 　　　경기도박물관은 전시실 규모 자체는 비교 대상인 서울역사박물관에 비하여 크지 않지만 전시 유물의 가치라는 측면에서는 결코 뒤지지 않는다. 경기도를 대표하는 박물관으로 '경기(京畿)'라는 말의 유래를 설명하는 것으로 전시를 시작한다. 구석기시대에서 조선시대에 이르기까지 경기도에서 발굴된 유물들을 전시하고 있는데, 시대별로 경기도를 대표하는 유물들을 간결하게 전시하고 있다. 꼭 찾아보아야 할 유물이 문헌자료실에 있다. 선조 임금이 원균에게 내렸던 선무공신교서인데, 일등 공신의 이름으로 세 사람의 이름이 적혀 있으니 과연 누구일지 직접 확인해 보자. 또 선조가 신하인 송언신에게 보낸 비밀편지와 200년이 지난 후 정조가 그 편지를 보고 임금과 신하 사이에 정을 평가하며 감상을 적고 있는 문헌이 나란히 놓여 있는데 두 임금의 글씨를 비교할 수 있어 흥미롭다. 경기도박물관에서 가장 특징적인 장소를 고르라면 목판인쇄실습실이다. 먹, 벼루, 솜방망이 등에서부터 앞치마까지 탁본을 할 수 있는 모든 도구를 갖추어 놓고 있다. 전시관 입구에서 한지(1장 400원)만 구매하면 무료로 이용할 수 있다. 훈민정음, 용비어천가 등 한글 목판에서부터 무용총수렵도, 우리나라지도호랑이 등 전통 및 풍속화목판 등 총 26개의 목판이 준비되어 있다. 조금 더 끈기를 가지고 제대로 목판인쇄실습을 하고자 한다면 천자문 책 만들기에 도전해 보자. 총 14장의 목판을 이용하는데 하나하나 인쇄를 해서 모으면 멋진 천차문책 한 권이 완성된다. 경기도무형문화재 제40호 서각장 이규남 선생이 새긴 작품이라 글씨가 아주 근사하다. 한지는 박물관에서 구매를 해도 되고, 준비를 해 가도 된다. 편철끈과 송곳은 개인이 준비해야 한다.

경기도박물관　　　• 연락처 : 031-288-5400　　　　• 홈페이지 : www.musenet.or.kr
　　　　　　　　　• 입장료 : 무료
　　　　　　　　　• 관람시간 : 09:00~18:00(평일), 09:00~19:00(토·공휴일) 월요일 휴관

21세기 예술을 펼쳤던, 20세기 예술인을 기념한다, 백남준아트센터

● '백남준이 오래 사는 집', 백남준 선생이 생전에 이곳에 붙인 이름이다. 한 번 더 풀이를 하자면 '백남준의 정신이 오래 사는 집' 이라고 하면 될까? 백남준아트센터는 백남준의 작품을 전시하는 갤러리일 뿐만 아니라 백남준의 예술세계를 연구하는 기관이다. 상설전시실에는 백남준의 작품과 백남준의 생각을 이해하는 데 도움을 주는 다양한 기사가 전시되어 있다. 기획전시실에는 현대예술의 최신 작품을 소개하는 다양한 주제의 전시회가 개최된다. 아트스토어와 카페테리아도 있어 관람 중간에 차 한 잔 마시며 휴식을 취할 수도 있고, 예쁜 소품들을 구경할 수도 있다. 방마다 하나의 주제를 가지고 백남준 예술을 대표하는 작품들이 전시되어 있는데 보통의 관람객 입장에서는 그 안에 담긴 작가의 세계를 이해하는 것이 쉽지만은 않다. 이럴 때면 도슨트와 함

께 관람을 하면 큰 도움이 된다. 토·일 주말의 경우 11시, 14시, 16시 하루 세 차례 전시해설이 이루어진다. 그렇다고 해서 처음부터 전시해설에 참여하기보다는 시작 시간보다 먼저 도착해 먼저 작품을 감상하면서 '무엇으로 만들었을까?' 라는 소재에 대한 가장 기본적인 질문에서부터, 그 안에 담긴 의미까지 생각해보는 감상의 시간을 가져보도록 하자. 그리고 카페테리아에서 커피 한 잔 즐기며 휴식을 취한 후 도슨트와 함께 관람을 하면서 먼저 가졌던 생각과 느낌을 비교한다면 더욱 재미있고 의미 있는 관람이 될 것이다. 인간의 기계화가 아닌, 기계의 인간화를 추구하며 기술 문명의 밝은 미래를 예측했던 백남준, 그가 창조한 작품과 예술정신을 백남준아트센터에서 만나보자.

백남준아트센터 • 연락처 : 031-201-8529 • 홈페이지 : www.njpartcenter.kr
• 입장료 : 무료 • 관람시간 : 10:00~19:00 둘째·넷째 주 월요일 휴관

용인 지역 박물관 릴레이

용인은 서울을 제외하면 부천과 더불어 박물관이 제일 많은 곳이다. 경기도박물관과 백남준아트센터를 제외하고 사립 박물관들이 많은 편이다. 박물관의 주제도 다양하며 모두 한나절 나들이 장소로도 손색없는 곳이다.

한국등잔박물관

한국등잔박물관은 '등잔' 이라는 주제로 만들어진 박물관이다. 등잔은 전기가 들어오기 전, 천년 세월 동안 어둠을 밝힐 때 쓰던 도구로 우리 조상들의 생활필수품이었다. 전시관 1층에는 찬방, 안방, 사랑방 등에서 실제 등잔이 어떻게 사용됐는지 보여준다. 2층에는 시대별로 2500여점의 다양한 등잔이 전시돼 있다. 박물관 건물은 수원 화성의 공심돈을 본떠 만들었으며 작은 연못이 있는 야외 정원도 아름답게 꾸며져 있어 잠시 머물렀다 가기에 좋다.

- 연락처 : 031-334-0797
- 홈페이지 : www.deungjan.or.kr
- 입장료 : 성인 4,000원, 청소년 2,500원, 어린이 2,000원
- 관람시간 : 10:00~18:00(4~9월), ~17:00(동절기) 월·화요일 휴관

둥지생활사박물관, 만화박물관

둥지생활사박물관은 어릴 적 엄마, 아빠의 이야기를 아이들에게 해줄 수 있는 재미있는 박물관이다. 전화기, 라디오, 텔레비전 등을 주제로 한 옛 물건들이 전시돼 있는데 아주 옛날 것들이 아니라 부모 세대가 어렸을 때 사용했던 것들이다. **만화박물관**의 만화들도 어릴 때 손가락에 침을 묻혀 가며 보던 책들이라 만화 속 주인공의 이름들을 말하며 엄마, 아빠의 옛이야기들을 아이들에게 들려줄 수도 있다. 생활사박물관 입구의 기계식 전화기는 아직도 동작하는데 아이들과 함께 휴대폰 전화를 걸어보자. 둥지생활사박물관에서는 전시 해설이 필요 없다. 엄마, 아빠의 체험담이 바로 설명이 된다.

- 연락처 : 031-333-6789
- 홈페이지 : www.dungji.or.kr
- 입장료 : 성인 2,000원, 청소년 1,500원, 어린이 1,000원
- 관람시간 : 10:00~17:00 월·화요일 휴관

세중박물관

세중박물관은 전국에서 이름난 돌들을 하나하나 수집
해 멋진 전시장을 만들어놓은 곳이다. 조상들의 돌 다듬
는 손길과 솜씨를 느낄 수 있다. 이곳에서는 문인석, 무인
석, 동자석, 불상 등 다양한 얼굴을 가진 돌들을 만나게
되는데 근엄한 척하지만 해학이 스며나는 석상들은 바
로 우리 선조들의 얼굴이다.

- **연락처 :** 031-321-7001
- **홈페이지 :** www.sjmuseum.co.kr
- **입장료 :** 성인 5,000원, 청소년 3,000원, 어린이 2,000원
- **관람시간 :** 09:00~18:00, ~17:00(하절기) 연중무휴

삼성화재 교통박물관

삼성화재 교통박물관은 세계의 명차들을 한자리에 모은
곳이다. 하나의 작품으로 취급되던 초기 자동차부터 대
중화 이후 자동차까지 시대를 대표하는 명차들을 이곳
에서 만날 수 있다. 코리안 존에는 국산 자동차의 시작을
알렸던 '시발' 자동차를 비롯해 한국 근대화를 상징하는
포니 자동차까지 그 실물을 볼 수 있어서 흥미롭다. 자동

차의 원리와 조작을 체험할수 있는 '체험나라' 는 아이들의 눈높이에 맞춰져 미래 운전자인 아이들에
게 안전운전에 관한 이해를 돕는다.

- **연락처 :** 031-320-9900
- **홈페이지 :** www.stm.or.kr
- **입장료 :** 성인 4,000원, 청소년·어린이 3,000원
- **관람시간 :** 10:00~18:00 월요일 휴관

건강나라 & 죽주산성 | 최 고 의 찜 질 방 과 천 연 요 새

● 　　안성 **건강나라**는 넓은 대지 위에 만들어져 자연의 바람과 햇빛을 함께 즐길 수 있다. 사우나는 하늘로 창이 나 있어 하루 종일 햇볕이 전하는 에너지를 받을 수 있다. 한증막은 전기난로가 아닌 나무를 직접 지펴서 데운다. 사우나와 한증막이 이곳의 핵심시설이라면 옥석굴체험실, 피라미드체험실, 한방체험실 등의 부가시설도 잘 꾸며져 있다. 휴게시설도 고급스러우며 식당인 아람원에서도 깔끔하게 식사를 차려준다. 24시간, 연중무휴로 운영된다. **죽주산성**은 건강나라를 먼저 둘러보고 같이 연계해서 찾으면 좋은 곳이다. 죽주산성은 비봉산 자락을 두르고 있는데 주차장에서부터 정상까지 그리고 다시 제자리로 돌아오는 데 빠른 걸음으로는 한 시간 정도 소요된다. 죽주산성에 오르면 충청, 경상, 전라 삼남의 모든 물자들이 모였다는 안성 땅이 훤히 내려다보인다. 삼국시대에는 이곳을 두고 세 나라가 각축을 벌였으며, 고려시대에는 몽고에 대항하기 위한 기지로, 조선시대 병자호란 때는 피난처로 사용됐으며 한음 이덕형이 선조에게 바친 상소문에서 '죽산 취봉은 형세가 든든하여 한 명의 군 . 사로도 능히 그 길을 막을 수 있다' 고 지적한 바 있다는 곳이다.

건강나라　　● 연락처 : 031-674-8255　　　● 홈페이지 : www.nara24.co.kr
● **입장료** : 성인 · 청소년 1만 3,000원(토 · 일 · 공휴일), 어린이 7,000원　　　● **관람시간** : 종일 연중무휴
죽주산성　　● 연락처 : 031-678-2474　　　● **입장료** : 없음　　　● **관람시간** : 종일

칠장사 & 대한민국술박물관 | 사 천 왕 상 과 술 의 모 든 것

● **칠장사**에는 눈여겨봐야 할 유물이 두 개 있는데 절 입구에 우뚝 서 있는 철당간과 사천왕상이다. 청주의 용두사지 당간, 계룡산 갑사의 당간과 함께 원형이 보존돼 있는 몇 안 되는 유물이다. 조선중기에 제작된 것으로 여겨지나 명문이 없어 정확히 확인할 수는 없다. 사천왕상은 나무로 만들지 않고 흙을 빚어 만든 소조 작품이다. 색이 칠해져 있어 그 느낌이 덜하긴 하지만 흙의 질감을 느낄 수 있다. 또 **대한민국술박물관**은 한국 술에 관한 모든 것이 전시돼 있는 사설 박물관이다. 술에 관해서는 정말 없는 게 없다고 해도 될 만큼 전시물이 방대하다. 자유 관람도 가능하지만 안내를 받아 관람하다 보면 우리 전통 술과 음주에 대하여 다시 생각해 볼 수 있는 계기가 된다. 미리 문의를 하고 가야 안내를 받을 수 있다. '대한민국' 이란 거창한 수식어가 붙었지만 그 수식어가 부끄럽지 않은 '술' 박물관이다.

칠장사
- 연락처 : 031-673-0776
- 입장료 : 무료
- 홈페이지 : www.chiljangsa.kr
- 관람시간 : 일출~일몰

대한민국술박물관
- 연락처 : 031-671-3903
- 입장료 : 무료
- 관람시간 : 10:00~18:00 *예약 후 방문

용인·안성 여행

반나절 일정 | 용 인 으 로 떠 나 는 한 나 절 여 행

제일식당
(점심식사)

한택식물원

민속콩탕
(점심식사)

경기도박물관
또는 백남준아트센터

꽃들이 활짝 핀 정원과 나무 우거진 숲 속에서 하루를 보내길 원한다면 한택식물원을, 경기도 지역을 더욱 자세히 알고 싶다면 경기도박물관을, 대한민국이 낳은 세계적 작가의 작품을 감상하고 싶다면 백남준아트센터를 찾아보자. 모두 한나절 나들이 장소로 좋은 곳이다. 시간 여유가 있다면 경기도박물관을 관람하고 야외에서 쉬었다가 백남준아트센터를 관람해도 좋겠다. 제일식당은 양지 IC에서 나와 한택식물원 가는 길에, 민속콩탕은 한국민속촌 바로 맞은편에 있다.

🍴 강력 추천 음식점 ❶ 제일식당 & 민속콩탕

유명한 백암순대와 콩으로 만든 코스 요리

경기도 지역 순대의 최고봉이라 일컫는 백암순대가 바로 용인에 있다. 1·6일에 열리는 백암장터는 옛날부터 우시장이 크게 열렸고, 장날이면 솥을 걸고 순댓국을 판매했다고 한다. **제일식당**은 소 한 마리 흥정시켜 주고 순댓국에 막걸리 한 사발 얻어먹던 50년 전 이야기를 담고 있는 곳이다. 매일 아침 5시부터 순대를 만드는데 돼지고기를 주 재료로 양배추, 파, 마늘, 당면, 선지 등 15가지가 넘는 재료를 버무려, 손질한 창자에 손으로 꾹꾹 넣어 만든다. 보통 사 먹는 순대보다 당면이 적게 들어 쫄깃함이 덜하지만 갖가지 재료가 어울려 내는 맛은 고소하면서도 부드러운 최고의 맛이다. 한국민속촌 앞

민속콩탕은 콩을 재료로 하는 다양한 음식을 차려주는데 해남 땅끝마을에서 재배되는 콩을 쓰며, 나머지 재료들도 손수 고른 국내산 재료라고 한다. 이곳 추천 메뉴는 '콩' 코스 요리다. 직접 뽑아내는 면으로 만드는 칼국수, 밤 속껍질을 갈아서 만드는 달콤한 밤전, 구수한 우거지찜, 손수 만든 도토리묵과 메밀묵 등 어느 것 하나 빠지는 것 없이 맛있다.

제일식당	• 연락처_031-332-4608 • 가격_순댓국 6,000원, 모듬순대 1만 2,000원
	• 영업시간_07:00~21:00 연중무휴
민속콩탕	• 연락처_031-285-9545 • 가격_콩탕·청국장 6,000원, 콩 코스 요리 2만 9,000원
	• 영업시간_08:30~21:00 연중무휴

종일 일정 | 안 성 으 로 떠 나 는 건 강 여 행

서일농원 솔리
(점심식사)

죽주산성

건강나라

좋은 음식 먹고, 좋은 길 따라 걷고, 좋은 곳에서 쉴 수 있는 여행이 안성에서는 가능하다. 서일농원 솔리에서 제대로 묵힌 장으로 만든 음식으로 식사하고, 식사 후에는 죽주산성을 따라 가볍게 트레킹하며 땀 흘리고, 건강나라에 들러 사우나와 한증막을 즐겨보자. 특별한 준비 없이, 예정 없이 언제든 떠나도 즐길 수 있는 건강과 휴식을 위한 여행이 될 것이다.

🍴 강력 추천 음식점 ❷ 서일농원 솔리와 안성장터

음식 맛은 장맛 그리고 전통의 맛

식사 장소로 서일농원을 소개하지만 이곳은 안성 여행에서 빠트려서는 안 되는 여행지 중 한 곳이다. 2천 개가 넘는 장독대가 줄지어 서 있는 풍경이 장관이며, 옹기에는 된장, 고추장 등 각종 장류가 숙성되고 있다. 전통 음식점 **솔리**로 들어가면 된장 또는 청국장을 기본으로 여러 가지의 장아찌와 반찬을 맛볼 수 있는 정식을 차려지는데 '음식 맛은 장맛' 이라는 감탄이 절로 나온다. 서일농원이 장맛을 보여준다면 **안성장터**는 안성의 역사와 문화를 담은 맛을 보여준다. 장날 솥단지 올려놓고 장사하던 시할머니부터 시작해 4대에 걸쳐 80년 동안 국물 장사를 한 내력이 있는 집이다. 사골과 잡뼈를 가져

다 24시간 동안 핏물을 빼고 다시 12시간을 가마솥에서 밤새 우려낸다. 우려낸 육수에 양념과 토란대, 대파 등을 넣고, 다시 먹기 좋게 찢은 양지를 얹어 한 번 더 끓이면 국밥 완성. 이곳의 맛의 비결은 좋은 재료를 아낌없이 사용하는 것이다. 안성 시내 외곽에 있다.

서일농원 솔리 　• 연락처_031-673-3171 　• 홈페이지_www.seoilfarm.com
　　　　　　• 가격_된장찌개정식·청국장정식 1만 원 　• 영업시간_10:30~20:00 연중무휴
안성장터 　• 연락처_031-674-9494 　• 가격_장터국밥 5,000원, 수육 2만 5,000원
　　　　• 영업시간_07:00~21:00 연중무휴

1박 2일 일정 ❶ | 용 인 , 한 바 퀴 돌 다

1일차
세중옛돌박물관 → 제일식당 (점심식사) → 한택식물원 → 둥지아트빌리지 (숙소)

2일차
둥지박물관 → 민속콩탕 (점심식사) → 경기도박물관 또는 백남준아트센터

양지 IC에서 출발해 수원 IC로 나오는 코스로 용인을 한 바퀴 둘러보는 일정이다. 첫째 날은 17번 국도를 따라, 둘째 날은 42번 국도를 따라 다닌다. 둥지아트빌리지와 둥지박물관은 바로 옆에 붙어 있고, 경기도박물관과 백남준아트센터도 같은 구역 내에 자리하고 있어 따로 이동하지 않아도 된다. 이동 거리가 짧아 그만큼 여유 있는 일정을 보낼 수 있다.

🏠 강력 추천 숙소 ❶ 소리와 춤 & 둥지아트빌리지

집 같은 펜션, 우리 마을 같은 펜션

용인에 있는 펜션 두 곳을 소개한다. 한 곳은 마당을 우리 집같이 쓸 수 있는 곳이고, 또 다른 한 곳은 깊은 곳에 자리해 아무런 방해가 없는 펜션 마을이다. 펜션 이름 치고는 독특하다고 생각했는데 역시 이유가 있었다. **소리와 춤**은 국립극장 단원으로 20년간 한국무용을 한 주인이 은퇴해 지은 집이다. 동편제, 서편제 등의 방 이름이 펜션의 이름과 어울린다. 이 집에서 가장 매력적인 곳은 별실로 방 안에서 확 트인 마당을 조망할 수 있다. **둥지아트빌리지**는 둥지생활사박물관과 함께 있는 대형 펜션 단지다. 길가에서 멀리 떨어져 있어 소음과 공해에서 벗어날 수 있다. 주방과 거실, 방이 있는 구조로 1층은 가족들이 이용하기에 좋은 온돌방, 2층은 커플을 위한 침대 방이다. 각각의 방은 모네, 샤갈, 고흐 등의 이름을 붙여 놓았는데 좋아하는 화가를 고르면 방 안에서 화가의 그림을 감상할 수 있다.

소리와 춤 • 연락처_0505-574-1646 • 홈페이지_www.sorIChoom.com
          • 숙박료_7만~18만 원(평일), 7만~20만(주말), 8만~23만 원(성수기)
둥지아트빌리지 • 연락처_031-334-4579 • 홈페이지_www.doongjiartvillage.com
          • 숙박료_10만 원(평일), 13만 원(주말)

1박 2일 일정 ② | 토 요 일 에 떠 나 는 안 성 여 행

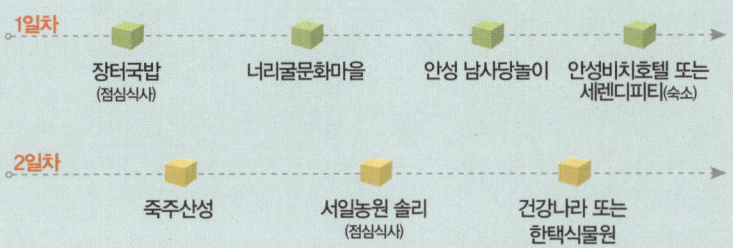

1일차

장터국밥
(점심식사)

너리굴문화마을

안성 남사당놀이

안성비치호텔 또는
세렌디피티(숙소)

2일차

죽주산성

서일농원 솔리
(점심식사)

건강나라 또는
한택식물원

남사당놀이는 토요일 오후에만 볼 수 있다. 오전 조금 늦게 출발해 안성 시내에서 식사한 후 너리굴문화마을에 들러 체험을 하고, 안성 남사당놀이를 관람하는 일정이다. 남사당놀이에서 체험을 하고 싶다면 너리굴에 조금 일찍 도착해서 그곳에서 식사하는 것도 방법이다. 너리굴에서 남사당 공연장까지는 차로 10분 거리다. 다음날 일정은 오전 시간에 서둘러 죽주산성을 다녀와도 좋고, 서일농원 솔리에서 식사한 다음에 건강나라와 한택식물원 두 곳 중에서 한 곳을 선택하면 된다.

🏠 강력 추천 숙소 ② 호텔 수 & 세렌디피티

금광호수의 풍경을 담고 있는 곳

안성에는 호수가 많다. 그래서 호수 풍경을 담고 있는 멋진 숙소들도 많다. 그 중에서 안성시내와 가까운 금광호수를 펼쳐두고 있는 숙소 두 곳을 소개한다. **호텔 수**는 원래 금광호수변 전망 좋기로 유명했던 안성비치호텔이 최근 리모델링을 마치고 새로 가진 이름이다. 수수했던 객실이 방마다 화려한 색과 가구로 꾸며져 세련된 객실로 변신했다. 대형 벽걸이 TV와 컴퓨터가 설치되어 있으며, 무선인터넷도 사용가능하다. 게다가 프런트에 부탁하면 '한정수량, 선착순'으로 닌텐도 위를 대여할 수 있다. 저녁에 바베큐 등 식사를 직접 하지 않아도 된다면 안성 여행의 최고의 숙소가 바로 이곳이다. **세렌디피티**는 1층에 북 카페가 있는 예쁜 박물관이다. 객실은 작고 아담한 편이나 내부 집기가 잘 갖춰져 있고 무엇보다 깨끗하게 관리되기 때문에 인기가 많다. 꽃이 심어져 있는 돌계단을 따라 호수로 내려가면 가운데 테이블에서 차를 마시며 호수의 운치를 즐길 수 있다. 바비큐 시설이 있으며, 농구대도 마련돼 있다. 조용한 분위기에서 휴식을 원한다면 안성비치호텔을, 함께 어울려 즐거운 시간을 만들고 싶다면 세렌디피티를 추천한다.

호텔 수   • 연락처_031-671-0147   • 홈페이지_www.hotelsoo.com
          • 주소_안성시 금광면 오흥리 883-1   • 숙박료_일반실 4만 원 스위트룸 6만 원
세렌디피티   • 연락처_031-677-8874   • 홈페이지_www.iserendipity.co.kr
          • 숙박료_7만~15만 원(평일), 9만~18만 원(주말)

탐구생활 지도 ✱ 여행지 표시하기

◎ 둘러볼 곳　🔥 먹을 곳　🏠 잠잘 곳
📞 연락처　🧭 위치　🚩 찾아 가는 길
🚌 대중교통　🅿 주차장

광교상현 (I.C)

신갈

영동고속도로 50

마성

에버랜드

용인

용인휴게소
인천방향

등잔박물관 ◎
📞 031-334-0797
🧭 용인시 모현면 능원리 258-9
🚩 수원 IC에서 죽전 방향→ 43번 국도 광주 방향 레이크사이드CC, 지나면 바로 박물관 진입로 나옴
🅿 무료

경기도박물관과 백남준아트센터 ◎
📞 031-288-5400, 031-201-8529
🧭 용인시 기흥구 상갈동 85
🚩 경부고속국도 수원 IC에서 우회전 → 신갈오거리에서 민속촌 방향으로 우회전 → 표지판 따라 들어옴
🚌 강남, 양재에서 5001, 5003번 또는 서울역환승센터, 을지로입구에서 5000, 5005번 탑승 후 신갈오거리, 신갈파출소 하차, 도보 5분

한국민속촌

소리와 춤 🏠
📞 0505-574-1646
🧭 용인시 처인구 포곡면 마성리 417-16
🚩 에버랜드에서 포곡으로 내려오는 로타리에서 우회전 → 3km 직진하면 여수곡터널이 나오고 지나자 마나 마성 3리, 안산전원마을 방향으로 우회전 후 1km

민속콩탕 🔥
📞 031-285-9545
🧭 용인시 기흥구 보라동 503-25
🚩 한국민속촌 주차장 맞은편
🅿 무료

북오산

동탄 (J.C)

봉담동탄고속도로 400

삼성화재교통박물관 ◎
📞 031-320-9900
🧭 용인시 처인구 포곡읍 유운리 292
🚩 마성 IC → 에버랜드 단지 내
🅿 무료

오산시청

310

321

82

경부고속도로

안성휴게소
서울방향

등지생활사박물관 ◎
📞 031-333-6789
🧭 용인시 처인구 원산면 죽능리 산1-2
🚩 양지 IC 나와 17번 국도 7km 직진 → 가재월 사거리에서 안성 방향 57번 지방도로 우회전 → 용인시축구센터를 지나 2km 더 가서 왼편으로 들어감
🅿 무료

송탄 (I.C)

안성

45

평택제천고속도로 40

38

평택시청

너리굴문화마을 ◎
📞 031-675-2171
🧭 안성시 보개면 신장리 63-1
🚩 경부고속국도 안성 IC → 안성 시내 방향 38번 국도 대덕, 비봉터널을 지나 가사로타리에서 내려와 보개면 방향으로 좌회전 → 325번 지방도로 1.5km 가면 왼쪽으로 오르는 길
🅿 무료

안성천문대

남

안성장터 🔥
📞 031-674-9494
🧭 안성시 도기동 20-2
🚩 안성 시내에서 안성대교를 건너 직진, 바로 왼편 길가
🅿 무료

45

34

세중박물관
📞031-321-7001
📍용인시 처인구 양지면 양지리 303-11
🚗양지 IC에서 우회전 후 처음 사거리에서 다시 우회전 3km 진입
🅿무료

한택식물원
📞031-333-3558
📍용인시 처인구 백암면 옥산리 산 153-1
🚗영동고속도로 양지 IC 나와 17번 국도 10km 직진 → 근곡사거리에서 안성 백암 방향 325번 지방도로 우회전 → 백암 면내 지나 장평리 방향 325 지방도로 좌회전 후 10km
🅿무료

제일식당
📞031-332-4608
📍용인시 백암면 백암리 449
🚗한택식물원 길 참조, 백암면 백암우체국 맞은편
🅿주변 주차

서일농원 솔리
📞031-673-3171
📍안성시 일죽면 화봉리 389-3
🚗일죽 IC를 나와 일죽 방향 38번 국도 좌회전 → 고속도로를 지나자마자 월정로타리에서 우회전 후 다시 우회전하면 왼편에 위치
🅿무료

동자아트빌리지
📞031-334-4579
📍용인시 원삼구 죽능리 1-2
🚗동자박물관 참조

건강나라
📞031-674-8255
📍안성시 죽산면 매산리 253-1
🚗일죽 IC에서 나와 매산삼거리에서 용인 방면 17번 국도 우회전 2km
🅿주변 주차

남사당놀이
📞031-678-2518
📍안성시 보개면 복평리 34
🚗보개면에서 15번 국도 이용, 가사로타리에서 너리굴로 가는 길과 갈라짐
🅿무료

죽주산성
📞031-678-2474
📍안성시 죽산면 매산리 산 106
🚗매산리 태평미륵 참조
🅿주변 주차

호텔 수
📞031-671-0147
📍안성시 금광면 오흥리 883-1
🚗안성시내에서 302번 지방도로 이용 → 금광저수지 입구에서 왼편으로 1km

세렌디피티
📞031-677-8874
📍안성시 금광면 금광리 297-7
🚗금광저수지 입구에서 오른쪽으로 오르면 됨

칠장사
📞031-673-0776
📍안성시 죽산면 칠장리 764
🚗중부고속도로 일죽 IC → 안성 방향 38번 국도 → 죽산면 지나 음성 방향 17번 국도 좌회전 → 4km 직진 후 오른쪽으로 난 길을 따라 4km 더 진입
🅿무료

대한민국술박물관
📞031-671-3903
📍안성시 금광면 개산리 204-10
🚗평택·음성간고속국도 남안성 IC에서 내려와 좌회전 → 바로 사거리에서 우회전 안성천을 따라 안성대교, 안성교를 지난 후 옥천교에서 좌회전 후 5km 직진
🅿무료

KI신서 2532

서울에서 30분
수도권 여행지 베스트 85

1판 1쇄 발행 2010년 6월 30일
1판 4쇄 발행 2011년 9월 15일

지은이 최정규·박정현 **펴낸이** 김영곤 **펴낸곳** (주)북이십일 21세기북스
출판콘텐츠사업부문장 정성진 **생활문화팀장** 김선미
마케팅영업본부장 최창규 **마케팅** 김현유 강서영 **마케팅** 이경희 박민형
출판등록 2000년 5월 6일 제10-1965호
주소 (우413-756) 경기도 파주시 교하읍 문발리 파주출판단지 518-3
대표전화 031-955-2100 **팩스** 031-955-2151
이메일 book21@book21.co.kr **홈페이지** www.book21.co.kr
21세기북스 트위터 @21cbook **블로그** b.book21.com

값 13,500원
ISBN 978-89-509-2485-0 13980